国家自然科学基金（41272297）
国家自然科学基金（41401195）　　资助
四川省科学技术厅项目（2014JY0121）

岩土体与场地条件作用下的滑坡碎屑流运动机制研究

樊晓一 等 著

科学出版社
北京

内 容 简 介

灾难性滑坡碎屑流的现场调查和资料分析表明，滑坡碎屑流的运动机制不仅具有体积-高程效应，还显著地受岩土体和下垫面场地条件的作用，其作用机制是滑坡致灾强度和区域的预测、评估以及工程治理需要解决的关键问题。本书从滑坡的岩土体特征和运动的场地条件出发，运用室内土工试验、模型试验、滑坡资料分析、数值模拟分析等方法，研究了岩土体参数和场地条件对滑坡碎屑流运动参数的作用机制。内容包括滑坡岩土体土工试验、滑坡碎屑流运动模型试验、运动参数与影响因素分析、不同场地类型的滑坡碎屑流运动特征分析、滑坡碎屑流运动数值模拟研究和对拦挡结构的运动冲击特征，可为滑坡碎屑流减灾防灾和工程治理提供技术参考和科学依据。

本书可供国土资源、交通、水利水电等部门的地质和岩土工程技术人员及高等院校有关专业师生参考。

图书在版编目（CIP）数据

岩土体与场地条件作用下的滑坡碎屑流运动机制研究／樊晓一等著.
—北京：科学出版社，2017.1

ISBN 978-7-03-050773-0

Ⅰ.①岩… Ⅱ.①樊… Ⅲ.滑坡-碎屑流-运动机制-研究 Ⅳ.①P642.23

中国版本图书馆 CIP 数据核字（2016）第 278625 号

责任编辑：王　运／责任校对：何艳萍
责任印制：徐晓晨／封面设计：铭轩堂

科 学 出 版 社 出版
北京东黄城根北街 16 号
邮政编码：100717
http://www.sciencep.com

北京京华虎彩印刷有限公司 印刷
科学出版社发行　各地新华书店经销

*

2017 年 1 月第　一　版　开本：720×1000　1/16
2018 年 4 月第二次印刷　印张：13
字数：300 000

定价：311.00 元

（如有印装质量问题，我社负责调换）

前　　言

滑坡碎屑流是我国常见的地质灾害，每年导致严重的人员伤亡和财产损失。滑坡碎屑流的运动速度和运动距离是致灾强度和致灾范围的控制参数，而这些运动特征又受岩土体的物质组成和运动场地条件的作用。由于滑源区所处的不同地质环境和地形地貌条件，导致滑坡碎屑流岩土体颗粒级配的差异和运动场地条件的复杂性，以至于许多的研究忽略了岩土体和场地条件对滑坡碎屑流运动参数的影响，仅运用理论方法和数值计算的结果与实际的滑坡碎屑流运动特征存在较大的偏差。

已有的研究表明，无明显受阻滑坡的运动距离、等效摩擦系数与滑坡体积和总能量具有较好的幂律关系，但忽略岩土体力学参数和下垫面场地对滑坡运动的作用，仅从体积或总能量预测潜在滑坡的运动距离和等效摩擦系数会存在较大的误差。滑面液化、气垫效应、碎屑流动虽能对特定的滑坡远程运动机制做出合理的解释，但对滑坡运动距离、等效摩擦系数的定量预测关系却不明晰。因此，滑坡岩土体的物理力学特性、不同下垫面场地条件及其耦合作用对滑坡运动距离的作用是涉及滑坡致灾区域的预测预报及工程防护的关键问题。

滑坡致灾程度取决于滑坡的运动特征，无论是滑面液化、碎屑流动，还是颗粒流理论、块体相互作用等对滑坡高速远程运动特征的解释都是从滑坡岩土体(即内因的角度）特性来阐述其机理，但滑坡启动后的运动特征还显著地受运动路径上下垫面场地条件的作用，即外因的作用。运动场地条件不仅仅表现为对滑坡运动的减速效应，如坡脚型场地上的坡度效应、阶梯型场地上分布的陡坎等。因此，分析滑坡碎屑流运动的控制性因子，可有针对性地对灾难性滑坡碎屑流采取预防措施和工程治理。

本书在国家自然科学基金“岩土体与下垫面对降雨滑坡运动参数的作用机制及主控关系”(41272297)、“岷江上游边坡灾害胁迫下路网脆弱性及其对聚落影响研究”（41401195)、四川省科学技术厅项目“降雨诱发特大型高位滑坡对山区建筑的致灾机制研究”（2014JY0121）的联合资助下，以模型试验、现场调查和收集的滑坡碎屑流数据为基础，利用理论分析、数理统计、数值模拟等技术手段，研究岩土体颗粒级配、不同场地条件下滑坡碎屑流的运动特征。

全书共12章，各章节编写人员及内容为：第1章由樊晓一编写，主要介绍滑坡碎屑流的研究现状、运动机理、运动参数的研究，指出研究的特点与不足。第2章由曾耀勋、樊晓一、赵运会编写，进行滑坡模型参数试验，分析影响岩土体参数的因素，为后续滑坡模型试验以及数值计算提供基础条件。第3章由曾耀勋、杨海龙编写，分析不同场地条件下的滑坡运动位移、运动速度分布及其滑坡体堆积形态特征。第4章由樊晓一、田述军、张友谊编写，研究不同的斜坡坡度和颗粒级配的岩土体，对滑坡碎屑流前缘运动速度影响和作用机制。第5章由樊晓一编写，研究体积、颗粒级配和坡度对滑坡碎屑流的坡脚下的水平运动距离、等效摩擦系数的影响及其敏感度大小。第6章由樊晓一、张友谊、田述军编写，基于汶川地震滑坡资料，分析滑面长度、滑坡坡度、坡脚角度和堆积区坡度4个地形因子对不同体积滑坡的运动参数的影响。第7章由樊晓一、段晓冬、王海瓜编写，分析滑坡体积、滑坡落差、坡度条件和偏转角度对坡脚型与偏转型滑坡的运动距离影响。第8章由樊晓一编写，基于未受河流地形显著阻止的典型灾难性滑坡资料，建立滑坡的水平运动距离与滑坡体积、垂直距离的关系和模型，评估滑坡堵江的可能性和危险性。第9章由樊晓一编写，分析滑坡的等价摩擦系数、最大水平距离和最大垂直距离与滑坡体积的关系，得到不同规模滑坡水平、垂直运动的优势距离。第10章由樊晓一、田述军、张友谊编写，通过分析岩性、地震烈度、岩层倾向与坡向的关系和运动场地地形条件4个因素对非完全受阻地震滑坡运动距离的影响及其作用机制，得到场地地形条件是同等规模滑坡运动距离产生差异的最主要影响因素。第11章由曾耀勋、樊晓一编写，通过数值模拟研究滑坡的运动距离、运动速度分布以及堆积体分布形态与场地条件的关系。第12章由段晓冬、樊晓一编写，利用滑槽模型试验和数值模拟研究不同规模、不同坡度下碎屑流冲击挡土墙的土拱效应和拦挡结构不同高度上冲击力的分布变化。

感谢中国科学院水利部成都山地灾害与环境研究所乔建平研究员在本书中部分前期研究给予的项目资助和指导，姜元俊博士在第12章中的滑槽模型试验和数值模拟给予的指导，西南科技大学的陶俊林教授在模型试验方面给予的协助，科学出版社对本书出版给予的支持！

由于滑坡碎屑流运动的复杂性、模型试验的相似性问题、滑坡碎屑流的调查和资料收集的完整性等对滑坡碎屑流的运动特征研究都存在一定的影响，以及限于研究人员自身的专业和研究认识，本书难免存在不足之处，敬请指正！

樊晓一

2016年9月18日

目　　录

第 1 章　滑坡碎屑流运动机理概述

1.1　概　　述

每年全国都会发生多处降雨诱发滑坡碎屑流的特大地质灾害，造成严重的人员伤亡和财产损失。灾难性的降雨滑坡已成为我国雨季最主要的自然灾害之一，并呈现逐渐增加趋势。在汶川地震灾区，地震诱发了大量的震裂松散坡体，在降雨的诱发下极易发生滑坡[1]，给灾区的社会经济发展、基础设施建设、人们的生命财产等带来严重的安全隐患。如何才能评估潜在的滑坡可能造成的灾害程度，如何才能进行风险管理以及有针对性的工程治理等，是滑坡减灾防灾迫切需要解决的问题，这就涉及灾难性滑坡的运动参数。滑坡的运动参数决定了其致灾区域和致灾强度，即滑坡运动距离和等效摩擦系数控制着滑坡的致灾区域，滑坡速度和加速度则决定了滑坡的致灾强度。

滑坡的运动包括启动阶段、加速阶段、持速阶段和减速停止阶段。滑坡各运动阶段的速度、加速度以及运动距离，是滑坡减灾防灾措施和工程防护至关重要的技术参数。而已有的滑坡运动参数的计算主要依赖于经验方法和统计分析，以及对个体滑坡的理论分析和数值模拟，其结果不具有广泛推广的应用价值以及对工程实践的指导意义。而对于灾难性滑坡动力学的研究，目前国内外提出了众多的模型和理论，涉及滑面液化、碎屑流动、气垫效应等滑坡运动中的固、液、气等诸因素作用机制。但这些作用并不能完全解释滑坡的远程滑动机制，如水是滑坡运动非常有效的液化介质，提高了饱和碎屑流的流动性，是降雨滑坡远程滑动的控制性因素，而地震滑坡的高速远程运动并不具备水的液化作用；碎屑流动不能解释高速远程滑坡-碎屑流的“尺寸效应”以及碎屑流运动过程中动摩擦系数的减小，特别是不能说明滑体质心的运动距离远远地大于预期的滑块；气垫效应并不对所有的高速远程滑坡都有效，只适合空气封闭条件比较好的高速远程滑坡-碎屑流。滑面液化、碎屑流动、气垫效应可为特定的滑坡运动提供合理的解释，但目前的理论解释还不能为滑坡动力学和运动学提供具有广泛应用价值的计算参数和经验关系。

滑坡的运动机制还与下垫面场地密切相关，并且具有两种典型运动特征[2,3]：①受河流地形的阻止，滑坡堵塞河道，形成堰塞坝，滑坡的运动参数受河谷地形的显著制约，如湖北千将坪滑坡、西藏易贡滑坡、贵州岩口滑坡等；②未受河流地形的显著阻止，滑坡的运动在坡体或相对平坦的区域停止堆积，其运动过程得以充分地发挥，常导致严重的人员伤亡、建筑损毁和掩埋，如贵州关岭滑坡、雅安汉源万工滑坡、云南昭通头寨沟滑坡和禄劝烂泥沟滑坡等。其下垫面场地类型包括坡脚型、偏转型、沟谷型、阶梯型等，这些下垫面场地条件对滑坡运动的作用机制影响了滑坡致灾程度的预测、评估以及山区建设场地安全性评价。

滑坡运动具有复杂的机理以及固、液、气的耦合作用，其机制归根结底是滑坡的岩土体和下垫面场地条件耦合作用的结果。进行灾难性滑坡致灾机制所涉及的滑坡运动速度、加速度、距离和等效摩擦系数关系的研究，涉及滑坡碎屑流的岩土体特性和下垫面场地条件两方面的耦合作用的结果，并且滑坡高速远程、近程运动的主控关系是滑坡减灾防灾的关键所在。研究结果对灾难性滑坡运动计算参数的选取、经验关系的确定、防护关键技术、滑坡堵江预测，以及西部山区基础设施安全、人民生命财产安全都具有重要的科学意义和现实意义。

1.2 滑坡碎屑流运动机理

滑坡碎屑流的启程阶段是滑坡运动的基础，已有资料和实际考察表明，一些滑坡开始滑动的速度相当缓慢，而逐渐出现高速滑动，称为“缓动式的高速滑坡”；而一些滑坡骤然爆发，迅猛崩滑，一开始便具有相当高的速度，随后又逐渐出现更高的速度滑动，即“剧动式的高速滑坡”。而关于滑坡启程剧动机理主要有：临床弹性冲动加速效应、临床峰残强降加速效应、坡体波动振荡加速效应等三种“加速效应”[4]。黄润秋、许强等[5]根据我国20世纪以来的典型灾难性滑坡的总体规律和形成机理，提出了中国大型滑坡发生机理，即滑移-拉裂-剪断“三段”式机理、“挡墙溃屈”机理、近水平地层的“平推式”滑坡机理、反倾向层状岩体中倾倒变形机理、顺倾向层状岩体边坡的滑移（-弯曲）-剪断机理。

滑坡的运动阶段取决于滑坡的总能量，即滑坡体物质的密度、体积与落高之积，如果滑坡运动不明显地受下垫面场地条件的阻止，滑坡的等效摩擦系数很大程度上受控于滑坡体积[6,7]。灾难性滑坡常具有高速、远程运动特征，其运动机理成为滑坡动力学研究的热点，并取得了丰硕的成果，涉及固、液、气的作用机理[8,9]，空气润滑、颗粒流、能量传递、底部超孔隙水压力等理论模型[10]，以及气垫效应、滑面液化、碎屑流动等作用效应[5,11-13]。胡广韬认为滑坡行程高速具有滑体势动转化加速效应、滑床气垫擎托持速效应、滑床触变液化持速效应及滑程碎屑流滑持速效应，即一种“加速效应”，三种“持速效应”[4]。就滑体而言，前后部相互作用是滑坡能够高速远程的另一原因。前缘滑体在进入堆积区时，在摩擦的作用下呈现短时间的匀速减速运动，而后在后部滑体的推动作用下产生相对加速运动，由此滑体后部与前部相互作用的能量转换机制解释了岩崩前缘滑体的远程运动特征[14-16]。

就目前滑坡高速远程运动的机理而言，空气润滑模型并不对所有的高速远程滑坡都有效。由于滑体下降的过程中，空气是以气泡的形式快速地穿过碎屑体，而在不能被包裹和压缩的滑道上，空气不能有效地液化大型滑坡，只适合空气封闭条件比较好的高速远程滑坡-碎屑流。颗粒流不能解释高速远程滑坡的“尺寸效应”以及碎屑流运动过程中动摩擦系数的减小，对大型高速滑坡的机理研究具有局限性。由于高密度、黏性和不可压缩的特性，水是非常有效的液化介质，提高了饱和碎屑流的流动性，滑体物质孔隙流体的存在可以部分或完全支撑颗粒的荷载，致使有效固体摩擦系数减小，但现场调查的证据表明许多远程滑坡并未达到饱和状态，并且地震滑坡的高速远程运动表明其作用有限。滑体前后部相互作用有效地解释高速远程滑坡碎屑流的“尺寸效应”，但滑坡远程运动并不总是与块体的大规模扩散有关。虽然滑坡远程运动的许多机制在某些确定的滑坡实例中得到了证明，但由于滑坡运动自身的复杂性，到目前为止，还没有一个理论和模型能完全解释滑坡的高速远程运动特征，其运动机制归根结底都是岩土体和下垫面场地条件耦合作用的结果。

1.3　滑坡碎屑流运动参数

滑坡碎屑流的运动速度与距离的预测历来是滑坡减灾防灾的重要研究内容，但由于滑坡发生的不确定性和监测技术的局限性，对滑坡速度的研究主要根据动量传递法、谢德格尔法[17]、潘家铮法[18]、非连续变形分析（DDA）[19]、DAN[20,21]等理论分析方法和数值模拟。国内学者分别对四川汉源二蛮山滑坡[22]、贵州关岭大寨滑坡[23]、云南头寨滑坡[11]、易贡滑坡[24]的运动速度进行了理论分析和数值计算。国外学者基于滑坡运动距离模型反演方法分析滑坡最大速度和最大堆积深度的滑坡强度分类等级，提出不同类型的运动距离指标和系统方法[25]。并运用能量分析方法反演滑坡动摩擦系数，提出地震滑坡运动距离随滑坡体积的增大、原始斜坡坡度的减小而增加[26]。以及基于动力临界状态线（DCSL）的数值流变模型预测滑坡的诱发条件、滑坡速度和运动距离等[27]。

运用这些理论分析和数值模拟对滑坡运动速度和距离的分析，都对滑坡运动下垫面场地进行了简化处理，忽略了场地条件对滑坡运动距离、速度的影响[25,28-30]。理论分析表明滑坡体积与运动距离的预测结果、等效摩擦系数的关系存在较大的离散性[31]，其原因在于不能对滑坡能量和等效摩擦角进行准确的设定，后来的研究运用滑坡前后质心的连线的角度重建了滑坡质心的等效摩擦角与体积的关系，但同样不能避免其离散性大的特点。数值模型虽然能较好地模拟滑坡在滑道内运动的距离、速度以及与时间的关系[20,21,32]，但其局限性在于假定滑坡在滑道内运动，垂直于滑道的边缘没有摩擦作用，模型的任何特定的位置中的所有滑块的宽度保持不变，忽略体积在滑道沿程变化特征，这样的假设对于陡峭的滑道来说是可以忽略的，但对于宽度相对较大而滑坡运动中又发生路径的改变时，会影响模型的准确性。近年来，国内外学者已经意识到滑坡运动的地形条件对滑坡、运动距离以及堆积体特征的影响[33-38]，试图通过考虑滑坡形状、运动路径的约束条件、地形因素等来减小等效摩擦系数的离散性，然而由于滑坡运动路径的原始地形和下垫面特征、动力学详细数据资料的不足，缺乏斜坡的岩土体、下垫面场地条件等对滑坡运动参数的影响分析，已有的研究仅应用体积和高差作为预测滑坡运动参数是不充分的。

1.4 结　　论

综上所述，我们得出如下的结论：

滑坡运动是滑坡岩土体特性和下垫面场地耦合作用的结果，而滑坡运动的岩土体物理力学参数变化都可运用颗粒级配的变化进行描述，下垫面场地条件主要有坡脚条件、偏转角度、沟谷类型、阶梯参数等。通过研究岩土体特性和下垫面场地对滑坡运动速度、加速度的变化规律、运动距离的作用效应，获取滑坡运动学的计算参数和经验关系，可为自然因素诱发的滑坡灾害提供预测、预报方法，并为人类工程活动、社会经济发展引起的地质环境条件变化而导致的滑坡灾害提供符合实际状况的致灾参数，以确保滑坡灾害评估、防护关键技术等措施的合理可靠。

主要参考文献

[1] 殷跃平．汶川八级地震地质灾害研究［J］．工程地质学报，2008，16（4）：433-444.
[2] 樊晓一，乔建平．坡、场因数对大型滑坡的运动特征影响研究［J］．岩石力学与工程学报，2010，29（11）：2337-2347.
[3] 樊晓一．地震与非地震诱发滑坡的运动特征对比研究［J］．岩土力学，2010，31（Supp.2）：31-37.
[4] 胡广韬．滑坡动力学［M］．北京：地质出版社，1995.
[5] 黄润秋，许强等．中国典型灾难性滑坡［M］．北京：科学出版社，2008.
[6] Legros F. The mobility of long-runout landslides［J］. Engineering Geology，2002，63：301-331.
[7] 方玉树．高位能滑坡运程探讨［J］．后勤工程学院学报，2007，23（4）：16-20.
[8] 程谦恭，张倬元，黄润秋．高速远程崩滑动力学的研究现状及发展趋势［J］．山地学报，

2007, 25 (1): 72-84.

[9] 程谦恭, 王玉峰, 朱圻等. 高速远程滑坡超前冲击气浪动力学机理 [J]. 山地学报, 2011, 29 (1): 70-80.

[10] 张明, 殷跃平, 吴树仁等. 高速远程滑坡-碎屑流运动机理研究发展现状与展望 [J]. 工程地质学报, 2010, 18 (6): 805-817.

[11] 邢爱国, 殷跃平. 云南头寨滑坡全程流体动力学机理分析 [J]. 同济大学学报 (自然科学版), 2009, 37 (4): 481-485.

[12] Deline P. Interactions between rock avalanches and glaciers in the Mount Blanc massif during the late Holocene [J]. Quaternary Science Reviews, 2009, 28: 1070-1083.

[13] 张明, 胡瑞林, 殷跃平等. 滑坡型泥石流转化机制环剪试验研究 [J]. 岩石力学与工程学报, 2010, 29 (4): 822-832.

[14] Davies T R, Mcsaveney M J, Hodgson K A. A frag-mentation-spreading model for long-runout rock avalanches [J]. Can J Geotech, 1999, 36: 1096-1110.

[15] Okura Y, Kitahara H, Sammori T, et al. The effects of rockfall volume on runout distance [J]. Engineering Geology, 2000, 58: 109-124.

[16] Manzella I, Labiouse V. Flow experiments with gravel and blocks at small scale to investigate parameters and mechanisms involved in rock avalanches [J]. Engineering Geology, 2009, 109: 146-158

[17] 许强, 裴向军, 黄润秋等. 汶川地震大型滑坡研究 [M]. 北京: 科学出版社, 2009.

[18] 潘家铮. 建筑物的抗滑稳定和滑坡分析 [M]. 北京: 水利出版社, 1980.

[19] 石根华. 数值流行方法与非连续变形分析 [M]. 裴觉民译. 北京: 清华大学出版社, 1997.

[20] Kwan J S H, Sun H W. An improved landslide mobility model [J]. Canadian Geotechnical Journal, 2006, 43 (5): 531-539.

[21] Willenberg H, Eberhardt E, Loew S, et al. Hazard assessment and runout analysis for an unstable rock slope above an industrial site in the Riviera valley, Switzerland [J]. Landslides, 2009, (6): 111-116.

[22] 许强, 董秀军, 邓茂林等. 2010 年 7 · 27 四川汉源二蛮山滑坡-碎屑流特征与成因机理研究 [J]. 工程地质学报, 2010, 18 (5): 609-622.

[23] 殷跃平, 朱继良, 杨胜元. 贵州关岭大寨高速远程滑坡-碎屑流研究 [J]. 工程地质学报, 2010, 18 (4): 445-454.

[24] 周鑫, 邢爱国, 陈禄俊. 易贡高速远程滑坡近程凌空飞行数值分析 [J]. 上海交通大学学报, 2010, 44 (6): 833-838.

[25] Cepeda J, Chávez J A, Martínez C C. Procedure for the selection of runout model parameters from landslide back- analyses: application to the Metropolitan Area of San Salvador, El Salvador [J]. Landslides, 2010, 7: 105-116.

[26] Kokusho T, Ishizawa N K. Travel distance of failed slopes during 2004 Chuetsu earthquake and its evaluation in terms of energy [J]. Soil Dynamics and Earthquake Engineering, 2009 , 9: 1159-1169.

[27] Pastor M, Blanc T, Pastor M J. A depth-integrated viscoplastic model for dilatant saturated cohesive-frictional fluidized mixtures: Application to fast catastrophic landslides [J]. Journal of Non-Newtonian Fluid Mechanics, 2009, (158): 142-153.

[28] 邬爱清，丁秀丽，李会中等．非连续变形分析方法模拟千将坪滑坡启动与滑坡全过程 [J]．岩石力学与工程学报，2006，25（7）：1297-1303.

[29] 冯文凯，何川，石豫川等．复杂巨型滑坡形成机制三维离散元模拟分析 [J]．岩土力学，2009，30（4）：1122-1126.

[30] Sassa J, Nagai O, Solidum R, et al. An integrated model simulating the initiation and motion of earthquake and rain induced rapid landslides and its application to the 2006 Leyte landslide [J]. Landslides, 2010, 7: 219-236.

[31] Hungr O. Rock avalanche occurrence, process and modelling [J]. Earth and Environ-mental Science, 2006, 49 (4): 243-266

[32] Hungr O, McDougall S. Two numerical models for landslide dynamic analysis [J]. Computers & Geosciences, 2009, 35: 978-992.

[33] 鲁晓兵，王义华，王淑云等．碎屑流沿坡面运动的初步分析 [J]．岩土力学，2004，25（Supp. 2）：598-600.

[34] Crescenzo G D, Santo A. Debris slides-rapid earth flows in the carbonate massifs of the Campania region (Southern Italy): morphological and morphometric data for evaluating triggering susceptibility [J]. Geomorphology, 2005, 66: 255-276.

[35] Revellino P, Guadagno F M, Hungr O. Morphological methods and dynamic modeling in landslide hazard assessment of the Campania Apennine carbonate slope [J]. Landslides, 2008, 5: 59-70.

[36] Devoli G, Blasio F V D, Elverhøi A, et al. Statistical analysis of landslide events in central America and their run-out distance [J]. Geotech Geol Eng, 2009, 27: 23-42.

[37] 李秀珍，孔纪名．“5·12”汶川地震诱发滑坡的滑动距离预测 [J]．四川大学学报（工程科学版），2010，42（5）：243-249.

[38] Pirulli M. Morphology and substrate control on the dynamics of flowlike landslides [J]. Journal of Geotechnical and Geoenvironmental Engineering, 2010, 136 (2): 376-388.

第 2 章　滑坡模型参数试验

斜坡岩土体的力学条件的变化导致斜坡应力集中与迁移，从而致使斜坡在临界状态下失稳启动，并对滑坡的运动过程产生影响。因此本章将通过设计具有对比性的三种不同级配的土样，并利用室内直剪试验测定土样的力学参数 c、φ 值，为后续滑坡模型试验以及数值计算提供研究基础。

2.1　室内直剪试验

2.1.1　土样制备

对于试验材料的选取原则，主要参照文献［1］的综合性滑坡分类体系方法，其中按照滑体岩性分类，包括块状岩体滑坡、碎裂岩体滑坡、黏性土滑坡、碎石土滑坡、黄土滑坡等。而为探索岩土体力学条件与场地条件对滑坡运动的耦合作用，根据试验目的、方法及条件需对岩土体进行必要的概化，在对典型滑坡事件堆积物的现场调查的基础上（图 2.1），主要概化出粗粒含量占优的碎石类

a. 碎石类滑坡

b. 碎石土滑坡

c. 土质滑坡

图 2.1　典型滑坡岩土体特性

滑坡、粗细含量较为均匀的碎石土类滑体以及细粒含量较多的土质类滑体三种。

依据前述的试验材料选取原则，在此选择粗粒土作为本次模型试验的主要材料。粗粒土是粗颗粒土石混合物的总称，它的成因多样，粒径相差悬殊，有石、砾、砂及土料。同时考虑到试验仪器对于岩土体颗粒粒径的限制条件（$d≤60$mm），选择颗粒粒径范围为0.25～50mm，设计出三种不同级配的土样，如表2.1所示。配制好后的土样如图2.2所示。

表2.1　土样级配组成表

土样	粒组/mm				
	0.25～0.5	0.5～2	2～5	5～20	20～50
M1	60	20	10	10	0
M2	20	25	25	20	10
M3	0	10	10	20	60

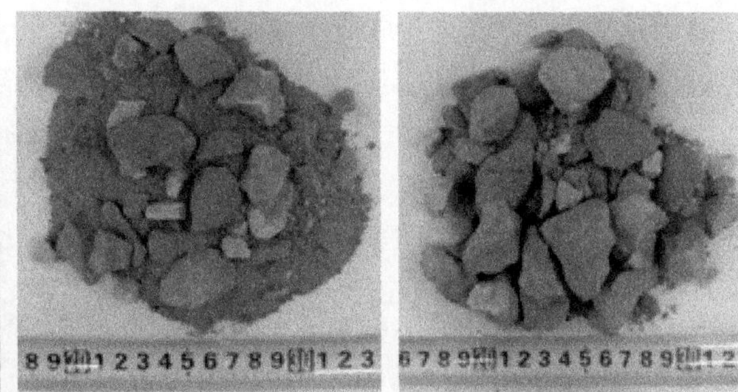

M1　　M2　　M3

图2.2　土样示意图

根据所配置的土样，采用固定体积法做最小干密度，应用干法在振动台上进行最大干密度测定，各土样的相对密度试验结果见表2.2。同时采用自然堆积状态对应的密实度D_r=0.33，通过计算得出各土样的制样密度，进行后续直剪试验及模型试验。

表2.2　相对密度试验结果表

试样编号	最小干密度/（g/cm^3）	最大干密度/（g/cm^3）	制样密度/（g/cm^3）
M1	1.56	1.22	1.31
M2	2.28	1.91	2.02
M3	1.96	1.80	1.85

2.1.2　试验步骤

本试验采用粗粒土（岩石）力学参数测试系统。该系统属于拼装式结构，是在原 ZY50-5 型粗粒土直剪压缩两用仪的基础上改制而成，主要由主机、控制柜和控制台、量测系统、直接剪切试验附件、固结试验附件、界面摩擦试验附件、土工织物拉拔试验附件、岩石力学参数测试附件及相关软件组成（图 2.3）。

图 2.3　粗粒土（岩石）力学参数测试系统

试验采用自然干燥状态下的快剪方式，每组试验制备 4 个试样，在不同压力下进行试验，各级垂直荷载级差大致相同，此处分别取 50kN、100kN、150kN 和 200kN 四个垂直荷载级，从而得到不同压力级下的剪应力与剪切位移关系曲线，具体步骤如下：

（1）试验时，首先将下剪切盒吊放在滚轴排上，并在下剪切盒上安放开缝环及相应直径的钢珠，控制剪切开缝尺寸为 $1/4d_{max} \sim 1/3d_{max}$，然后将上剪切盒放上，务必使上、下剪切盒对正，并用固定插销定位，然后在剪切盒中进行试样制备。

（2）制样采用击实法，根据各土样的制样密度，称取不同质量的土样，放入试件剪切盒中分层进行击实，层次可根据高度与层缝错开的原则而定，一般为 3 层或 5 层，每一层应击实至要求的高度，各层接触面用切土刀刨毛，保证各个试样干密度和粗细粒间的组构一致以及砾石含量随机均匀分布。

（3）试样制备好后，在试样面上依次放上透水板、传压板、垂直千斤顶和传压板等。随即将上、下剪切盒推入主机中心，上剪切盒传力块顶住水平反力座，下剪切盒两边传力块挂钩。

(4) 进行预加载，使垂直加载油缸活塞伸出，接触垂直传力板以及水平加载油缸活塞伸出，接触下剪切盒的传力块。拔除上、下剪切盒的固定销并取掉开缝环，均匀安装两个水平光栅位移传感器，并记录初始读数。

(5) 施加荷载。施加垂直荷载，在整个试验过程中应始终将垂直加载油缸换向阀钮开关置为加载位。调节垂直压力升降针阀开关，调节至所需的垂直压力值。施加水平荷载，启动油泵。水平剪切速度是通过左右旋转微流量阀来调整到无级调速，控制剪切速度，本次试验均采用 8mm/min 的固定剪切速度进行。轴向荷载及水平推力均用电子测力计测定。

(6) 记录垂直、水平千斤顶及位移计等的读数，当水平荷载读数不再增加或剪切变形急骤增长，即认为已剪损。若无上述两种情况出现，应控制剪切变形达到试样直径的 1/15 ~ 1/10 可停止试验，考虑到应变测量仪的有效量程，本次试验取 45mm。试验结束后，尽快卸去位移计、水平荷载、垂直荷载和加荷设备，关闭气源和电源，通过总回油开关，卸除液压力。

2.1.3 试验成果及分析

以剪应力为纵坐标，剪切位移为横坐标，分别绘制某垂直荷载下剪应力 τ 与剪切位移 ε 的关系曲线，如图 2.4 所示。

从图 2.4 可以看出，设计的三种粗粒土土样的剪应力-剪切位移关系呈非线性关系，均具有应力硬化性的特征。这是由于在剪切过程中外力的作用引起颗粒在剪切面移动和滚动，出现体积变形。本次试验所取制样密度均为自然堆积状态下对应的密度，土样整体介于松散—稍密之间，密度较小，颗粒间孔隙较多，在剪切过程中呈剪缩变形，使密度增加，剪应力相应增高，反映在应力应变曲线上

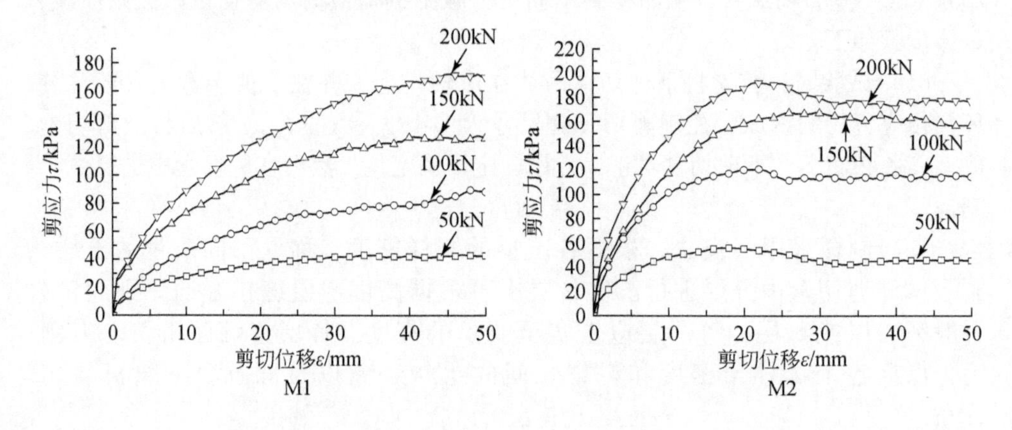

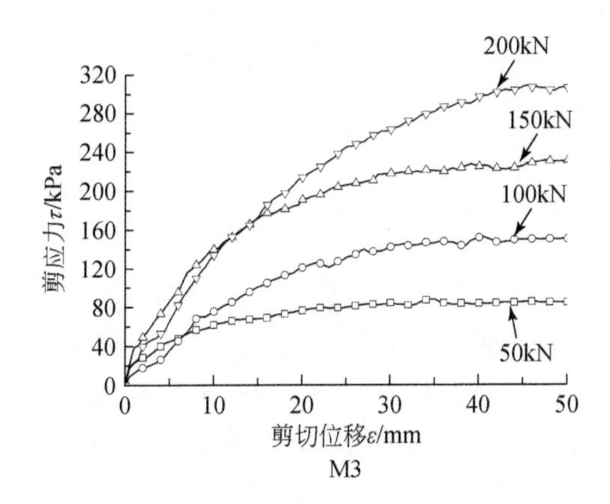

图 2.4　土样剪应力-剪切位移曲线示意图

呈应力硬化特征，无明显峰值。而关于在某垂直荷载下的抗剪强度取值方法，一般取剪应力 τ 与剪切位移 ε 的关系曲线上峰值作为抗剪强度，若无明显峰值，则取剪切位移达到试样直径 1/15 ~ 1/10 处的剪应力作为抗剪强度 τ，本研究取 40mm。根据这一原则以抗剪强度 τ 为纵坐标，垂直压力 σ 为横坐标，绘制抗剪强度 τ 与垂直压力 σ 的关系曲线如图 2. 5 所示。

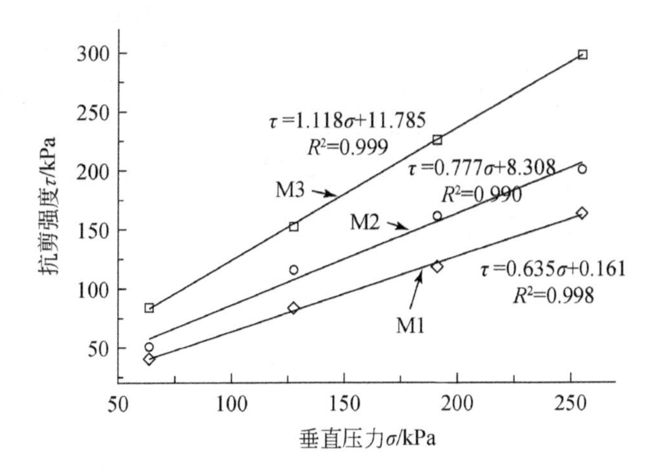

图 2. 5　抗剪强度 τ 与垂直压力 σ 的关系曲线

对试验结果进行线性拟合，抗剪强度与垂直压力呈现较高的拟合度，R^2 值均高达 0. 99。且符合库仑公式 $\tau=c+\sigma\tan\varphi$ 的表达形式，从而可以得出三种土样的内摩擦角 φ 及黏聚力 c 值，如表 2. 3 所示。

表 2.3 土样的抗剪强度 c、φ 值

土样编号	内摩擦角 φ/(°)	黏聚力 c/kPa
M1	32.42	0.161
M2	37.85	8.308
M3	48.19	11.785

本次试验所用材料均为无黏性土粗粒土，且在自然干燥状态下进行试验，根据库仑无黏性土公式，抗剪强度曲线应通过坐标原点，即黏聚力 $c=0$，而此处三种土样均具有黏聚力存在，最高值达到 11.785kPa，存在着较大的差异。其原因在于粗颗粒在剪切时存在着假性黏聚力，即咬合力。咬合力概念最早由陈希哲在《粗粒土的强度与咬合力试验研究》[2] 一文中提出，作者进行了大量的大型三轴压缩试验与现场陡坡试验并经工程实践检验，证明粗粒土中存在一种新的力，称为咬合力。在此，列举出近年来关于粗粒土直剪试验的成果作为佐证，如表 2.4 所示。

表 2.4 近年来粗粒土直剪试验成果

学者		咬合力 c/kPa	内摩擦角 φ/(°)
李振，邢义川[3]	卵石	1.3 ~ 10.3	32.5 ~ 46.7
	碎石	26.3 ~ 78	36 ~ 31.5
魏厚振，汪稔，胡明鉴等[4]		21.33 ~ 41.31	18 ~ 35.16
伍安国，张红[5]		74.3 ~ 89.3	30.5 ~ 35.8
周志坚，阎宗岭[6]		26.30 ~ 76.03	30.54 ~ 59.20
宋继宏，胡明鉴，付克俭等[7]		13.7 ~ 21.3	32.04 ~ 36.24
王子寒，周健，赵振平等[8]		5.63 ~ 67.58	47.6 ~ 49.1
徐肖峰，魏厚振，孟庆山等[9]		90 ~ 114	23 ~ 36

从表 2.4 可以看出，绝大多数粗粒土剪切试验拟合结果都存在着较高的咬合力，这是因为粗粒土受剪切时，如图 2.6 所示，剪切面 S-S 上的粗颗粒起阻挡作用，导致粗粒土在剪切过程中需绕过粗颗粒扩大剪切面或将剪切面上的粗颗粒剪断，才能发生剪切破坏。这种粗粒土颗粒互相交错镶嵌的排列，就产生抗剪切的阻力，即咬合力。咬合力的存在，大幅度提高了粗粒土的抗剪强度。

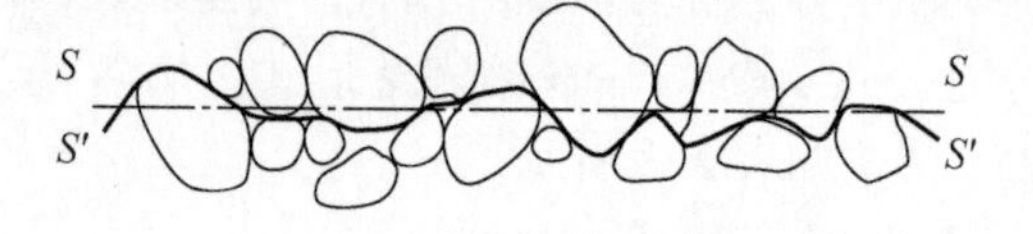

图 2.6 粗粒剪切示意图

2.2　直剪试验数值计算

本节将采用 PFC^{2D}颗粒流程序对直剪试验进行模拟计算，一方面与直剪试验成果相互验证，另一方面为后续滑坡数值计算参数择取提供指导。二维颗粒流程序 PFC^{2D}的基本模型由单元以及连接单元的变形元件构成，常用单元为刚性圆盘，可以很好地模拟岩土体剪切面，从而对剪切带内外土体的应力、应变特性进行分析。已有学者利用 PFC^{2D}研究颗粒形状和颗粒破碎对抗剪强度的影响机制，研究结果与试验结果吻合较好，而且具有较好的可重复性，有利于对直剪试验本质规律进行研究。

2.2.1　PFC^{2D}直剪模型

2.2.1.1　剪切盒模拟

依据实际直剪试验的尺寸规格，建立了剪切盒尺寸长和高均为 50cm，上下剪切盒的高度为 25cm。在试验过程中采用上下剪切盒相向移动，并利用伺服模拟加载程序保持法向压力恒定。通过墙体命令（wall）建立 1 ~ 8 号墙组成剪切盒模型，在试验中认为外盒是刚性体，即设置墙体的刚度远大于土样颗粒的刚度，在此取墙体刚度十倍于颗粒刚度。剪切盒模型见图 2.7。

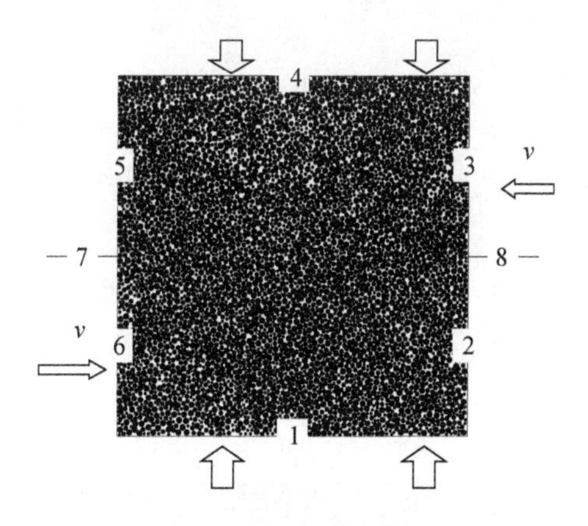

图 2.7　PFC^{2D}直剪模型示意图

2.2.1.2　颗粒生成及加载

首先利用墙体命令（wall）建立上下左右四墙构成试样模型，在其内部生产颗粒（ball），为保证颗粒的生成及效率，在此采用膨胀法，即先将全部目标颗粒的半径统一缩小，生成小直径颗粒，然后把半径放大复原，并通过循环来消除试样内部非均匀应力。待颗粒生成好后，删除试样模型墙体，在此基础上建立如图2.7所示1～8号墙构成的直剪模型，利用伺服加载保持法向压力恒定。

该模型的关键在于伺服加载，本次计算是利用 PFC^{2D} 中提供的一个伺服控制FISH程序改编而来，利用调整墙体速度来减少当前应力值与目标应力值的差值。设定墙体速度满足下式：

$$u^{(w)}=G(\sigma^{(w)}-\sigma^{(t)})=G\Delta\sigma \tag{2.1}$$

式中，G 为加载参数；$\sigma^{(w)}$ 为墙体应力值；$\sigma^{(t)}$ 为目标应力值。在每一个时步内，墙体运动所带来的最大增量 $\Delta F^{(w)}$ 为

$$\Delta F^{(w)}=K_n u^{(w)}\Delta t \tag{2.2}$$

式中，K_n 为所有与该墙体接触的颗粒刚度总和。因此，可以得到墙体的应力改变量为

$$\Delta\sigma^{(w)}=\Delta F^{(w)}/A,\text{即 }\Delta\sigma^{(w)}=K_n u^{(w)}\Delta t/A \tag{2.3}$$

同时为了保持加载稳定性，应力改变量的绝对值必须小于当前应力值与目标应力值差值的绝对值，在实际中，引入松弛因子 a 来进一步控制加载时的速率，满足：

$$|\Delta\sigma^{(w)}|<a|\Delta\sigma|,\quad \text{即 }|K_n u^{(w)}\Delta t/A|<a|\Delta\sigma| \tag{2.4}$$

则可以得出稳定条件：

$$G\leqslant aA/(K_n\Delta t) \tag{2.5}$$

2.2.1.3 剪应力和剪切位移计算

在 PFC^{2D} 直剪模拟中，是通过定义1～8号墙体移动来模拟剪切过程，剪切力与剪切位移无法直接进行监测，但应首先对其进行定义。对于剪切位移，本次模拟采用上下剪切盒保持相同剪切速率相向移动，因此可以监测墙6、墙3的水平位移进行计算，即：

$$\varepsilon=x\_\mathrm{disp}(\mathrm{wadd6})-x\_\mathrm{disp}(\mathrm{wadd3}) \tag{2.6}$$

对于剪应力，以下半剪切盒为研究对象（图2.8），计算颗粒与墙体的相互作用关系。

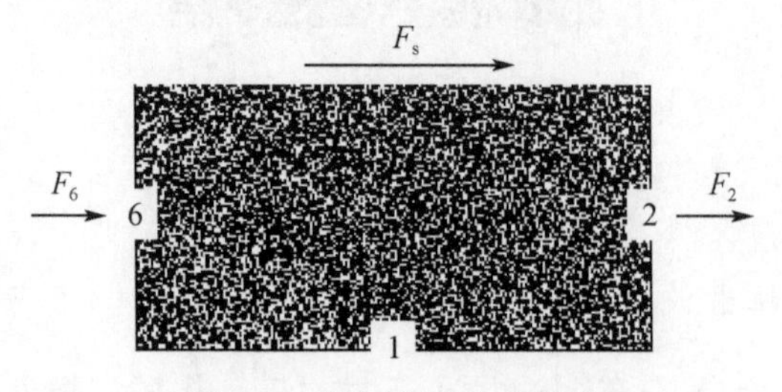

图2.8 剪切盒受力示意图

由于设置墙体摩擦系数为 0，因此墙 1 未产生水平接触力，即：

$$F_s+F_6+F_2=0 \tag{2.7}$$

式中，F_s为剪切力；F_6为颗粒作用于墙 6 的力；F_2为颗粒作用于墙 2 的力。而对于剪切面积 A，在 PFC^{2D} 中，剪切盒宽度为单位长度，即 A=剪切盒宽度 l−剪切位移 ε。从而可以得出剪应力如下式所示：

$$\tau=F_s/A=-(F_6+F_2)/(l-\varepsilon) \tag{2.8}$$

2.2.1.4　基本参数取值

在 PFC^{2D} 中的接触本构模型主要包括刚度模型、滑动模型以及黏结模型三部分。其中刚度模型是在接触力和相对位移之间规定弹性关系；滑动模型是在法向力和切向力之间建立两个接触球体相对运动的关系；黏结模型则是限定法向力和剪力的合力最大值。对于无黏性土，选择接触本构模型为线性刚度模型和滑动模型，并将黏结模型设置为零。其中线性刚度模型建立了接触力与相对位移的弹性关系，需设置颗粒间的法向刚度和切向刚度，取 $k_s=k_n=2\times10^4$ kPa；而滑动模型则允许颗粒在抗剪强度范围内发生相对运动，则需设置颗粒摩擦系数进行激活，取 $f=0.6$。

2.2.2　粗粒含量对 c、φ 值的影响

以 5mm 粒径为粗细含量的分界值，研究不同粗粒含量（$P5$ 含量，即粒径大于 5mm 的颗粒总含量）对抗剪强度指标 c、φ 值的影响，这里取 $P5$=0%、20%、40% 和 60% 四个不同含量，同时考虑到模型的计算效率，颗粒粒径范围取 0.5～20mm，颗粒级配曲线如图 2.9 所示。

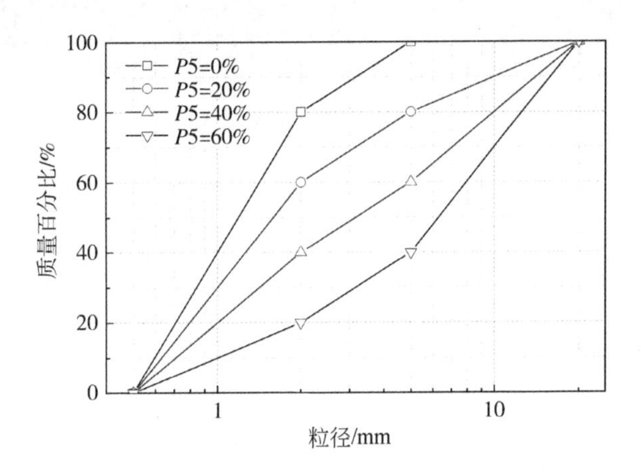

图 2.9　不同颗粒含量级配曲线

按照上述级配曲线，生成不同粗粒含量模型如图 2.10 所示。直剪试验模拟采用 200kPa、400kPa、600kPa、800kPa 四个垂直压力等级。在模拟过程中监测

变量，记录试样剪应力和剪切位移的变化，得出剪应力-剪切位移曲线(图2.11)，从而得到不同垂直压力下试样的抗剪强度，计算出不同粗粒含量的抗剪强度指标 c、φ 值。

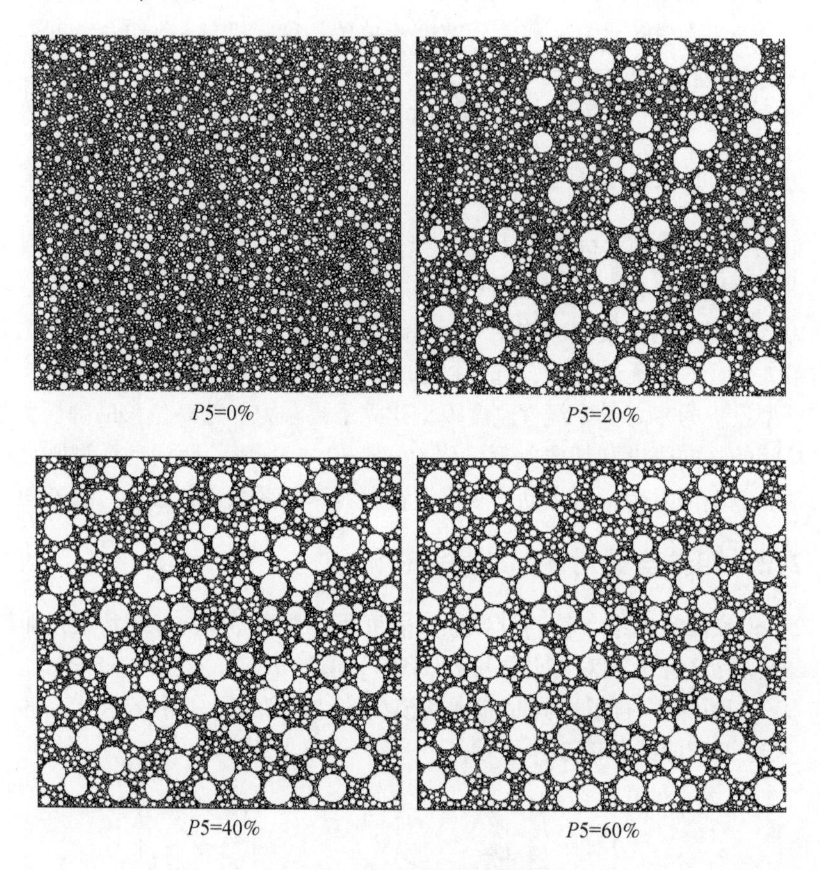

图2.10 不同粗粒含量模型

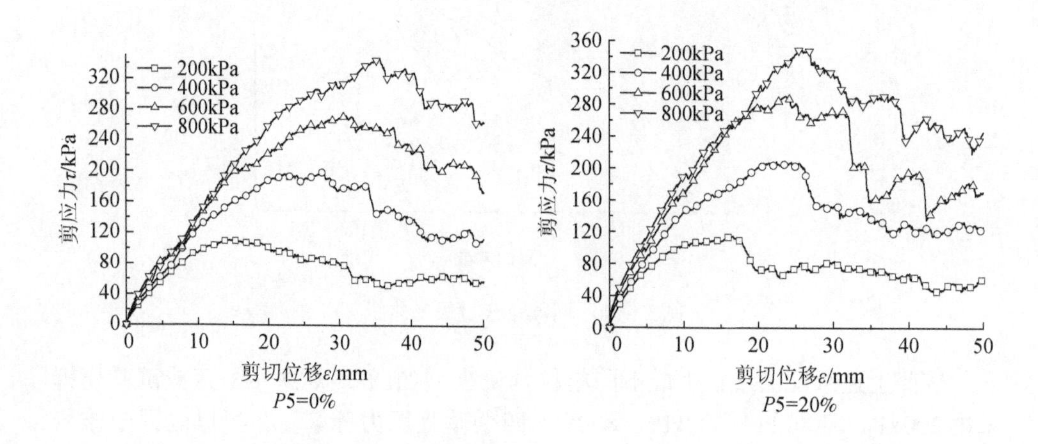

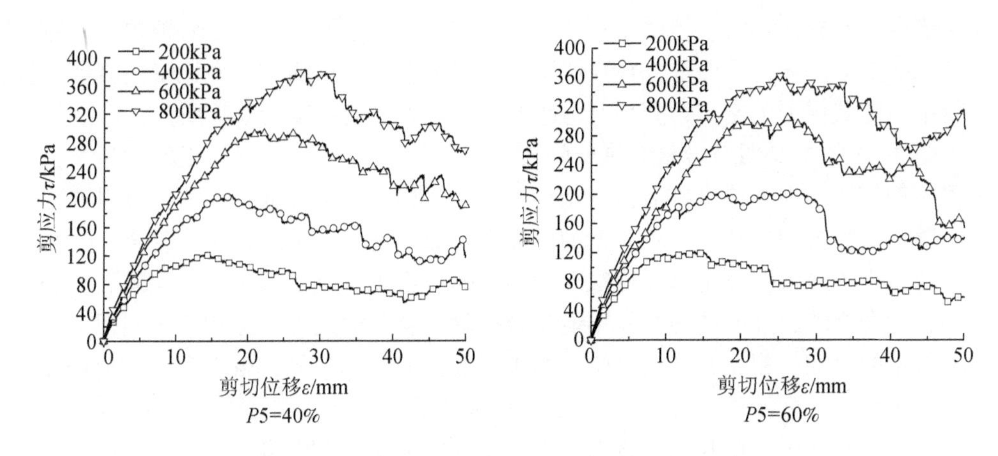

图 2.11　不同垂直压力的剪应力-剪切位移曲线

从图 2.11 可以看出，相同粗粒含量试样的峰值强度随着垂直压力的增大而增加，峰值强度对应的剪切位移也越大。同时，垂直压力越大，剪应力-剪切位移曲线初始线性阶段越明显，初始切线模量越大。在此分别绘制 200kPa 和 600kPa 垂直压力下不同粗粒含量试样的剪应力-剪切位移曲线，如图 2.12 所示。

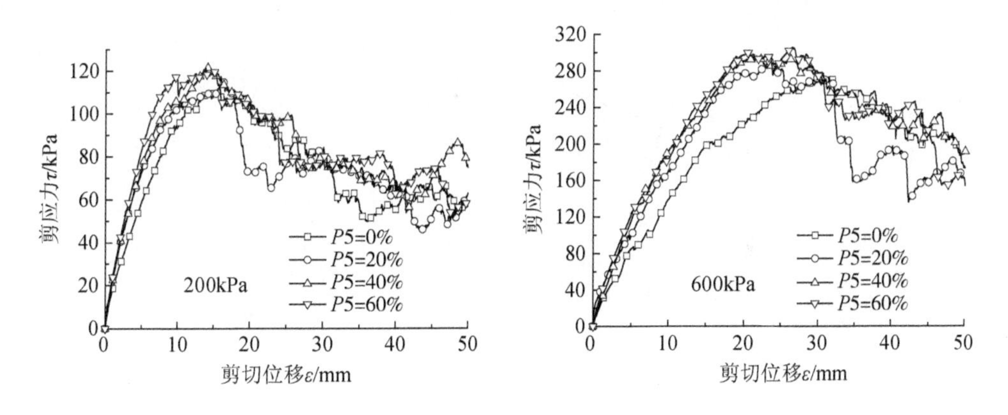

图 2.12　相同垂直压力的剪应力-剪切位移曲线

图 2.12 表明，在相同垂直压力下，粗粒含量越大的试样峰值强度越高，达到峰值强度的剪切位移越小。同时可以发现，在前文粗粒土直剪试验过程中，由于垂直压力的压密作用以及剪切过程中剪切面上颗粒重排，小颗粒填充进入由大粗粒骨架形成的孔隙中，从而剪应力随剪切位移增大而增加，呈现应力硬化特征，没有明显峰值。而在数值模拟中，各试样均呈现出应力软化特征，具有明显峰值，这是因为数值模拟采用的垂直压力大于直剪试验的垂直压力，从而在加载过程中压密以及重排作用更为明显，且 PFC 中颗粒均为圆形颗粒，这与真实土颗

粒形状存在差异，真实土体由于颗粒间咬合作用造成细颗粒不能很好地填充粗颗粒构成的空隙部分，从而造成在数值试样施加垂直压力后的孔隙率比室内真实试样要小，即试样更为密实，剪切时剪胀明显，达到峰值强度后软化更为突出。

图 2.13 指的是粗粒含量对抗剪强度指标的影响，通过对不同粗粒含量下抗剪强度进行拟合即可得出抗剪强度指标 c、φ，如图 2.14 所示。从图中可以看出内摩擦角与咬合力均随着粗粒含量的增加而增加，这与试验结果极为吻合。这是因为粗粒土的内摩擦角主要受粗粒含量的影响。当粗粒含量较小时，粒间孔隙被细颗粒完全充填，此时的粗颗粒不能充分接触咬合，因此内摩擦角较小；但随着粗粒含量的增加，粗颗粒形成骨架，其粗料部分得到充分的接触咬合，使得内摩擦角不断增大；而咬合力主要是由于颗粒大小相差悬殊，颗粒间相互咬合产生的，细颗粒较多时，颗粒大小相差不大，粗颗粒被细颗粒包裹，粗颗粒不能充分接触咬合，剪切面近似直线，因而咬合力较小；随着粗颗粒含量增加，细颗粒能够有效充填甚至可以使粗颗粒悬浮镶嵌，咬合力随之增加。

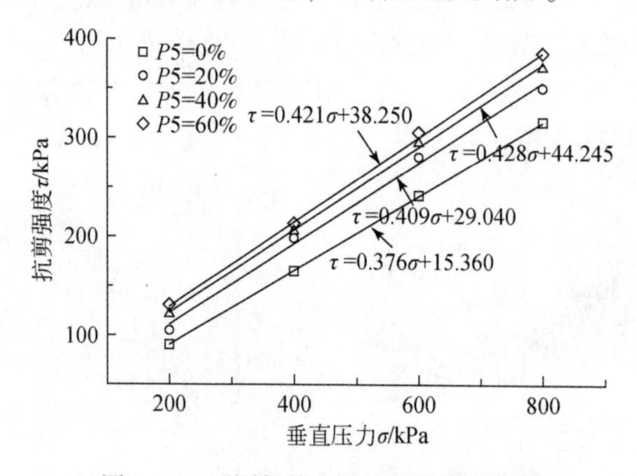

图 2.13　不同粗粒含量抗剪强度示意图

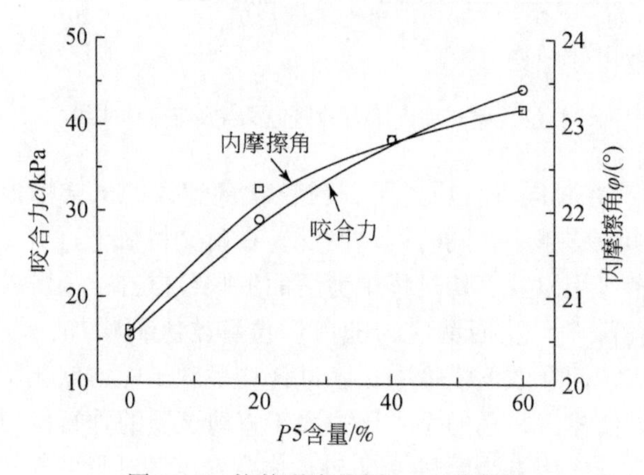

图 2.14　抗剪强度指标 c、φ 趋势图

同时，从图 2.14 还发现数值模拟中得到的内摩擦角的变动范围较小，仅为 20°~24°。这是因为模拟土颗粒均为圆形颗粒，在剪切过程中极易转动，减小了颗粒的滑动摩擦阻力，造成内摩擦角偏小。同时在 PFC^{2D} 圆形颗粒均为刚性颗粒，无颗粒破碎，同时粗粒含量越多，在实际试验过程中挤碎重排列现象更为明显，由此造成数值直剪模拟得出的强度及波动范围均小于实际直剪试验。

2.2.3　颗粒形状对 c、φ 值的影响

通过针对粗粒含量对 c、φ 值的影响进行的探讨，发现在 PFC^{2D} 中基于滑动模型利用圆形颗粒对无黏性土样进行直剪模拟，得到的内摩擦角值偏小，限制了后续的滑坡模型试验的数值计算研究，因此在此对不同颗粒形状对 c、φ 值的影响进行探究，一方面深入了解颗粒形状对抗剪强度指标的影响机制，另一方面为后续滑坡模拟研究参数选择提供指导。

在 PFC^{2D} 中可以利用聚粒命令（clump）将多个圆形颗粒组合在一起形成颗粒“块”，来模拟任意形状刚体，生成的方法为：首先在一个空间中生成指定孔隙比的圆颗粒组；然后根据等体积等质量原则将每个颗粒转化成聚粒；最后聚粒组逐步达到平衡。在此建立了四种非圆形颗粒 clump：类方形、类条形、类菱形以及类三角形，如图 2.15 所示。

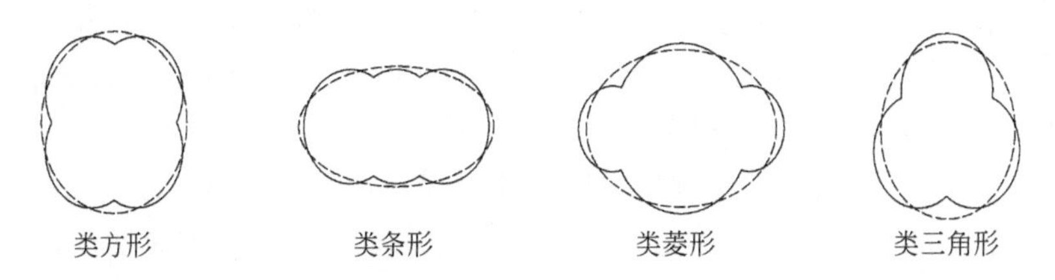

图 2.15　不同形状的 clump 模型

考虑到计算机性能及计算效率，颗粒尺寸定义为 2~5mm。同时为探讨颗粒形状对宏观抗剪强度指标的影响，需要对颗粒形状进行恰当的描述。等周长的平面图形中，圆的面积最大，而在面积相等条件下，圆的周长最小。因此面积与周长可用于作为描述颗粒形状参数的因素。在已有的研究基础上，选择以圆形度 C_1 与凹凸度 C_2 对颗粒形状进行描述，从而对颗粒形状进行量化处理。

其中圆形度指的是颗粒接近于圆形的程度，定义标准圆形 $C_1=1$，如下式所示：

$$C_1 = A_f / A_s \tag{2.9}$$

式中，C_1 为圆形度；A_f 为实测颗粒的面积；A_s 为与颗粒同周长的圆面积。颗粒圆形度越大则代表该颗粒形状越接近于圆形。

而凹凸度指的颗粒表面轮廓的凹凸程度，定义标准圆形 $C_2=1$，如下式所示：

$$C_2 = L_s / L_f \tag{2.10}$$

式中，C_2为凹凸度；L_s为颗粒最小外接多边形周长，在此即为实测颗粒周长；L_f为等效椭圆周长，等效椭圆指的是与实测颗粒具有等面积和等长短轴比的标准椭圆形，如图 2.15 中虚线部分。颗粒凹凸度越大则代表该颗粒轮廓起伏突出程度越大，颗粒形状越不规则。

根据式（2.9）和式（2.10），对建立的类方形、类条形、类菱形以及类三角形四种非圆形颗粒 clump 进行处理，得到颗粒形状描述统计表，如表 2.5 所示。

表 2.5　颗粒形状描述统计表

颗粒形状	圆形度 C_1	凹凸度 C_2
类三角形	0.869	1.087
类条形	0.798	1.105
类方形	0.913	1.047
类菱形	0.806	1.114

同样采用 200kPa、400kPa、600kPa 和 800kPa 四个垂直压力等级进行模拟。在模拟过程中监测变量，记录试样剪应力和剪切位移的变化，得出剪应力-剪切位移曲线（图 2.16），从而得到不同垂直压力下试样的抗剪强度，计算出不同粗粒含量的抗剪强度指标 c、φ 值。

从图 2.16 可以看出，与圆形颗粒剪应力-剪切位移曲线类似，同一颗粒形状试样的峰值强度随着垂直压力的增大而增加，峰值强度对应的剪切位移也越大。同时，垂直压力越大，剪应力-剪切位移曲线初始线性阶段越明显，初始切线模量越大。同时依据图 2.16，以抗剪强度 τ 为纵坐标，垂直压力 σ 为横坐标，绘制抗剪强度 τ 与垂直压力 σ 的关系曲线，如图 2.17 所示。从而通过拟合可以得到四种非圆形颗粒的抗剪强度指标 c、φ 值，列入表 2.6。

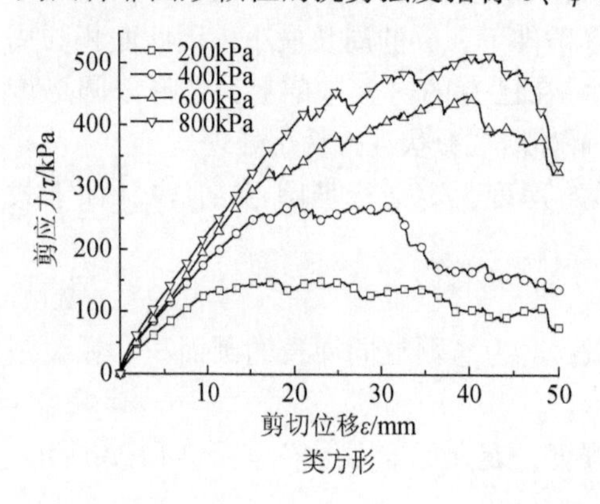

类方形

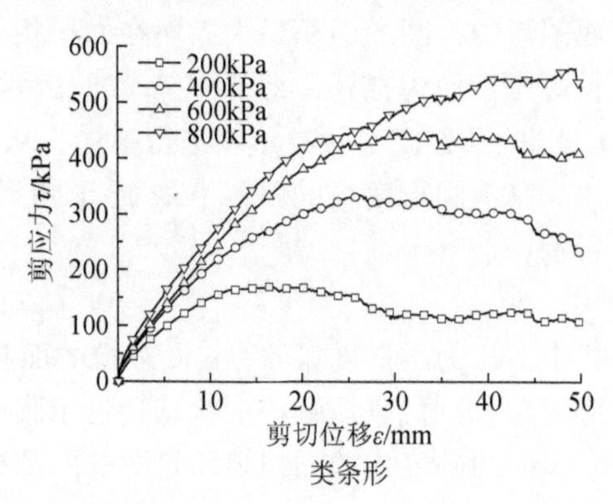

类条形

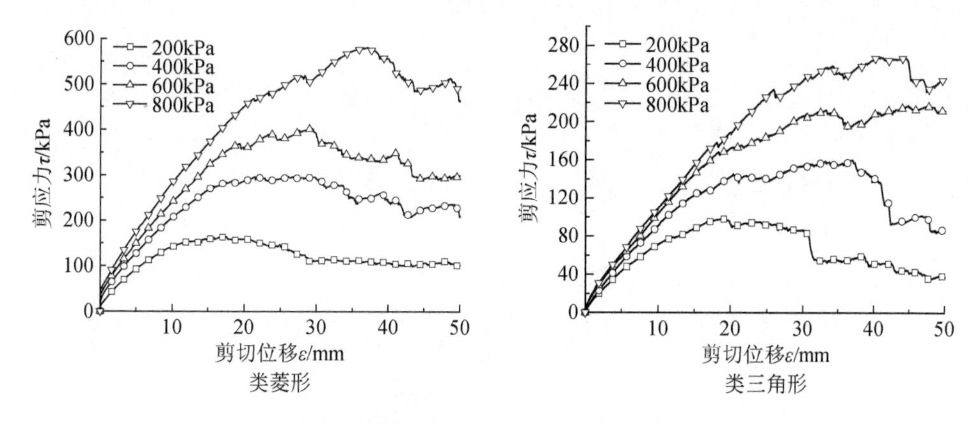

图 2.16　不同垂直压力的剪应力-剪切位移曲线

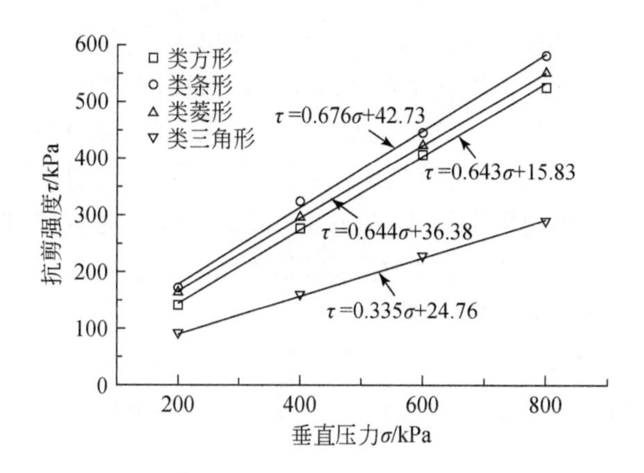

图 2.17　不同颗粒形状抗剪强度示意图

表 2.6　不同颗粒形状的 c、φ 值统计

颗粒形状	内摩擦角 φ/(°)	咬合力 c/kPa
类方形	32.76	15.83
类条形	34.08	42.73
类菱形	32.80	36.38
类三角形	18.53	24.76

从表 2.6 可以看出，颗粒形状对抗剪强度指标存在较大的影响。内摩擦角从大到小依次为类条形、类菱形、类方形以及类三角形，而咬合力从大到小依次为类条形、类菱形、类三角形以及类方形。下面将结合前文所引用的描述颗粒形状的形状参数圆形度 C_1 以及凹凸度 C_2，对颗粒形状与抗剪强度指标之间的关系进行研究，见图 2.18。

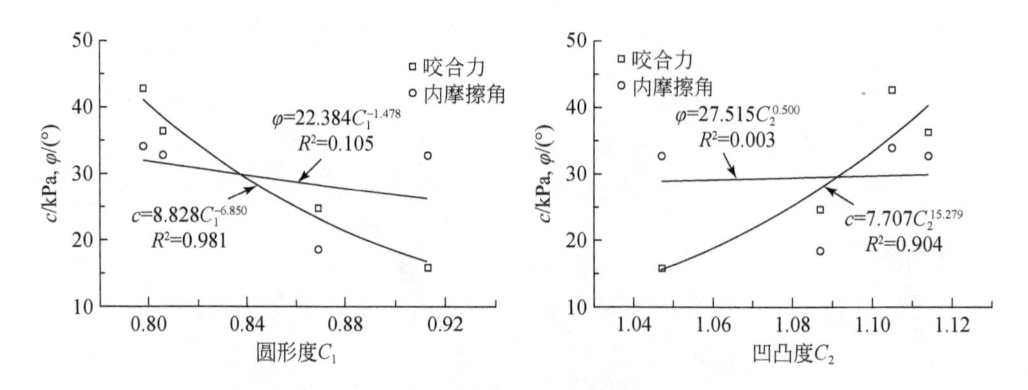

图 2.18　颗粒形状对抗剪强度指标的影响

从图 2.18 可以看出，咬合力 c 值和内摩擦角 φ 与圆形度 C_1 和凹凸度 C_2 关系趋势较为一致，即随着圆形度的增加而减小，凹凸度的增加而增加。即颗粒越不规则，凹凸程度越大，材料的抗剪强度越大。这是因为实际材料受力变形是通过颗粒的移动产生的，在 PFC^{2D} 中颗粒均为刚性体，不考虑颗粒破碎，移动形式包括滑动和滚动两种。因此可以认为抗剪强度是颗粒抵抗翻滚与滑动能力的体现，从微观角度来看，其来源主要包括受颗粒圆形度支配的抵抗转动能力，受颗粒凹凸度支配的颗粒间宏观嵌入咬合阻力，以及受颗粒摩擦系数支配的颗粒接触面、点之间的微观咬合三部分。圆形度越高则表明颗粒抵抗转动的能力越小，造成抗剪强度减小。而凹凸度值越大，表明颗粒间的咬合作用越明显，咬合阻力增大，抗剪强度增加。

2.3　结　　论

在滑坡事件野外调查的基础上，设计了具有代表性的三种不同级配土样，利用室内粗粒土直剪试验测定其抗剪强度指标。并利用 PFC^{2D} 颗粒离散元程序构建了直剪模型，探讨粗粒含量以及颗粒形状对抗剪强度指标的影响机制，并为后续滑坡模型试验以及数值计算提供基础条件。主要得出以下结论：

（1）利用直剪试验测定粗粒土抗剪强度指标 c、φ 时，测定结果与库仑无黏性土理论存在一定的差异，即具有一定的黏聚力存在。这是因为粗粒土受剪切时，剪切面上的粗颗粒起阻挡作用，在剪切过程中往往需绕过粗颗粒扩大剪切面或把剪切面上的粗颗粒剪断，才能发生剪切破坏。这种粗粒土颗粒互相交错镶嵌的排列，产生抗剪切的阻力即称为假性黏聚力，也称为咬合力。

（2）粗粒土抗剪强度指标内摩擦角 φ 及咬合力 c 随着粗粒含量（$P5$）的增加而增加。这是因为内摩擦角及咬合力主要受粗颗粒的影响，当粗粒含量较少时，粒间孔隙被细颗粒完全充填，此时的粗颗粒不能充分接触咬合，因此内摩擦角与咬合力较小；但随着粗颗粒含量的增加，粗颗粒形成骨架，其粗颗粒部分得到充分的接触咬合，使得内摩擦角与咬合力不断增大。

（3）颗粒形状对粗粒土的抗剪强度有较大的影响。圆形度越高的颗粒，抵抗转动的能力越小，抗剪强度减小。而凹凸度值越大的颗粒，则粒间的咬合作用越明显，咬合阻力增大，抗剪强度也越高。

主要参考文献

[1] 刘广润，晏鄂川，练操．论滑坡分类［J］．工程地质学报，2002，10（4）：339-342.

[2] 陈希哲．粗粒土的强度与咬合力的试验研究［J］．工程力学，1994，11（4）：56-63.

[3] 李振，邢义川．干密度和细粒含量对砂卵石及碎石抗剪强度的影响［J］．岩土力学，2006，27（12）：2255-2260.

[4] 魏厚振，汪稔，胡明鉴等．蒋家沟砾石土不同粗粒含量直剪强度特征［J］．岩土力学，2008，29（1）：48-57.

[5] 伍安国，张红．粗粒土路基的力学特性试验研究［J］．土工基础，2009，23（6）：78-81.

[6] 周志坚，阎宗岭．巨粒土原位直剪试验和室内三轴剪切试验比较［J］．中外公路，2010，30（3）：312-314.

[7] 宋继宏，胡明鉴，付克俭等．宜巴高速岩堆不同密实度大型直剪强度特性［J］．工程地质学报，2012，20（5）：687-692.

[8] 王子寒，周健，赵振平等．粗粒土强度特性及颗粒破碎试验研究［J］．工业建筑，2013，43（8）：90-93.

[9] 徐肖峰，魏厚振，孟庆山等．直剪剪切速率对粗粒土强度与变形特性的影响［J］．岩土工程学报，2013，35（4）：728-733.

第 3 章　滑坡运动试验研究

由于目前高速滑坡的运动速度还不能获得现场的监测资料，不同场地条件下的滑坡运动距离变化规律还不清楚，缺乏相应的比较研究。因此提出结合典型滑坡的调查、勘测资料，进行不同场地条件作用下的滑坡运动速度和运动距离研究的室内滑坡模型试验。

本章利用滑坡模型试验装置主要模拟不同坡度的坡脚型场地条件，利用数码相机摄影技术得出不同场地条件下的滑坡运动位移、运动速度分布及其滑坡体堆积形态，从而揭示高速滑坡的场地作用效应。

3.1　滑坡模型试验

3.1.1　试验装置

考虑到模型试验开展的试验次数较多，需重复试验，且每次试验所耗费的材料较多。同时考虑到试验场地大小的限制，试验装置尺寸不能太大，需要结合试验场地的具体情况和试验的要求，对滑坡试验装置尺寸进行详细设计，整个模型装置主要由砂箱、滑道和支架三部分构成。

砂箱是装载滑体的容器，砂箱前端设有挡板模拟滑坡失稳关键块体，控制滑坡的启动，两侧安装高强度透明有机玻璃，以便于观察滑体的启动形态，同时砂箱能够在支架上沿刚轴自由转动，使其能与不同坡度的滑道对接；滑道是试验中滑体运动的主要场所。为实现不同斜坡坡度的坡脚型场地条件的模拟，对滑道进行分段设计，设计坡脚处利用铰链连接，使得上下两滑道能够沿铰链自由调整夹角，同时为便于数码相机摄像观察滑体的运动形态，同砂箱一样两侧选择安装防撞性能较好的透明有机玻璃。为便于滑坡运动速度的监测计算，在滑道底板上每隔 20cm 画线标记；支架是整个模型装置的承重支撑结构，为保证模型体系的稳定性，使用强度较高的工字钢进行焊接制作。

整个滑坡模型装置如图 3.1 所示。

3.1.2　试验内容

本次试验的主要内容包括：针对坡脚型滑坡的斜坡坡度对滑坡运动速度和运动

图 3.1　滑坡模型装置示意图

距离的作用机制开展试验，研究不同斜坡坡度条件对滑坡运动速度、运动距离和堆积体分布的作用机制。根据坡脚型场地条件概化模型（图 3.2），以及考虑到滑坡模型装置尺寸的限制，确定不同坡度场地条件的调节坡度 α（$\alpha=25°$、35°、45°和 55°），每个坡度的场地条件均在较为光滑的下垫面条件下进行了不同体积（0.05m^3、0.10m^3、0.15m^3、0.20m^3）以及不同滑体类型（M1 ~ M3）的组合性试验，以研究滑坡体积与场地条件、滑体类型与场地条件的耦合作用对滑坡运动特征的影响。

3.1.3　数据获取

本次试验需要获取的数据主要有滑坡前缘运动速度分布、运动距离、堆积体分布特征以及典型滑体运动特征。采用数码相机摄像作为滑坡运动速度以及典型运动特征的采集方法，对试验中滑坡的运动形态以及堆积体形态进行跟踪拍摄。每次试验利用两台数码相机进行跟踪拍摄，其中一台布置于试验装置的上方，用于拍摄滑体在滑道中的运动路径，另一台布置于装置的末尾离地面 1.0m 高处，以正面的视角记录滑坡的整个运动过程，见图 3.2。运动距离以及堆积体的分布特征则利用卷尺在每组试验结束直接量测得出，其中滑坡运动距离定义为滑坡体达到的最远位置离砂箱挡板的水平距离。

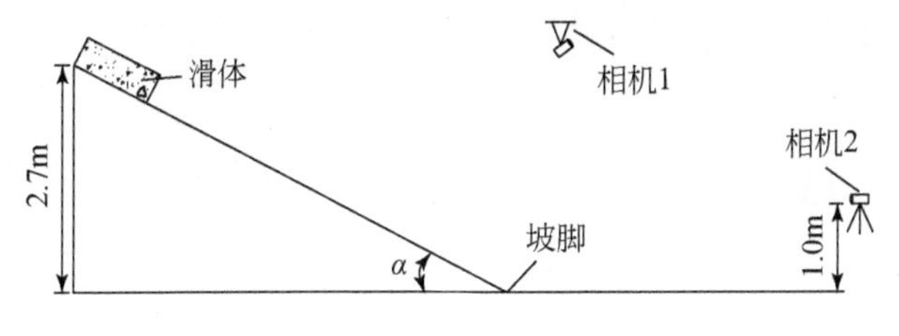

图 3.2　数码相机布置示意图

滑坡前缘运动速度处理方式，是在滑坡体前部定义的易于通过图像追踪而且能够反映整体运动的特征点，如位于滑坡体前缘位置的某特定小碎石，将此特征点的速度作为滑坡前缘运动速度，而特征点速度的获取方法则是利用所拍摄的图片以及录像通过特殊处理得出，处理方法为：在每次试验过程中拍摄的一系列图像上标记出特征点的位置，利用相邻的两张图像以及参照滑道上的网格标记，计算得出在图像拍摄间隔 $t=1/30\text{s}$ 中此特征点的运动距离 d，利用公式 $v=d/t$ 得出此刻的特征点速度，然后将所得到的特征点速度用平滑曲线连接起来，得到滑坡运动速度的分布图。

3.1.4 典型滑坡运动过程

通过布置于滑坡装置上方的数码相机对滑坡试验进行监测，可以得到滑坡的整个运动过程，在此以斜坡坡度 $\alpha=55°$、滑坡体积 $V=0.20\text{m}^3$ 和滑体类型 M1 试验条件为例对典型滑坡运动过程进行描述分析，该坡度条件下的滑坡运动过程示意如图 3.3 所示。

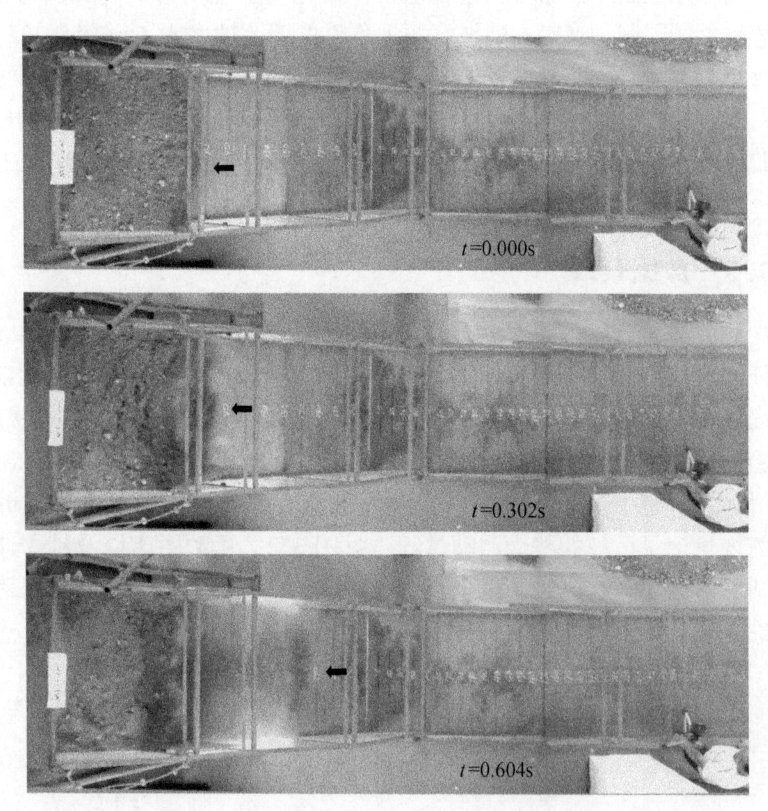

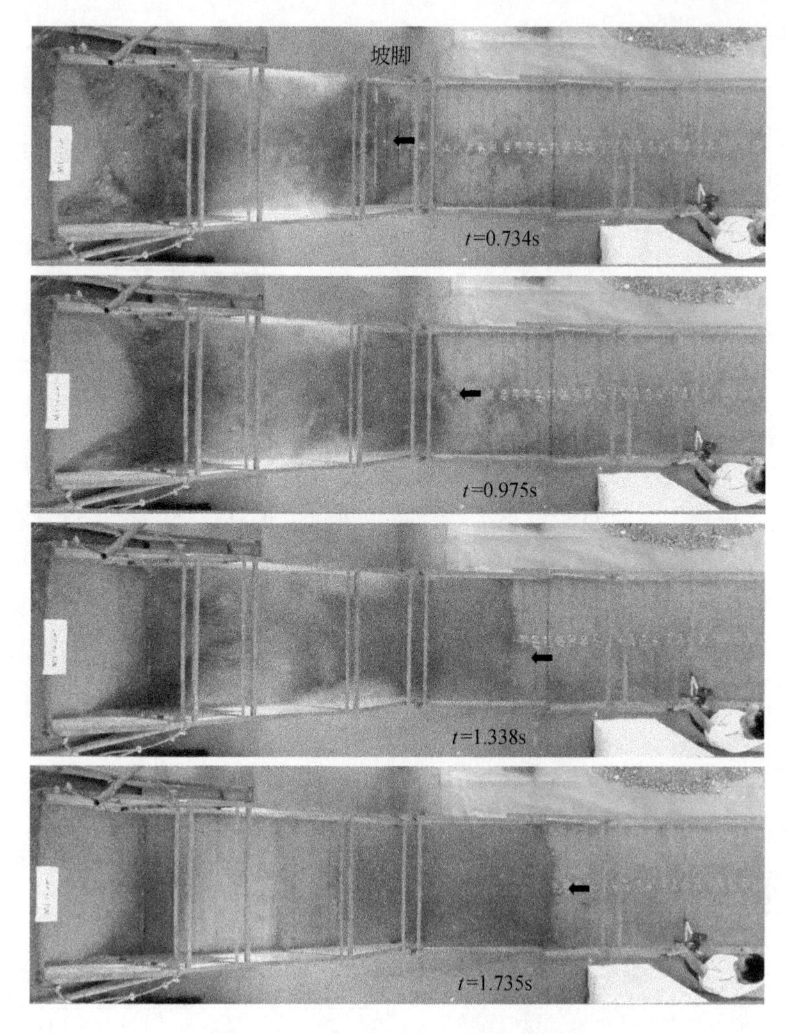

图 3.3　滑坡运动过程示意图（$\alpha=55°$、$V=0.20\text{m}^3$、M1）

从图 3.3 可以看出，当打开砂箱前方挡板后，滑体迅速失稳启动。在斜坡上迅速加速下滑，并于 $t=0.734\text{s}$ 时运动到坡脚。受坡脚约束阻挡作用，滑体前缘率先减速，而后缘滑体受前缘滑体以及坡脚约束的共同阻挡作用停积于坡脚附近，最终滑体停止运动。整个滑坡运动过程历时 $t=1.735\text{s}$。同时，对滑坡前缘进行监测以及结合滑道上标记的网格进行计算，可得到滑坡前缘沿水平运动距离的速度分布曲线如图 3.4 所示。

从图 3.4 可以看出，滑体在斜坡坡面上加速下滑，前缘运动至坡脚处达到最大速度，$v_{\max}$ 接近 6m/s。由于受到坡脚约束阻挡作用，滑体前缘运动速度剧减，但由于受到后缘滑体的碰撞挤推，前缘运动速度又有所增加，并上下波动呈现出持速运动的特征，最终动能耗尽在水平基底上停积。

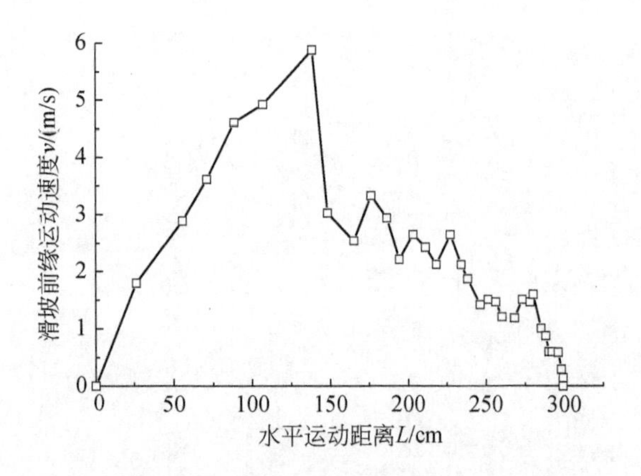

图 3.4　滑坡前缘沿程速度分布曲线

在试验过程中，除对滑坡整个运动过程进行监测外，还需对最终堆积体的分布形态进行量测，如图 3.5a 沿滑道每隔 20cm 设置量测点，为避免滑道壁对堆积体分布的影响，取位于堆积体横向中间两点的平均值作为该处的堆积体厚度。从而得到滑坡在水平基底面上的堆积体分布如图 3.5b 所示，整个堆积体呈现出后缘厚前缘薄的分布形态。

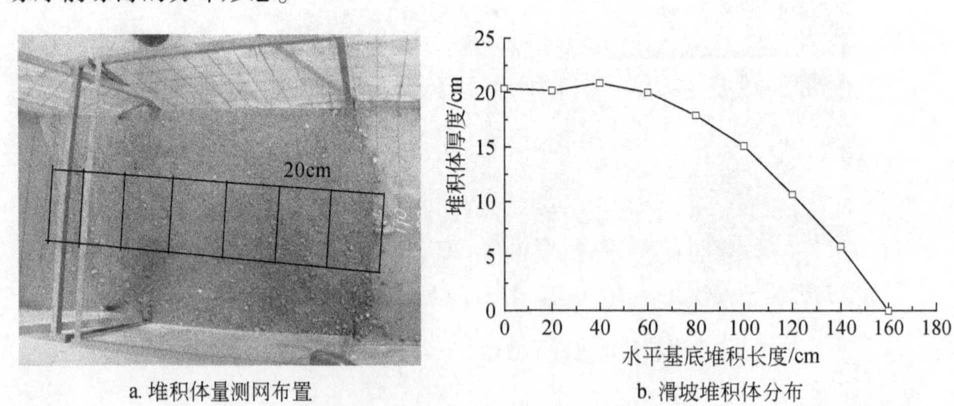

a. 堆积体量测网布置　　b. 滑坡堆积体分布

图 3.5　滑坡堆积体示意图（α=55°、V=0.20m^3、M1）

3.2　试验成果分析

3.2.1　滑坡前缘速度分布

在试验过程中，利用数码相机对滑坡运动过程进行监测，并利用前文所述的滑坡前缘速度计算方法，即可得到滑坡前缘沿水平运动距离的速度分布曲线，如

图 3.6～图 3.8 所示。

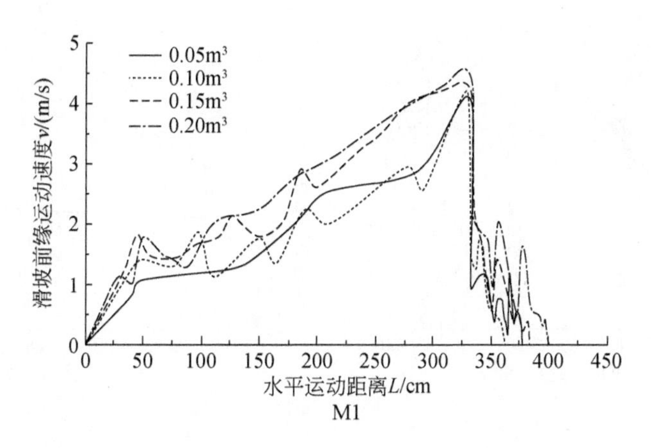

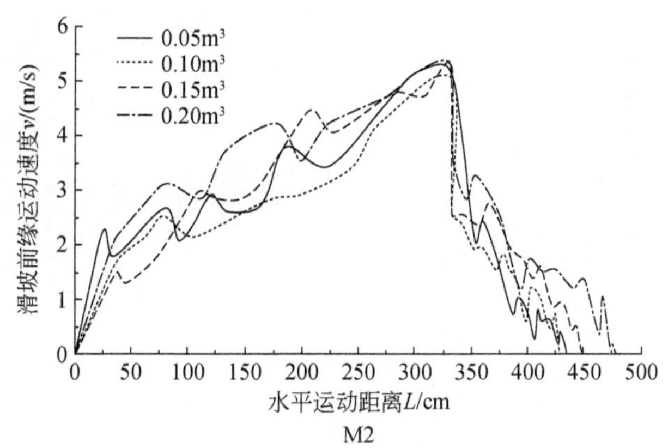

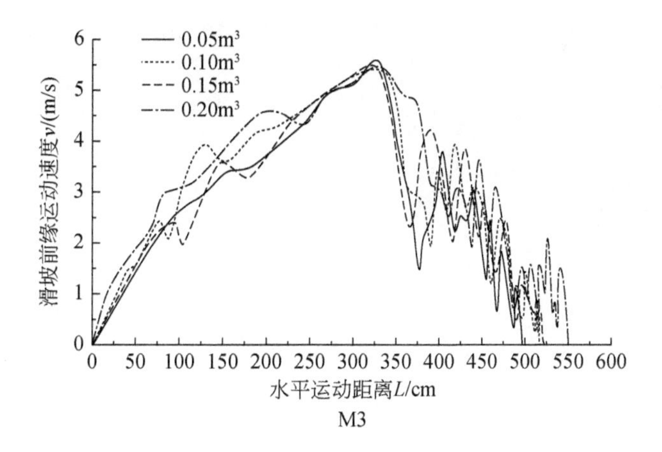

图 3.6　滑坡前缘沿程速度分布示意图（$\alpha=35°$）

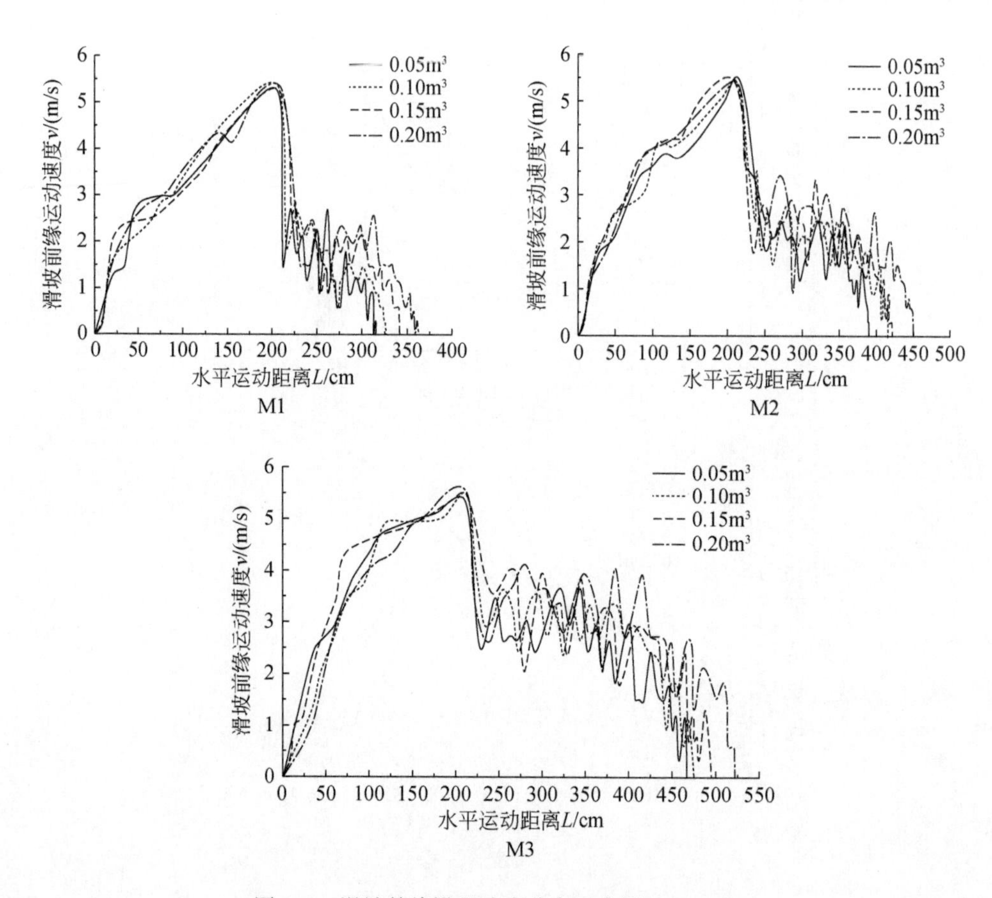

图 3.7　滑坡前缘沿程速度分布示意图（$\alpha=45°$）

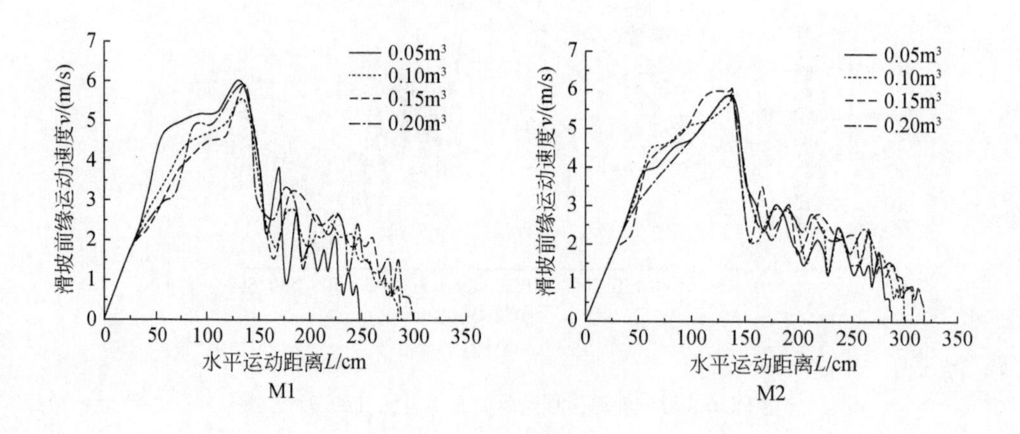

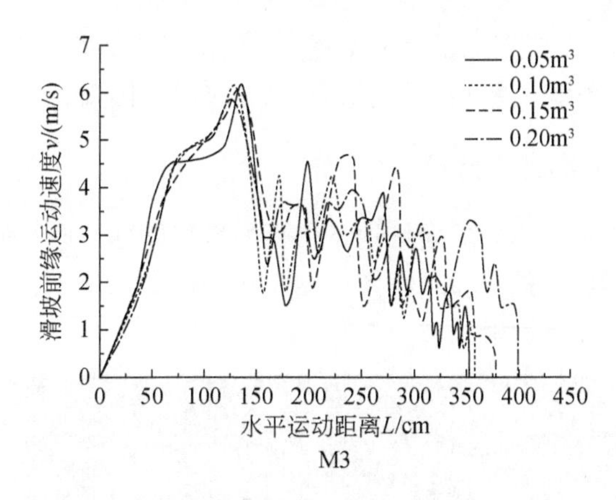

图 3.8　滑坡前缘沿程速度分布示意图（$\alpha=55°$）

从图 3.6 ~ 图 3.8 中可以看出，无论滑体类型及滑坡体积如何，对于坡脚型滑坡而言，滑坡的运动过程基本一致，即当移除滑坡失稳关键块体（挡板）后启动，在斜坡面上加速下滑，但同时可以发现坡度越小，在斜坡坡面上的滑坡运动速度波动越大；当滑体运动至坡脚处时，滑体前缘的速度达到最大值，其中同一坡度条件下滑坡运动的最大速度因滑体类型的不同而略微不同，v_{max}(M3)>v_{max}(M2)>v_{max}(M1)，这与滑体在运动中受到的动摩擦大小有关。同时随着坡度 α 的减小滑坡前缘所能达到的最大速度也随之减小，$\alpha=55°$时滑坡前缘最大速度接近 6m/s，$\alpha=45°$时滑坡前缘最大速度接近 5.8m/s，而 $\alpha=35°$时滑坡前缘最大速度为 5.4m/s，这是因为随着斜坡坡度的减小，斜坡坡长增加，在斜坡上受摩擦所损耗的能量也随之增加，致使滑体到达坡脚处的最大速度 v_{max} 减小；当滑体遭遇坡脚后，受坡脚约束阻挡作用，滑坡前缘速度急剧减小，并在随后受后部运动滑体的挤推作用，滑坡前缘速度略有增加。在随后的运动过程中，滑体内部之间撞击导致能量传递，后部滑体将能量不断传递给前缘滑体，致使滑坡前缘速度上下波动呈现出持速运动的特征，并最终在摩擦的作用下能量耗尽堆积于水平基底上。

根据上述运动过程以及结合滑坡前缘沿程速度分布特征，可将滑坡运动过程依据速度分布特征分为三个阶段，即加速阶段、持速阶段以及减速阶段。滑坡体在斜坡上加速下滑属于加速阶段；遭遇坡脚后速度急剧减小后呈现上下波动变化属于持速阶段；随后在水平基底上速度逐渐减小并最终停止运动则属于减速阶段。可以观察到，在持速阶段的速度波动区间中速度剧减后初次达到的波动峰值速度往往为后续阶段的速度最大值，这是因为此时受坡脚约束的作用，滑坡前缘速度剧减与后续滑体产生速度差，引发撞击能量传递，滑坡前缘受到的碰撞挤推最为剧烈，因而滑坡前缘获得的能量也最多。同时，在同一斜坡坡度场地条件下，滑坡规模的改变，也对滑坡前缘速度在持速阶段初始到达的波动峰值速度有所影响。总的来说，规模越大，滑坡前缘持速阶段的初始波动峰值速度也越大，这是因为规模越大，在同一时间运动到坡脚处的滑坡量越多，而由于坡脚场地条件的约束作用，滑体内部碰撞也更为频繁，造成滑坡前缘受到的推挤作用更显著。

3.2.2　滑坡堆积体分布

利用卷尺等工具对不同坡度场地条件下的堆积体分布形态进行量测，得到滑坡堆积体在水平基底上的分布示意图如图 3.9 ~ 图 3.12 所示，进一步研究场地条件对滑坡堆积体分布的影响。

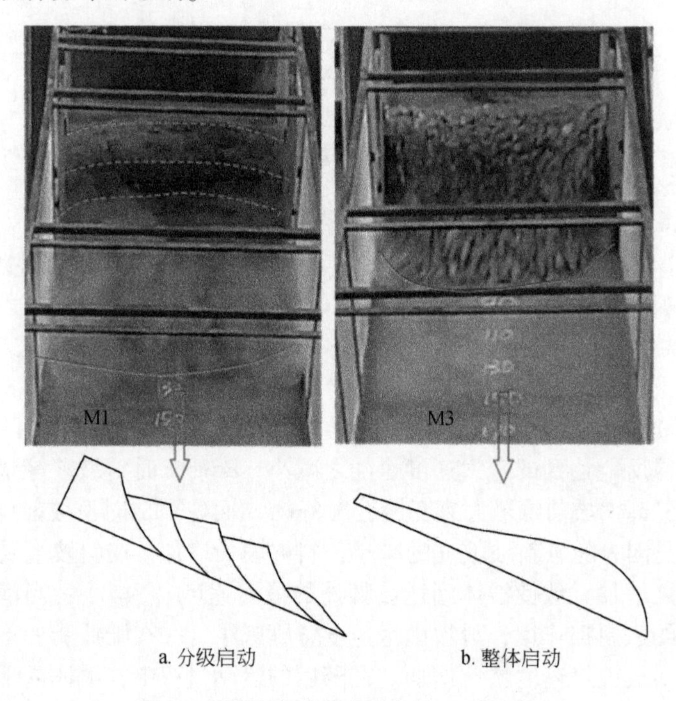

图 3.9　滑坡启动方式示意图（$\alpha=35°$）

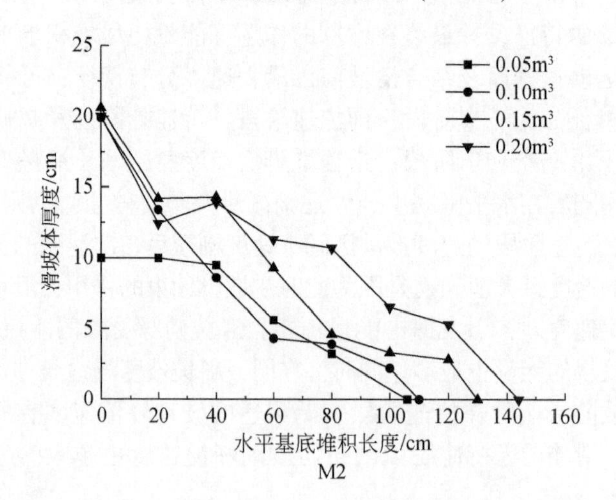

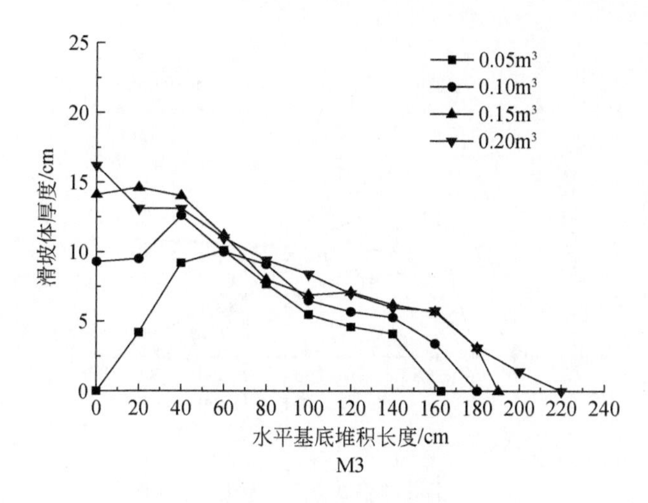

图 3.10　滑坡堆积体分布示意图（$\alpha=35°$）

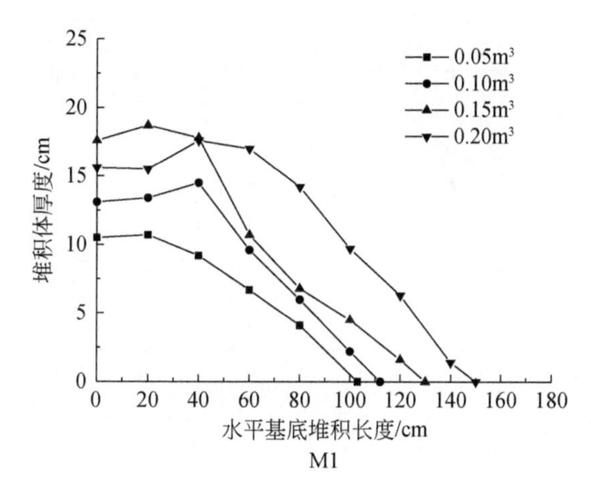

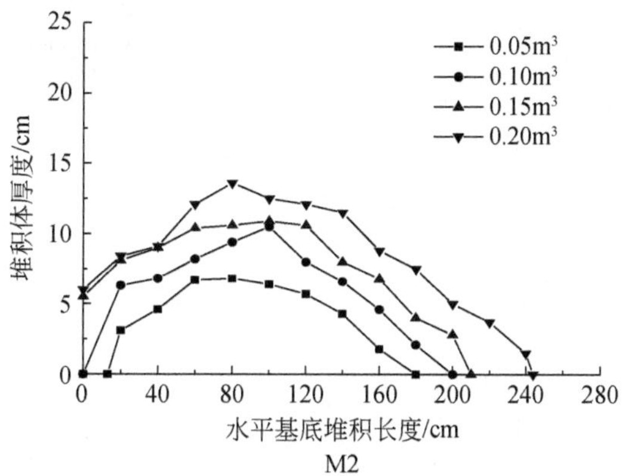

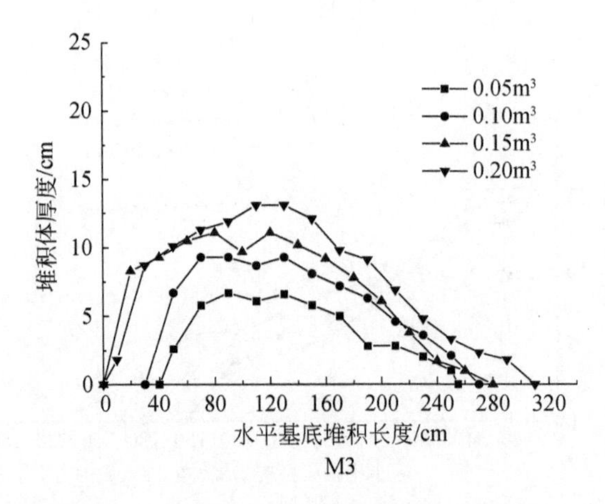

图 3.11 滑坡堆积体分布示意图（$\alpha=45°$）

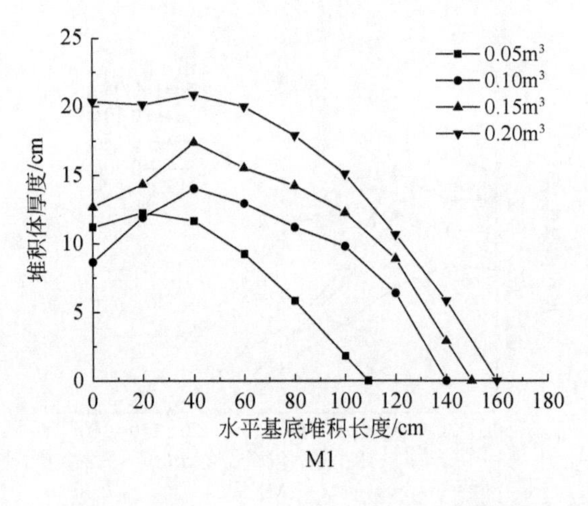

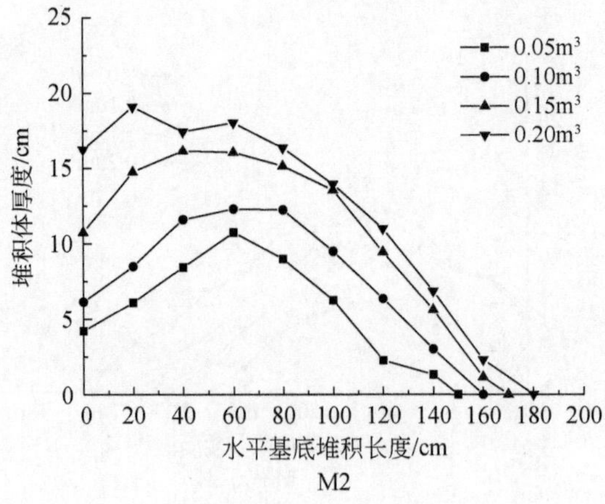

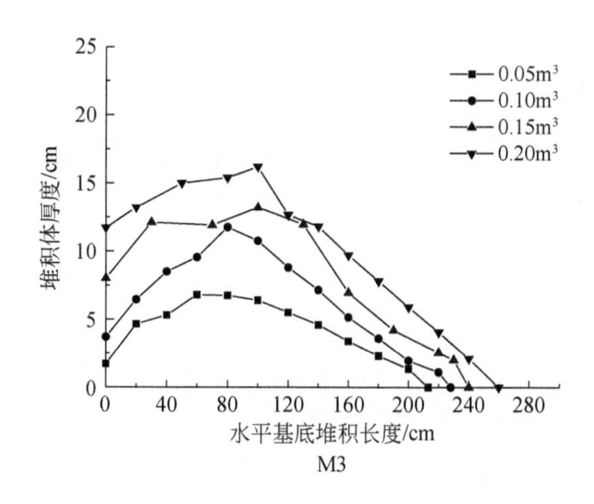

图 3.12　滑坡堆积体分布示意图（$\alpha=55°$）

其中在坡度 $\alpha=35°$条件下 M1 滑体的大部分堆积于斜坡面上，而在水平基底面上堆积体较少，这与滑坡失稳后的启动方式有关。在试验过程中观察到，不同滑体类型的启动方式存在着一定的差异，且随着坡度的减小，差异程度越大。当坡度 $\alpha=55°$时，M1～M3 三种滑体的启动方式较为相似，移除挡板后均呈现出整体启动的趋势；而当坡度逐渐减小，$\alpha=35°$时，从 M3 至 M1，滑坡启动的整体性逐渐减小，尤其是 M1 滑体在启动过程中可以明显发现分级，如图 3.9 所示。

不同的启动方式对后续的滑坡运动有一定的影响，在同一规模情况下，整体启动比分级启动往往具有更高的启动速度，在相同时间内到达坡脚的滑坡体积也更大，造成滑体内部之间的碰撞也更为剧烈，能量传递也更频繁，使得滑坡运动距离越远。

从滑坡堆积体分布示意图中可以看出，堆积体总体形态均呈现前薄后厚的特征。同时可以看到随着滑坡规模的增加，滑坡体聚集也更为明显，堆积体长度更长，但堆积体重心运动位移越小，从一定程度上证实了滑坡运动中的能量传递现象。同时，滑体类型对堆积体分布也有一定的影响。在相同条件下，从 M1 到 M3，堆积体的解体程度加剧，堆积体长度增加，滑坡前缘运动得更远。而根据滑坡前缘速度分布曲线得知滑坡的持速特征是滑坡运动距离的关键，因此可以认为 M3 在运动过程中，碰撞更为剧烈，能量传递更为频繁，滑坡受坡脚作用后的持速特征更为明显。

3.2.3　滑坡运动距离

从图 3.13 滑坡运动距离示意图可以看出滑坡体积与滑坡运动距离均呈显著幂指数关系，表达形式为 $L=kV^b$，符合滑坡运动的规模效应，即滑坡的规模越

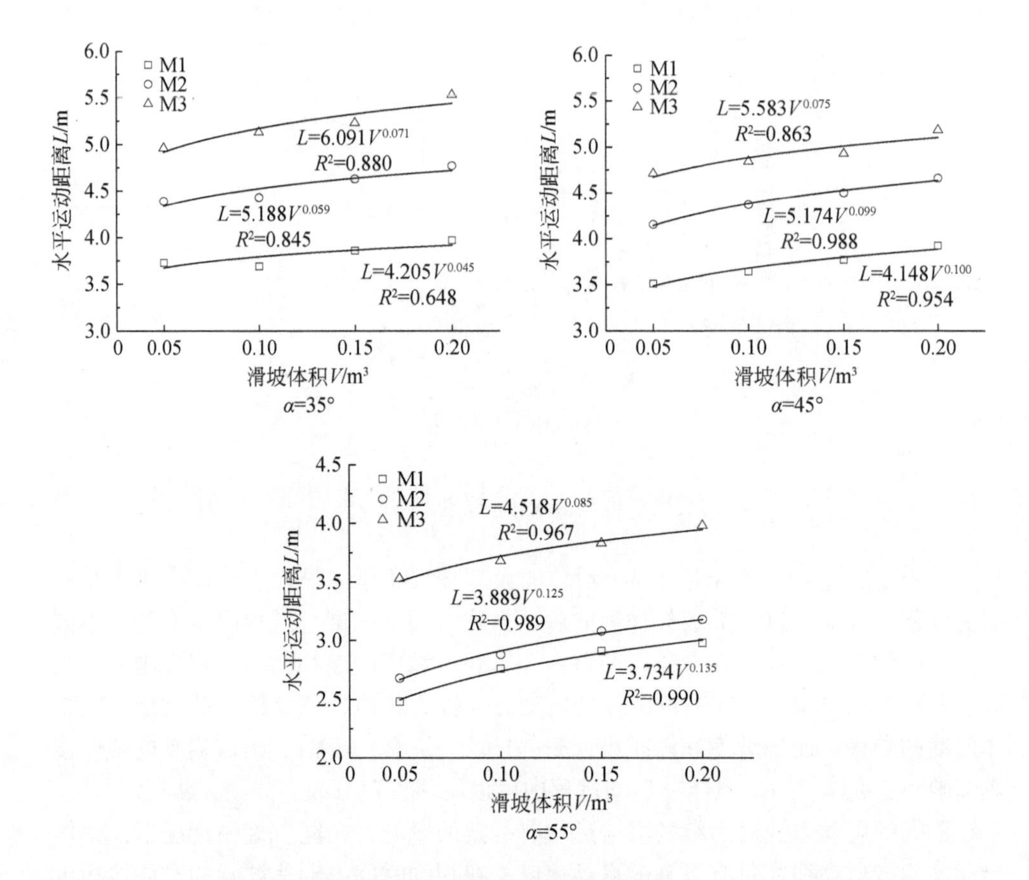

图 3. 13　滑坡运动距离示意图

大，滑坡的运动距离越远。而在同一斜坡坡度条件下，不同滑体类型的水平运动距离从大到小依次为：L(M3)、L(M2) 和 L(M1)。这主要与滑坡体在运动过程中受到的摩擦耗损有关。细颗粒为主的 M1 滑体，与下垫面接触总表面积较大，可看成滑体与下垫面为面接触方式，运动以滑动为主，动摩擦系数大，能量损耗大，运动距离小；而随着粗颗粒增多（M2、M3），接触总表面积减小，滑体与下垫面为点接触方式，滑体运动趋于滚动，相对动摩擦系数小，摩擦耗损也随之减少，运动距离增大。

3. 2. 4　讨论与分析

前文分别对试验中所得到的滑坡前缘速度分布曲线、滑坡堆积体分布以及滑坡运动距离作出了描述和分析，下面就针对不同坡度场地条件对滑坡运动特征的影响进行讨论与分析。

表 3. 1 为不同斜坡坡度条件下的滑坡运动距离统计表，从表中可以看出随着

斜坡坡度 α 的增加，相同规模条件下的滑坡运动距离随之减小。造成这样的结果主要有两个方面的原因：一方面是坡度的增加，斜坡坡长减小，对应的水平距离也减小，滑体更快受到坡脚约束阻挡作用而停积；另一方面坡脚对滑坡体的约束作用主要在于改变滑坡的运动方向，使其沿斜坡运动转变为水平运动，消耗了滑坡体的垂直速度分量，而坡度越大滑坡体运动到坡脚处时的垂直速度分量越大，由此受坡脚约束作用而消耗的能量也越多，造成运动距离减小。在此，为减小第一方面的影响，突出坡脚对滑坡运动距离的影响，对滑坡体在水平基底上的堆积长度进行统计分析，见表 3.1 中括号内所示数据。

表 3.1 滑坡运动距离统计表 （单位：m）

场地条件	滑体类型	滑坡规模			
		V=0.05m^3	V=0.10m^3	V=0.15m^3	V=0.20m^3
α=35°	M1	3.73（0.40）	3.69（0.36）	3.86（0.53）	3.97（0.64）
	M2	4.39（1.06）	4.43（1.10）	4.63（1.30）	4.77（1.44）
	M3	4.96（1.63）	5.13（1.80）	5.23（1.90）	5.53（2.20）
α=45°	M1	3.13（1.75）	3.25（1.87）	3.42（2.04）	3.58（2.20）
	M2	3.85（2.47）	4.12（2.74）	4.25（2.87）	4.44（3.06）
	M3	4.52（3.14）	4.65（3.27）	4.75（3.37）	5.05（3.67）
α=55°	M1	2.48（0.38）	2.76（0.66）	2.91（0.81）	2.98（0.88）
	M2	2.68（0.58）	2.88（0.78）	3.08（0.98）	3.18（1.08）
	M3	3.53（1.43）	3.68（1.58）	3.83（1.73）	3.98（1.88）

从滑体在水平基底上的堆积长度数据可以看出，由于滑坡体类型的不同，滑体在水平基底的堆积长度随坡度的变化趋势也有所不同。M1 滑体在水平基底上的堆积长度从大到小依次为 $L(\alpha=55°)$、$L(\alpha=45°)$ 以及 $L(\alpha=35°)$；而 M2、M3 滑体在水平基底上的堆积长度从大到小依次为 $L(\alpha=45°)$、$L(\alpha=55°)$ 以及 $L(\alpha=35°)$。而从前文得知滑坡受坡脚作用后的运动特征是决定滑坡体在水平基底面上堆积长度的关键，因此为更加直观地表示不同斜坡坡度条件下的运动特征，以滑坡规模 V=0.20m^3 为例，截取持速、减速阶段滑坡前缘沿程速度分布进行对比分析，如图 3.14 所示。

从图 3.14 可以看出，滑坡的持速特征（平均速度 v、持续时间 t）是滑坡运动距离大小的关键，同时控制着滑体在水平基底面上的堆积体长度。持速阶段的平均速度越大，持续时间越长，滑坡的运动距离越远，堆积体长度越长。而产生持速的主要原因是滑坡前缘得到从滑坡后部通过不断碰撞传递过来的能量恰好与受摩擦损耗的能量大致相当，因此发生碰撞时的初速度以及能量传递的程度决定

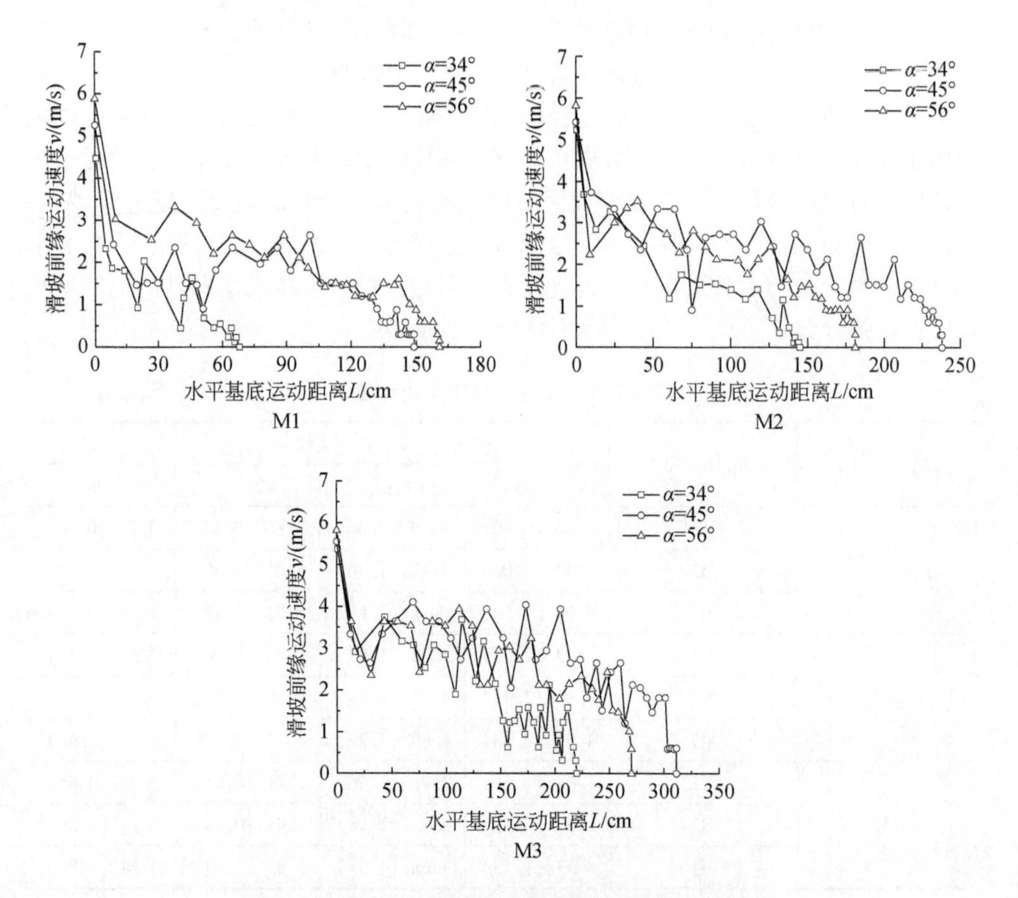

图 3.14　持速、减速阶段滑坡前缘速度沿程速度对比

了滑坡的持速运动特征。而初速度与能量传递程度则与坡度以及滑坡类型有关，对于 M1 滑体，随着坡度增加，滑体启动方式由分级启动向整体启动转变，初速度得到显著增加，导致滑坡在水平基底上的堆积长度也得到增长，但由于该滑体在碰撞过程中能量损耗较大，能量传递的程度较低，导致该滑体类型在相同条件下较 M2、M3 在水平基底上的堆积长度小。

3.3　结　　论

本章利用滑坡模型试验装置模拟不同坡度的坡脚型场地条件，利用数码相机摄影技术得出不同场地条件下的滑坡运动位移、运动速度分布及其滑坡体堆积形态，得到以下结论：

(1) 根据滑坡前缘速度分布特征，可将坡脚型滑坡的运动过程分为三个阶段，即加速阶段、持速阶段以及减速阶段。其中滑坡前缘呈现出持速的原因在于滑体在运动过程中，内部之间不断撞击并产生能量传递，后部滑体把能量传递给前缘滑体，自身失去能量而迅速停积，而滑坡前缘受后部滑体撞击挤推作用而获得能量，并与摩擦损耗的能量大体相当。

（2）斜坡坡度与滑体类型的耦合作用对滑坡失稳后的启动方式有一定的影响。斜坡坡度越大，滑体启动时的整体性越强。而在一定坡度条件下，土质滑坡相对于岩质滑坡，滑坡启动时的分级现象则更为明显。

（3）滑坡运动距离受滑坡规模控制，滑坡规模越大，在相同时间到达坡脚的滑坡体积越多，导致滑坡内部碰撞更加频繁，对滑坡前缘产生的挤推作用更为明显，滑坡运动距离越长。同时，粗细颗粒含量对运动特征也有一定的影响，随着粗粒含量的增多，滑坡体与下垫面的接触总表面积减小，接触方式由面接触向点接触转变，运动方式也由滑动趋于滚动，所受动摩擦阻力减小，运动距离也随之增大。

（4）滑坡运动的持速特征是滑坡前缘在水平基底上能够运动较远距离的关键，决定着滑坡在水平基底面上的堆积长度。而持速特征则受碰撞时的初速度以及能量传递的程度控制，与坡度以及滑体类型有关。

第 4 章　坡度与颗粒级配对滑坡前缘运动速度作用的试验研究

灾难性滑坡碎屑流常具有高速、远程运动特征，其运动速度与距离的预测历来都是滑坡减灾防灾的重要研究内容，其运动机理成为滑坡动力学研究的热点，并提出了诸多的假说，涉及固、液、气的作用机理，空气润滑、颗粒流、能量传递、底部超孔隙水压力等理论模型[1-4]，以及气垫效应、滑面液化、碎屑流动等作用效应[5,6]。在野外现场调查中，滑坡碎屑流运动参数中的高差和运动距离可通过测量得到，而由于滑坡发生时间和位置的不确定性和监测技术的局限性，对滑坡碎屑流速度的分析主要根据动量传递法、谢德格尔法[7]、非连续变形分析（DDA）[8]、DAN[9,10]等理论分析方法和数值模拟。Cepeda 等[11]基于滑坡运动距离模型反演方法，分析滑坡最大速度和最大堆积深度的滑坡强度分类等级，提出不同类型的运动距离指标和系统方法。Kokusho 等[12]运用能量分析方法反演滑坡动摩擦系数，提出地震滑坡运动距离随滑坡体积的增大、原始斜坡坡度的减小而增加。Pastor 等[13]提出基于动力临界状态线（DCSL）的数值流变模型预测滑坡的诱发条件、滑坡速度和运动距离等。

运用理论分析和数值模拟对滑坡运动速度和距离的分析，忽略了场地条件和物质组成对滑坡运动距离、运动速度的影响。理论分析表明滑坡体积与运动距离的预测结果、等效摩擦系数的关系存在较大的离散性，数值模型虽然能较好地模拟滑坡在滑道内运动的距离、速度以及与时间的关系，但对速度和加速度的模拟缺乏实际数据的支撑。近年来，国内外学者已经意识到滑坡运动的地形条件对滑坡、运动距离以及堆积体特征的影响，试图通过考虑滑坡形状、运动路径的约束条件、地形因素等来减小对运动参数预测的离散性，然而由于碎屑流运动的地形条件和物质组成、动力学详细数据资料的不足，缺乏物质组成、场地条件等对滑坡运动参数的影响分析，已有的研究仅应用体积和高差作为预测滑坡运动参数是不充分的。

相对于理论分析和数值模拟而言，虽然模型试验在相似理论和相似判据、模型材料、测量技术和方法等方面还存在一定的争论，但其仍然是研究碎屑流运动过程和机制的一种有效方法。

4.1　试验和方法

4.1.1　场地坡度

设置此滑坡装置的目的是为了模拟不同滑坡坡脚角度对滑坡运动速度、运动距离和等效摩擦系数的影响（图 4.1）。

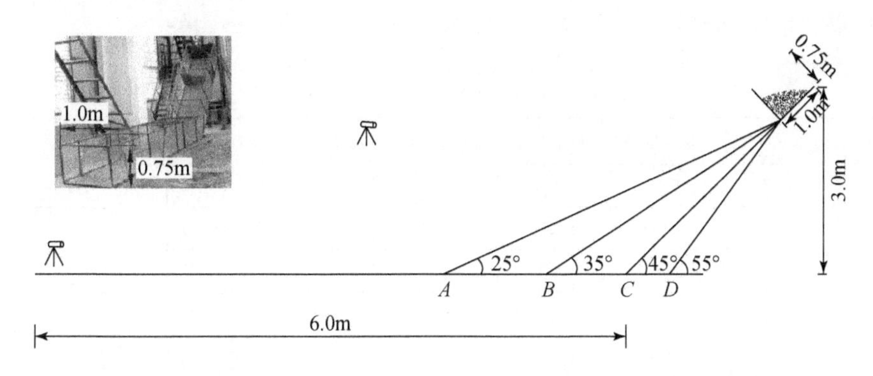

图 4.1　不同坡度场地示意图

4.1.2　材料

为了分析碎屑流的材料特征对滑坡运动速度、运动距离和等效摩擦系数的影响，此实验选取了 3 种岩土体（M1，M2，M3）（图 4.2，表 4.1）。本次试验所用

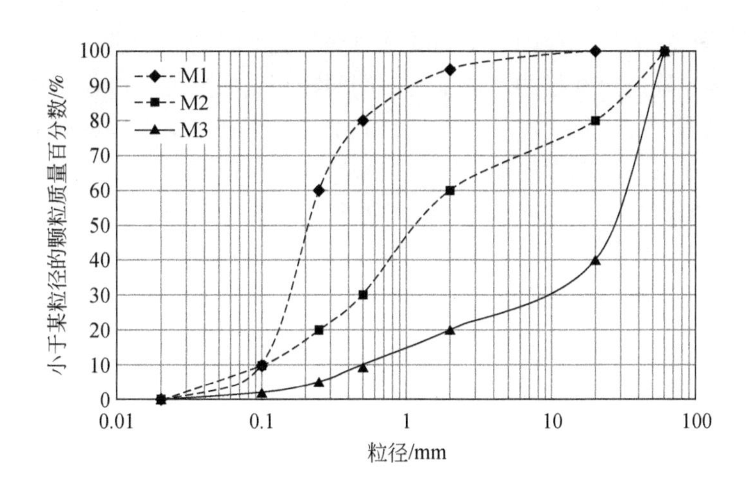

图 4.2　岩土体颗粒级配

材料均为无黏性土粗粒土，且在自然干燥状态下进行试验，根据库仑无黏性土公式，抗剪强度曲线应通过坐标原点，即黏聚力 $c=0$，而直剪试验的三种岩土样均存在黏聚力，最高值达到11.785kPa，这是由于粗颗粒在剪切时存在着假性黏聚力，即咬合力。这是因为粗粒土受剪切时，在剪切面上的粗颗粒起阻挡作用，导致粗粒土在剪切过程中往往需绕过粗颗粒扩大剪切面或把剪切面上的粗颗粒剪断，才能发生剪切破坏。由于粗粒土颗粒互相交错镶嵌的排列，就产生抗剪切的阻力，称为咬合力。咬合力的存在，在一定程度上提高了粗粒土的抗剪强度。直剪试验获得的三种材料内摩擦角分别为32.42°、37.85°和48.19°。

表4.1 岩土体物理力学参数

试样编号	d_{50}/mm	不均匀系数	曲率系数	摩擦角/(°)	黏聚力(咬合力)/kPa	密度/(g/cm^3)
M1	0.2	2.5	0.8	32.42	0.161	1.31
M2	1.2	20.0	1.3	37.85	8.308	2.02
M3	27	66.0	6.1	48.19	11.785	1.85

4.1.3 数据获取

每个试验的测试通过每秒30帧的两部数码摄像机拍摄，如图4.1所示。一部摄像机被安置在水槽倾斜滑道的上部，以记录碎屑流沿滑道斜坡的运动速度；另一部摄像机放置在水平滑道的前部，以记录碎屑流在受坡脚作用后的运动距离和速度。在水槽滑道底面每隔20cm画出标志线，并标注数字，可以记录每处碎屑流运动的距离与时间。

根据视频和在测试过程中记录的图像对碎屑流前缘的速度进行处理。在这项工作中，前缘的阵流速度指的是位于其前端的特征点的速度，诸如某些能够识别的碎屑。根据得到的特征点的移动距离以行驶距离的1/30s之间的时间间隔划分连续的帧，并配有一个平滑的曲线。数据采集主要是依赖于视觉分辨率，测量距离的精度为0.1m左右。根据运动距离和速度之间的关系作图，并观察速度的趋势，峰值速度。根据这些图进行坡脚角度、颗粒级配和体积对碎屑流运动速度、距离和等效摩擦系数的作用关系比较。

4.2 前缘速度

目前，对于滑坡-碎屑流的运动速度估计，较为通行的是采用夏德格(A. E. Scheidegger)提出的计算公式：

$$v=\sqrt{2g(H-fL)} \tag{4.1}$$

式中，v 为估算点滑体速度（m/s）；g 为重力加速度（m/s^2）；H 为滑坡后缘顶点至滑程估算点高差（m）；L 为滑坡后缘顶点至滑程估算点水平距离（m）；f 为等效摩擦系数，即滑坡后缘顶点至滑坡运动最远点连线斜率。

动量传递法是基于质量流出系统的基本运动微分方程，该模型考虑理想弹性碰撞的情况，不考虑碎屑之间碰撞时的能量损失，其运动速度的计算公式为

$$v=\left[v_{\max}^2-f\left(\cos\alpha-\frac{\sin\alpha}{f'}\right)gs\right]^{0.5} \tag{4.2}$$

$$v_{\max}^2=\left[2g(h_{\max}-fl_{\max})\right]^{0.5} \tag{4.3}$$

式中，v 和 $v_{\max}$ 分别为碎屑流运动的速度和最大速度；f 为等效摩擦系数；α 为碎屑流滑道的倾角；f' 为动摩擦系数，由碎屑流质心的最大垂直落高（$h_{\max}$）与最大水平运动距离（$l_{\max}$）之比确定；s 为碎屑流运动距离。该运动模型也可以用于预测碎屑流的运动距离。以坡度为45°，体积为0.2m^3的 M3 的试验为例，模型的后缘顶点高程（H）为 2.69m，后缘顶点至滑程前缘的最大水平距离（L）为 6.09m，f=2.69/6.09=0.442，质心的最大垂直落高（$h_{\max}$）为 2.31m，最大水平运动距离（$l_{\max}$）为 3.59m，f'=2.31/3.59=0.643。以模型试验的后缘顶点为水平距离的起点，用模型试验碎屑流前缘速度、Scheidegger 法和动量传递法来分析碎屑流运动速度分布图（图 4.3）。图中，水平距离的起点位置为碎屑流模型的后缘，模型试验中的碎屑流前缘运动速度的测量位置和动量传递法的起点位置分别比 Scheidegger 法计算的其实位置少 0.56m 和 0.38m。因此碎屑流模型试验最大水平运动距离为 5.54m，比 Scheidegger 法的少 0.56m。而动量传递法与 Scheidegger 法的运动距离相等。

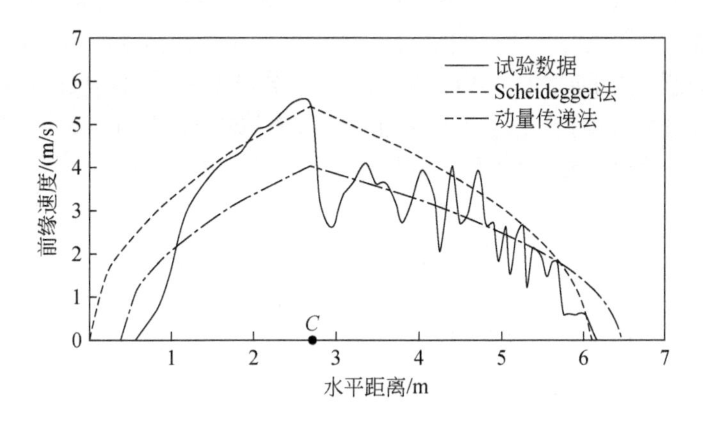

图 4.3　模型试验、Scheidegger 法和动量传递法的前缘速度比较

从图中速度比较可以看出，在达到坡脚之前，模型试验、Scheidegger 法和动量传递法的加速运动趋势基本一致，并且都在坡脚处达到峰值速度，分别为

5.55m/s、5.43m/s、4.03m/s。然而，碎屑流运动到坡脚以后，Scheidegger 法和动量传递法计算的速度曲线呈匀速减小的特征。而模型试验测量的速度在坡脚处突然减小，然后在约 3 ~5m 的水平运动距离内呈现波动变化特征，在大于 5m 的水平运动距离后加速减小。因此，模型试验的数据表明，碎屑流在坡脚作用下表现出三个显著的运动阶段，即加速运动阶段、持速运动阶段和减速运动阶段；而 Scheidegger 法和动量传递法计算的运动特征仅表现为加速运动和减速运动两个阶段。并且，在碎屑流到达坡脚后的运动速度上，Scheidegger 法计算的数值普遍大于模型试验测得的数据，这导致运用 Scheidegger 法获得的碎屑流运动速度偏大，尤其是在到达坡脚后的一定水平运动距离范围内，速度的误差更为显著。在碎屑流持速运动阶段，动量传递法计算的平均速度接近于模型试验的平均速度，表明了碎屑流在持速运动阶段的能量传递特征。但 Scheidegger 法和动量传递法都不能揭示碎屑流受坡脚作用的速度突变机制。

4.3 坡度与岩土体对前缘速度的影响

4.3.1 坡脚坡度对运动速度的影响（M3）

为研究坡度对碎屑流运动的作用机制，以体积为 0.2m^3 单一材料 M3 和 25°、35°、45°、55°的坡度分析坡脚角度对碎屑流运动速度的影响特征，速度监测的原点为碎屑前缘（图 4.4）。在试验中，碎屑流具有相同的势能，由于坡度的变化，斜坡的长度不同（*A*、*B*、*C*、*D* 分别表示了 25°、35°、45°、55°的坡脚点位置），在加速阶段的运动距离随坡度减小而增大（表 4.2）。在加速运动阶段，碎屑流的平均加速度随坡度的增加而增大，并且都在坡脚处达到峰值速度，速度分布范围为 5.00 ~ 5.82m/s。由于随坡度减小斜坡长度增加，碎屑流与底板摩擦作用的距离增大，导致峰值速度在 25°最小，55°时最大，差值为 0.82m/s，相对误差约 14%。

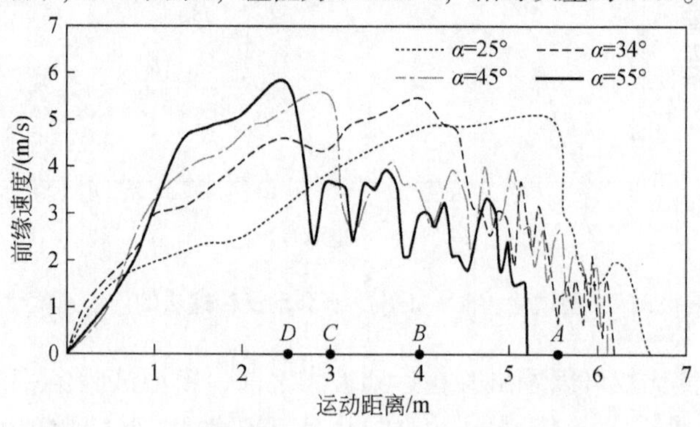

图 4.4 不同坡度条件下的 M3 的前缘运动速度

表 4.2 M3 的运动参数

坡度/(°)	加速运动阶段				持速运动阶段		减速运动阶段			
	d_T/m	v_{a1}/(m/s)	v_{a2}/(m/s)	a_1/(m/s^2)	d_T/m	$\bar{v}_u$/(m/s)	d_T/m	v_{d1}/(m/s)	v_{d2}/(m/s)	a_2/(m/s^2)
25	5.5	0	5.00	2.27	0.70	2.02	0.40	2.02	0	-5.10
35	4.0	0	5.47	3.74	1.30	2.85	0.90	3.16	0	-5.55
45	3.0	0	5.55	5.13	2.04	3.05	1.00	3.94	0	-7.76
55	2.5	0	5.82	6.77	2.20	2.96	0.46	3.33	0	-12.05

注：d_T—运动距离；v_{a1}—加速运动阶段的起始速度；v_{a2}—加速阶段的最大速度；a_1—加速阶段的平均加速度；$\bar{v}_u$—持速运动阶段的平均速度；v_{d1}—减速运动阶段的起始速度；v_{d2}—减速阶段的终止速度；a_2—减速阶段的平均加速度。以下各表定义相同。

碎屑流运动到坡脚后受坡度变化的作用导致运动速度都表现出急剧减小的特征，减小的比例为44.4%～59.6%（表4.3）。说明碎屑流在坡脚作用前后的短暂时间，前缘运动速度有一个大比例的降低。在坡脚作用后的运动过程中，碎屑流物质之间撞击产生能量传递，致使滑坡前缘速度呈现波动变化，碎屑流进入到持速运动阶段。持速阶段的运动距离随坡度的增大而增加，这是由于坡度较大时，碎屑流在加速阶段呈整体的运动趋势，前后缘的速度差异小，在持速运动阶段中，能够为前缘物质传递更多的能量。而在坡度较小时，受加速阶段运动距离的增加，因摩擦作用消耗的能量增加，碎屑流不再保持整体运动特征，前缘物质受坡脚作用停滞堆积，后部物质的运动能量不能有效地传递到前缘，导致运动距离减小。并且，从表4.2中，试验数据还表明坡度越大时对前缘运动的阻止作用越大，因此，在不同坡度的碎屑流运动机制、坡脚阻止的耦合作用下持速运动阶段的平均速度在45°时具有最大值。

表 4.3 不同坡度坡脚处碎屑流速度变化和能量损失

坡度/(°)	坡脚前的速度/(m/s)	坡脚后的速度/(m/s)	能量损失/%
25	5.00	2.78	69.1
35	5.47	2.53	78.6
45	5.55	2.65	77.2
55	5.82	2.35	83.7

在减速运动阶段，受碎屑流能量传递和底部摩擦效应的作用，坡体角度为45°时，碎屑流的运动距离和初始运动速度增大，而加速度随坡度的增大而增大。坡度较大时，碎屑流整体运动到水平区域，导致在单位水平距离上的碎屑流物质的体积和质量越大，在相同的摩擦系数下，因摩擦作用损耗的能量越多，导致减

速作用越显著。

4.3.2 不同岩土体材料对运动速度的影响（$\alpha=45°$）

根据坡度对碎屑流运动速度的分析表明，在45°时的碎屑流持速和减速阶段的运动特征最为显著。因此以坡度为45°为例，分析不同颗粒级配的碎屑流运动速度的作用机制（图4.5）。不同颗粒级配的碎屑流在加速阶段具有一致性的特征，并且最大速度和平均加速度M3>M2>M1，最大运动速度分别为5.25m/s、5.42m/s、5.55m/s，平均加速度分别为4.59m/s²、4.90m/s²、5.13m/s²（表4.4）。表明虽然不同颗粒级配的碎屑流与底板的接触面积存在差异，摩擦系数不同，导致最大运动速度和平均加速度产生差异，但是不同颗粒级配碎屑流的最大运动速度的差异较小。因此，在相同的斜坡类型上，不同颗粒级配的碎屑流对最大运动速度的影响并不显著。

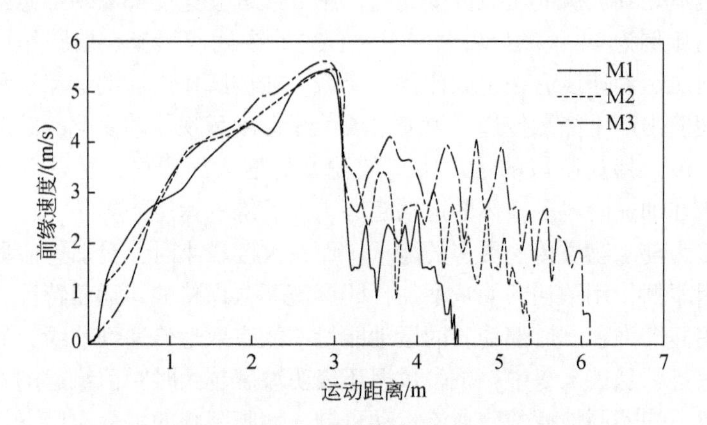

图4.5　不同岩土体的前缘运动速度

表4.4　不同岩土体的运动参数

岩土体	加速运动阶段				持速运动阶段		减速运动阶段			
	d_T /m	v_1 /(m/s)	v_2 /(m/s)	a /(m/s²)	d_T /m	$\bar{v}_u$ /(m/s)	d_T /m	v_1 /(m/s)	v_2 /(m/s)	a /(m/s²)
M1	3.0	0	5.25	4.59	1.01	1.87	0.45	2.65	0	−7.80
M2	3.0	0	5.42	4.90	1.85	2.39	0.53	2.65	0	−6.63
M3	3.0	0	5.55	5.13	2.04	3.25	1.06	3.94	0	−7.32

在受到坡脚作用后，碎屑流M1、M2、M3的前缘运动速度都出现了突然减小的特征，其瞬时最小速度分别减小到1.45m/s、2.35m/s、2.65m/s，瞬时的能量损失分别为92.2%，81.2%和77.2%（表4.5）。表明坡脚对不同颗粒级配碎

屑流的阻止作用较为明显。随后在后部物质的碰撞作用下，碎屑流前缘运动速度出现波动变化特征，碎屑流运动进入持速运动阶段。碎屑流保持持速阶段的运动距离的大小为 M3>M2>M1，运动距离分别为 2.04m、1.85m 和 1.01m。

表 4.5　不同岩土体在 45°坡脚处碎屑流速度变化和能量损失

岩土体	坡脚前的速度/(m/s)	坡脚后的速度/(m/s)	能量损失/%
M1	5.25	1.47	92.2
M2	5.42	2.35	81.2
M3	5.55	2.65	77.2

颗粒流理论认为，粒间流体不是碎屑流高速远程的必要条件，高速远程效应是碎屑流在底部剪应力和自身重力共同作用的结果。如式（4.4）、式（4.5）所示：

$$P \propto \rho\ (\lambda D)^2\ (\mathrm{d}u/\mathrm{d}y)^2 \tag{4.4}$$

$$T = P\tan\varphi \tag{4.5}$$

式中，P 为粒间正应力；T 为粒间剪应力；ρ 为颗粒密度；λ 为颗粒的线浓度；D 为颗粒半径；$\mathrm{d}u/\mathrm{d}y$ 为法向方向上的剪切速率；φ 为粒间动摩擦系数。颗粒粒径越大，受到的正应力和剪应力也越高以平衡上部颗粒重量，则碎屑流受到地面的摩擦力大大减小。运动性较大，前缘物质与坡脚作用后具有相对较大的运动速度，并且后部物质的能量容易传递到碎屑流的前缘，致使其能保持较长距离的持速运动特征。碎屑流的细颗粒所占的比例较大时，与底板的接触面积较大，与坡脚作用后的能量损失也最大，致使最先到达坡脚位置的碎屑流受坡脚作用后的运动速度迅速降低，运动较短的距离后堆积停止，在坡脚后的一定距离内形成暂时的堆积体。后部的碎屑流物质运动到坡脚后受摩擦作用和前部堆积体的阻止，覆盖在前部碎屑流堆积体的上部，不能将能量有效地传递给前缘物质，致使碎屑流持速运动的距离较小。

在减速运动阶段，三种颗粒级配的碎屑流在完全摩擦阻力的作用下，运动速度迅速减小。其运动距离与持速阶段结束时的运动速度和底板的摩擦效应有关，在减速阶段的运动距离的大小为 M3>M2>M1。

4.4　滑坡碎屑流的速度分布

根据斜坡坡度和岩土体材料对前缘速度的影响分析，滑坡碎屑流的运动速度可划分为 4 个阶段：斜坡上的加速运动、坡脚作用后的速度突降、持速运动和水平面上的减速运动。加速运动阶段的速度可运用式（4.1）进行计算，并且其最大运动速度出现在坡脚前。当滑坡碎屑流坡脚作用后，前缘速度产生波动变化进入到持速运动阶段，其平均运动速度可用式（4.6）表示：

$$\bar{v}=kv_{\max} \tag{4.6}$$

式中，坡脚处速度的衰减系数 k 为

$$k=d_{50}^{a}[\sin(45°+\alpha)]^{b}+c \quad 0.03\leqslant a\leqslant 0.04, 2.0\leqslant b\leqslant 3.0, -0.6\leqslant c\leqslant -0.5 \tag{4.7}$$

式（4.7）是根据模型试验拟合分析的结果，其表示了持速运动阶段的平均速度与斜坡坡脚前最大速度的比率。图 4.6 比较了不同坡度和岩土体特征下滑坡碎屑流运动的拟合速度与模型试验测量的速度分布。其结果表明，提出的滑坡碎屑流在坡脚处的衰减系数较好地描述了持速运动阶段的平均速度与坡脚处最大速度的关系。

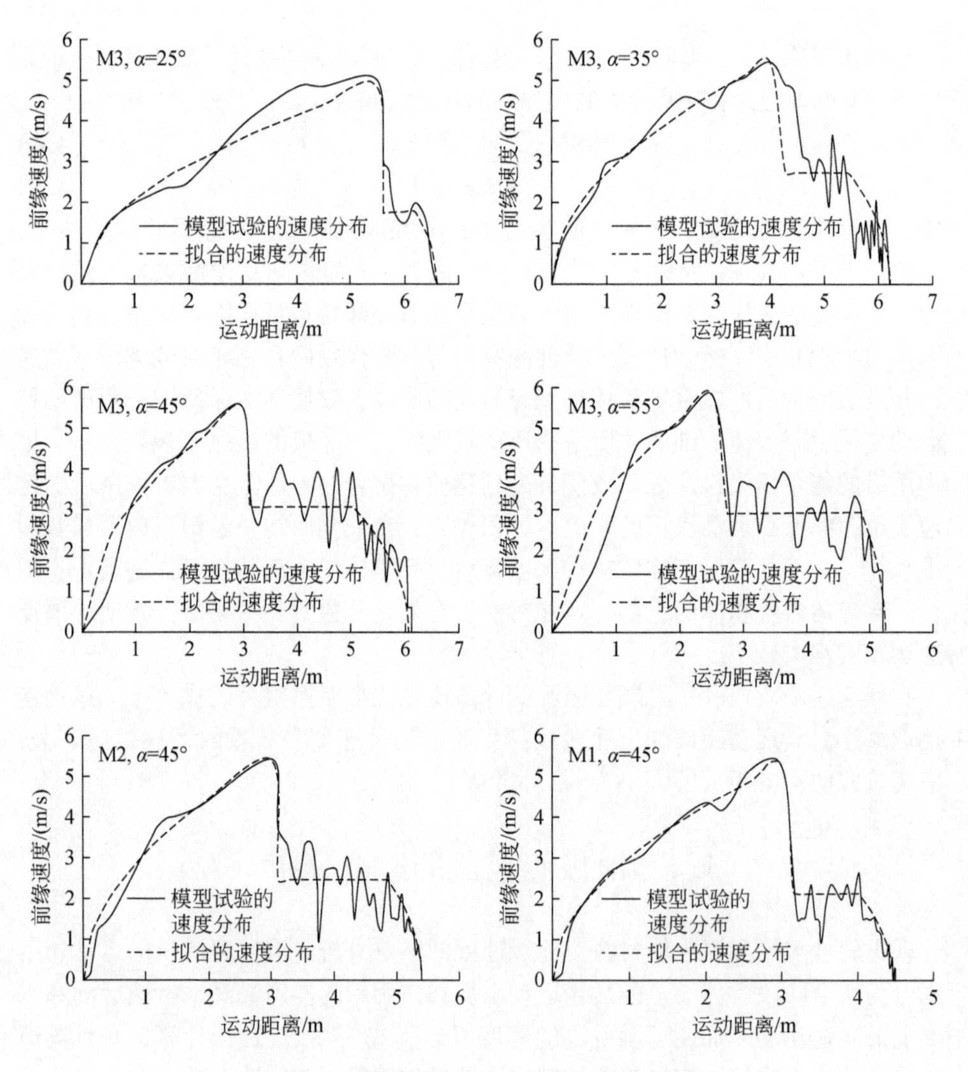

图 4.6　模型试验与拟合方程的速度分布

4.5　碎屑流运动的能量线模型

能量线模型能准确地解释碎屑流在运动过程中的能量变化。Hungr 提出了三种能量线分布模型：凸型、直线型和凹型[14]，Okura 提出了坡脚作用对垂直能量的消耗[15]。然而，模型试验的前缘速度分布表明，碎屑流前缘在坡脚后的运动速度并不立即进入到减速运动阶段，而是受后部物质的碰撞，产生能量传递，致使碎屑流前缘可保持一段距离的持速运动。由此，水平方向上的能量线在持速运动距离上维持不变（图 4.7）。因此，碎屑流运动过程中的能量线演化表现为：坡脚的角度对坡脚处的垂直方向上的能量产生耗散，致使碎屑流运动的能量急剧减小；碎屑流颗粒间的碰撞机制和能量传递为持速运动阶段提供能量补充，以平衡摩擦作用消耗的能量。

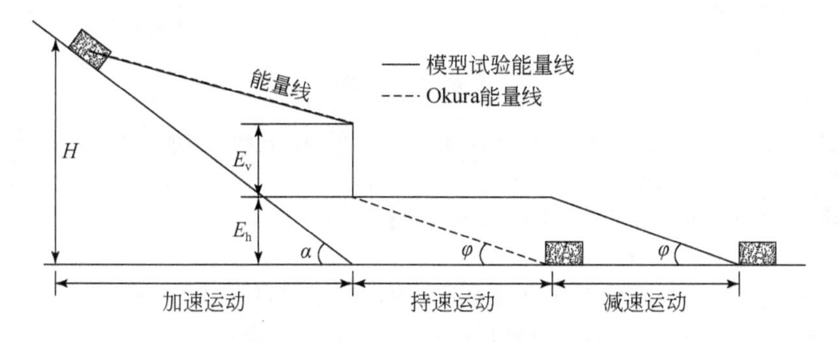

图 4.7　滑坡碎屑流的能量线模型

tanα—斜坡倾斜率；tanφ—动摩擦系数；E_v—坡脚处垂直方向上的动能；E_h—坡脚处水平方向上的动能

4.6　结　　论

运用了室内大型水槽模型试验，以设置相同的垂直落差，确保碎屑流势能的一致性，利用 4 种不同的斜坡坡度和 3 种颗粒级配的岩土体，研究坡脚角度和颗粒级配对碎屑流前缘运动速度的影响；并对比已有的理论方法和试验测得的数据资料分析碎屑流前缘速度的运动机制。

模型试验中，碎屑流的运动经历了斜坡上的加速运动、坡脚对前缘速度的阻止效应、能量传递作用下的持速运动和摩擦作用下的减速运动阶段。而已有的分析碎屑流运动速度的 Scheidegger 法和动量传递法并不能揭示坡脚对前缘速度的阻止效应、能量传递作用下的持速运动特征。

碎屑流运动到坡脚后受坡度变化的作用导致运动速度都表现出急剧减小的特

征，坡度越大，减小越显著，能量垂直分量损失越大。持速阶段的运动距离随坡度的增大而增加，在不同坡度的碎屑流运动特征、坡脚阻止的耦合作用下持速运动阶段的平均速度在45°时具有最大值。

在运动的过程中，受到了来自地面的剪应力，如果碎屑流粒径较大，则剪应力较大，底部颗粒便会对上部碎屑颗粒施加向上的碰撞力（dispersion force），碎屑流体积膨胀，体内涌入大量的流体使颗粒间的有效应力减弱，导致颗粒流与地表面的有效正应力减小，摩擦阻力降低，所以碎屑流能够保持较长的持速运动距离。

能量传递机制使碎屑流能保持一定距离的持速运动特征，当滑体前缘与坡脚碰撞后速度减小，后部的碎屑物质把能量传递给前部碎屑，停止运动，而前部接受能量的碎屑物质继续向前运动，因此比滑体作为一个整体时运动更长的距离。模型试验的分析表明能量传递机制使碎屑流的能量线模型不是在坡脚后就迅速减小，而具有一段距离的稳定特征。

主要参考文献

[1] 程谦恭，张倬元，黄润秋．高速远程崩滑动力学的研究现状及发展趋势［J］．山地学报，2007，25（1）：72-84.

[2] 程谦恭，王玉峰，朱圻等．高速远程滑坡超前冲击气浪动力学机理［J］．山地学报，2011，29（1）：70-80.

[3] 张明，殷跃平，吴树仁等．高速远程滑坡-碎屑流运动机理研究发展现状与展望［J］．工程地质学报，2010，18（6）：805-817.

[4] 邢爱国，殷跃平．云南头寨滑坡全程流体动力学机理分析［J］．同济大学学报（自然科学版），2009，37（4）：482-485.

[5] Deline P. Interactions between rock avalanches and glaciers in the Mount Blanc massif during the late Holocene［J］. Quaternary Science Reviews，2009，28：1070-1083.

[6] 张明，胡瑞林，殷跃平等．滑坡型泥石流转化机制环剪试验研究［J］．岩石力学与工程学报，2010，29（4）：822-832.

[7] 许强，裴向军，黄润秋等．汶川地震大型滑坡研究［M］．北京：科学出版社，2009.

[8] 石根华．数值流行方法与非连续变形分析［M］．裴觉民译．北京：清华大学出版社，1997.

[9] Kwan J S H，Sun H W. An improved landslide mobility model［J］. Canadian Geotechnical Journal，2006，43（5）：532-539.

[10] Willenberg H，Eberhardt E，Loew S，et al. Hazard assessment and runout analysis for an unstable rock slope above an industrial site in the Riviera valley，Switzerland［J］. Landslides，2009，(6)：111-116.

[11] Cepeda J，Chávez J A，Martínez C C. Procedure for the selection of runout model parameters from landslide back-analyses：application to the Metropolitan Area of San Salvador，El Salvador

[J]. Landslides, 2010, 7: 105-116.

[12] Kokusho T, Ishizawa N K. Travel distance of failed slopes during 2004 Chuetsu earthquake and its evaluation in terms of energy [J]. Soil Dynamics and Earthquake Engineering, 2009 , 9: 1159-1169.

[13] Pastor M, Blanc T, Pastor M J. A depth- integrated viscoplastic model for dilatant saturated cohesive-frictional fluidized mixtures: Application to fast catastrophic landslides [J]. Journal of Non-Newtonian Fluid Mechanics, 2009, (158): 142-153.

[14] Hungr O. Rock avalanche occurrence, process and modelling [J]. Earth and Environ- mental Science, 2006, 49 (4): 243-266.

[15] Okura Y, Kitahara H, Sammori T. Fluidization in dry landslides [J]. Engineering Geology, 2000, 56: 347-360.

第5章　滑坡运动参数与影响因素试验的敏感度分析

已有的研究表明，运动距离、等效摩擦系数与体积之间的较强相关性是基于体积分布在几个数量级的滑坡碎屑流统计分析的结果，并且90%的滑坡体积都大于100万 m^3[1,2]。其结果仅能对大于100万 m^3 的滑坡碎屑流的运动性特征进行评价。但是对于中小型滑坡碎屑流，如果运动过程未明显受阻（河谷、凸出的地形等），同等规模体积的滑坡运动距离和等效摩擦系数会存在较大差异。已有的研究方法并不能完全解释这种差异，其原因在于滑坡碎屑流的运动特征不仅受控于体积，而且还受滑坡的地形条件和岩土体特征的影响。近年来，国内外学者通过考虑滑坡形状、运动路径的约束条件、地形因素等来分析运动参数预测的离散性[3-5]。杨裕云等[6]、张龙等[7]、王玉峰等[8]研究分别表明了崩滑体规模、地形条件、岩土体颗粒是高速远程运动的主要因素。郝明辉等[9]、Yang 等[10]、Kokelaara 等[11]通过模型试验研究了碎屑的粒径、碎屑流体积、宏观和微观地形条件对滑坡碎屑流的运动参数的作用。上述的研究表明岩土体特征、地形条件和体积是滑坡碎屑流的运动参数的主要影响因素，但研究的成果都是基于单一因素的影响，并且采用的岩土体颗粒级配区间较小、地形条件单一以及体积固定，而缺乏岩土体特性、地形条件和体积的变化对运动参数的耦合作用关系以及各影响因素的敏感度的研究。

5.1　滑坡运动参数与体积

滑坡碎屑流运动距离的参数主要包括最大水平运动距离（L_{max}）、坡脚下的水平运动距离（L）（图5.1）。在山区，坡脚下相对平坦的地形是人们社会经济活动的集中区域，而这些区域常受到滑坡碎屑流的威胁，一旦在降雨和地震的诱发下发生滑坡，常导致严重的人员伤亡和财产损失。因此坡脚下的水平运动距离（L）是滑坡、碎屑流灾害评估和防灾减灾最重要的因素。等效摩擦系数（最大垂直运动距离 H_{max} 与最大水平运动距离 L_{max} 的比值）作为描述滑坡碎屑流的运动性特征和反演滑坡运动速度的重要参数，一直以来，认为它主要受控于滑坡的体积而忽略了其他因素的影响。

然而，对滑坡资料的分析表明[12]，虽然坡脚下的水平运动距离（L）在总体上随体积的增加而增大，等效摩擦系数（H_{max}/L_{max}）随体积增加而减小，但是在

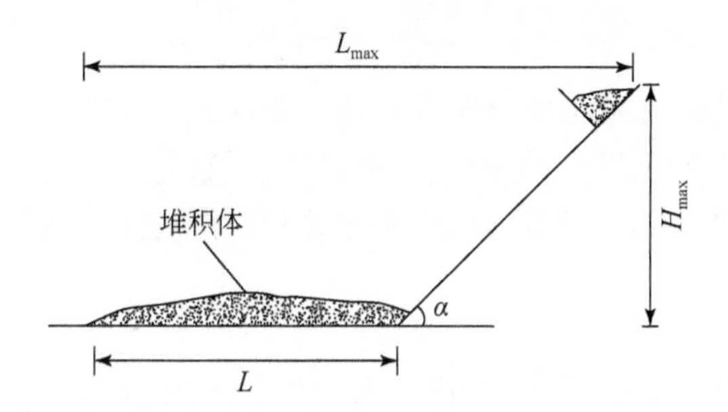

图 5.1　滑坡运动距离示意图

同一规模等级下，不同滑坡的 L 和 H_{max}/L_{max} 却差异较大（图 5.2、图 5.3），导致在滑坡运动参数预测上呈现较大的误差。

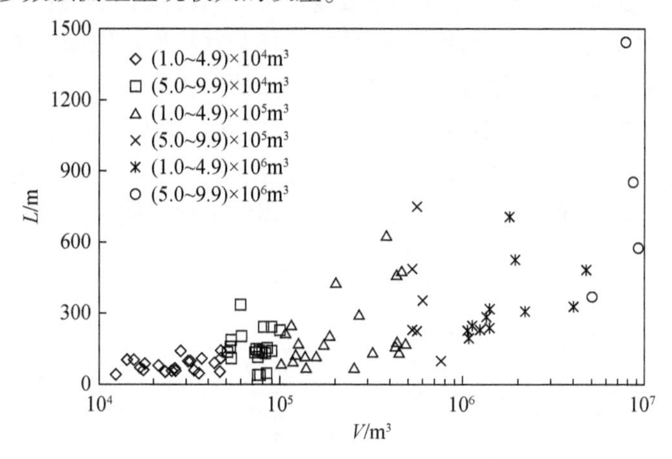

图 5.2　滑坡体积与坡脚下的水平运动距离

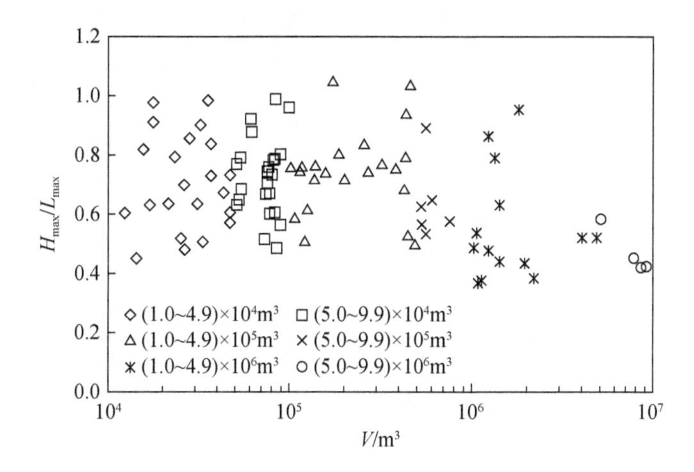

图 5.3　滑坡等效摩擦系数与体积

因此，通过滑坡碎屑流的模型试验，采用 4 种斜坡坡度（25°、35°、45°、55°）、3 类岩土体颗粒级配（分别代表土质、碎石土和岩质滑坡）和 4 种体积规模来分析滑坡坡脚下的水平运动距离、等效摩擦系数的影响特征，揭示岩土体颗粒级配、斜坡坡度和同等规模等级内变化的体积对滑坡碎屑流运动参数的作用关系和敏感度。

5.2 坡脚下水平运动距离的影响因素敏感度分析

5.2.1 因素对水平运动距离的影响特征

试验测得了在体积、岩土体和斜坡坡度作用下的坡脚下的水平运动距离（表 5.1）。当斜坡坡度为 25°时，M1 和 M2 的岩土体都在斜坡上堆积，未能滑动到坡脚位置，坡脚下的水平运动距离都为 0。在相同的体积和坡度条件下，L 随平均粒径（d_{50}）的增加而增大。这是由于平均粒径越大，碎屑流运动中与底板的接触面积较小，受到地面的摩擦力减小，运动性较大，并且在坡脚后前后缘的土体颗粒之间存在能量传递，致使其能保持较长距离的运动特征。

表 5.1 坡脚下的水平运动距离表 （单位：m）

V/m³	岩土样	$\alpha=25°$	$\alpha=35°$	$\alpha=45°$	$\alpha=55°$
0.2	M1	0	0.70	1.50	1.60
	M2	0	1.45	2.40	1.80
	M3	1.1	2.10	3.40	2.70
0.15	M1	0	0.55	1.27	1.52
	M2	0	1.35	2.10	1.70
	M3	1.1	1.96	2.90	2.50
0.1	M1	0	0.30	1.15	1.45
	M2	0	1.20	2.05	1.60
	M3	1.05	1.85	2.70	2.40
0.05	M1	0	0.45	1.03	1.08
	M2	0	1.10	1.85	1.28
	M3	1.00	1.70	2.60	2.30

在相同的体积和平均粒径（d_{50}）条件下，L 随坡度的增加而增大。在同等的高度条件下，斜坡的长度随坡度的减小而增大，导致碎屑流在坡面上的运动距离增加，摩擦作用导致碎屑流的整体运动特征不显著，在坡脚后的能量传递有效性

降低，运动距离减小；在相同的平均粒径（d_{50}）和坡度条件下，L 随体积的增加而增大，反映了碎屑流运动距离的规模效应。

5.2.2　水平运动距离的影响因素敏感度分析

5.2.2.1　L 的影响因素的极差分析

表 5.2 分析了坡脚下的水平运动距离影响因素的正交分析结果。表中 V、M 和 α 表示体积、颗粒级配和坡度因素，Ⅰ、Ⅱ、Ⅲ、Ⅳ表示各因素在 1、2、3、4 水平下运动距离的平均值，极差 R_M、R_α 和 R_V 分别表示各影响因素在不同水平下运动距离平均值的最大值与最小值之差。

表 5.2　坡脚下的水平运动距离影响因素的正交分析　（单位：m）

V/m^3	M				α					因素影响
	Ⅰ	Ⅱ	Ⅲ	R_M	Ⅰ	Ⅱ	Ⅲ	Ⅳ	R_α	
0.2	1.27	1.88	2.73	1.46	—	1.42	2.43	2.03	1.01	$R_M>R_\alpha$
0.15	1.11	1.72	2.45	1.34	—	1.29	2.09	1.91	0.8	
0.1	1.00	1.62	2.32	1.32	—	1.15	1.97	1.82	0.82	
0.05	0.85	1.41	2.20	1.35	—	1.08	1.83	1.55	0.75	
M	α				V					因素影响
	Ⅱ	Ⅲ	Ⅳ	R_α	Ⅰ	Ⅱ	Ⅲ	Ⅳ	R_V	
M1	0.53	1.24	1.41	0.88	1.27	1.11	1.00	0.85	0.42	$R_\alpha>R_V$
M2	1.28	2.10	1.60	0.82	1.88	1.72	1.62	1.41	0.47	
M3	1.90	2.90	2.48	0.58	2.73	2.45	2.32	2.20	0.53	
α	M				V					因素影响
	Ⅰ	Ⅱ	Ⅲ	R_M	Ⅰ	Ⅱ	Ⅲ	Ⅳ	R_V	
35°	0.53	1.28	1.90	1.37	1.42	1.29	1.15	1.08	0.34	$R_M>R_V$
45°	1.24	2.10	2.90	1.66	2.43	2.09	1.97	1.83	0.6	
55°	1.41	1.60	2.48	1.07	2.03	1.91	1.82	1.55	0.48	

5.2.2.2　因素对 L 的影响大小分析

极差分析的结果显示：在不同体积条件下，颗粒级配的极差 R_M 都大于斜坡坡度的极差 R_α，表明颗粒级配对碎屑流坡脚下的水平运动距离的影响大于斜坡坡度；在不同岩土体颗粒级配条件下，斜坡坡度的极差 R_α 都大于碎屑流体积的极差 R_V，表明斜坡坡度对碎屑流坡脚下的水平运动距离的影响大于碎屑流体积；在不同斜坡坡度条件下，岩土体颗粒级配的极差 R_M 都大于碎屑流体积的极差 R_V，表明岩土体颗粒级配对碎屑流坡脚下的水平运动距离的影响大于碎屑流体积。

利用极差分布图可直观地比较各因素对 L 指标的影响大小（图 5.4），图中点子散布大的因素是主要因素，散布小的是次要因素。根据上述原则可以看出，影响碎屑流坡脚下的水平运动距离的因素中，因素 M 点子散布最大，是主要的因素；因素 α 的点子散布稍小，其影响居第二位；因素 V 的点子散布最小，其影响最小。

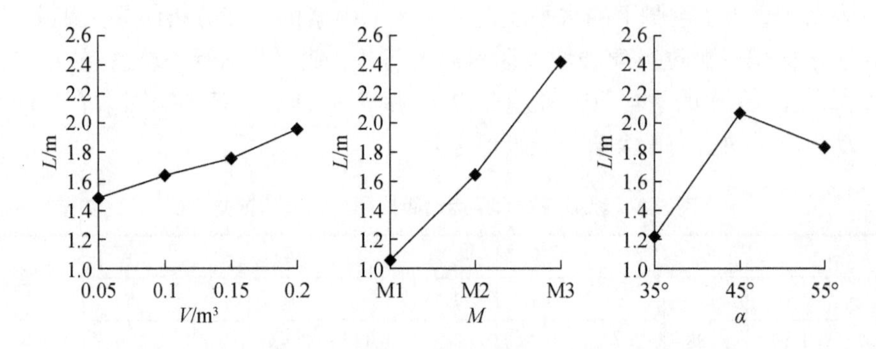

图 5.4　坡脚下的水平运动距离的影响因素极差分析

5.2.2.3　影响因素的显著性分析

为了准确估计误差大小，正确区分试验条件的改变与由试验误差二者所起的数据波动，考察、判断各个因素影响的显著性，采用方差分析法对坡脚下的水平运动距离进行分析（表 5.3）。由方差分析可以得出如下认识：颗粒级配和坡度对碎屑流坡脚下的水平运动距离的影响特别显著，是决定性因素；而体积对坡脚下的水平运动距离影响较弱。

表 5.3　坡脚下的水平运动距离方差分析结果

因素	自由度	$f_{0.05}$	$f_{0.01}$	偏差平方和	F 值	显著性
V	3	2.87	4.38	16.627	0.689	
M	2	3.26	5.25	6.422	28.98	**
α	2	3.26	5.25	13.183	5.654	*

5.3　等效摩擦系数

5.3.1　等效摩擦系数的特征

模型试验中，当斜坡坡度为 25°时，M1 和 M2 的岩土体都在斜坡上堆积，未能滑动到坡脚位置，其等效摩擦系数与坡度的正切值一致。模型试验的数据分析也表明了等效摩擦系数随体积增加而减小，它们之间也表现为负幂率关系。然而，在同一体积条件下，同一颗粒级配的岩土体等效摩擦系数随坡度的增加而增大；在同一坡度条件下随岩土体平均粒径的增大而减小（表 5.4）。因此等效摩擦系数的变化不但受体积的作用而且与岩土体的颗粒级配和斜坡的坡度影响有关。

表 5.4　等效摩擦系数

V/m^3	d_{50}	H_{max}/L_{max}			
		$\alpha=25°$	$\alpha=35°$	$\alpha=45°$	$\alpha=55°$
0.2	M1	0.47	0.57	0.64	0.78
	M2	0.47	0.49	0.53	0.74
	M3	0.39	0.44	0.44	0.59
0.15	M1	0.47	0.59	0.67	0.78
	M2	0.47	0.50	0.55	0.74
	M3	0.39	0.44	0.47	0.60
0.1	M1	0.47	0.61	0.68	0.78
	M2	0.47	0.51	0.55	0.75
	M3	0.39	0.45	0.48	0.60
0.05	M1	0.47	0.60	0.70	0.86
	M2	0.47	0.52	0.56	0.81
	M3	0.39	0.46	0.48	0.60

5.3.2　等效摩擦系数的影响因素的敏感度分析

5.3.2.1　影响因素的极差分析

等效摩擦系数影响因素的正交分析结果见表 5.5。表中 V、M 和 α 表示体积、颗粒级配和坡度因素，Ⅰ、Ⅱ、Ⅲ、Ⅳ表示各因素在 1、2、3、4 水平下等效摩擦系数的平均值，极差 R_M、R_α 和 R_V 分别表示各影响因素的等效摩擦系数平均值的最大值与最小值之差。

表 5.5 等效摩擦系数的影响因素的正交分析

V/m^3	M					α					因素影响
	Ⅰ	Ⅱ	Ⅲ	—	R_M	Ⅰ	Ⅱ	Ⅲ	Ⅳ	R_α	
0.2	0.62	0.56	0.47	—	0.15	0.44	0.50	0.54	0.70	0.26	$R_M<R_\alpha$
0.15	0.62	0.56	0.48	—	0.14	0.44	0.51	0.56	0.70	0.26	
0.1	0.63	0.57	0.48	—	0.15	0.44	0.52	0.57	0.71	0.27	
0.05	0.66	0.59	0.48	—	0.18	0.44	0.52	0.58	0.76	0.32	
M	α					V					因素影响
	Ⅰ	Ⅱ	Ⅲ	Ⅳ	R_α	Ⅰ	Ⅱ	Ⅲ	Ⅳ	R_V	
M1	0.47	0.59	0.67	0.80	0.33	0.62	0.62	0.63	0.66	0.04	$R_\alpha>R_V$
M2	0.47	0.50	0.55	0.76	0.29	0.56	0.56	0.57	0.59	0.03	
M3	0.39	0.45	0.47	0.60	0.21	0.47	0.48	0.48	0.48	0.01	
α	M					V					因素影响
	Ⅰ	Ⅱ	Ⅲ	—	R_M	Ⅰ	Ⅱ	Ⅲ	Ⅳ	R_V	
35°	0.47	0.47	0.39	—	0.08	0.44	0.44	0.44	0.44	0.00	$R_M>R_V$
45°	0.59	0.50	0.45	—	0.14	0.50	0.51	0.52	0.52	0.02	
55°	0.67	0.55	0.47	—	0.2	0.54	0.56	0.57	0.58	0.04	

5.3.2.2 因素对等效摩擦系数的影响大小分析

极差分析的结果显示：在不同体积条件下，$R_M< R_\alpha$，颗粒级配对碎屑流等效摩擦系数的影响小于斜坡坡度；在不同岩土体颗粒级配条件下，$R_\alpha>R_V$，表明斜坡坡度对碎屑流等效摩擦系数的影响大于碎屑流体积；在不同斜坡坡度条件下，$R_M>R_V$，岩土体颗粒级配对碎屑流等效摩擦系数的影响大于碎屑流体积。

等效摩擦系数的影响因素极差分析图（图 5.5）表明，影响碎屑流坡脚下的水平运动距离的因素中，因素 α 点子散布最大，是主要的因素；因素 M 的点子散布稍小，其影响居第二位；因素 V 的点子散布最小，其影响最小。

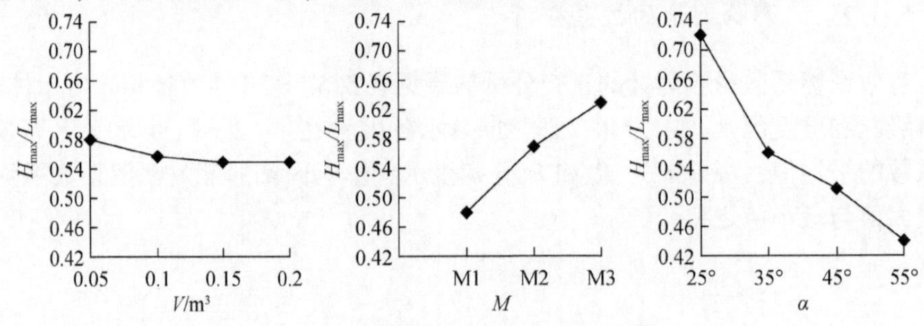

图 5.5 等效摩擦系数与各影响因素的极差分析

5.3.2.3　影响因素的显著性分析

采用方差分析法对等效摩擦系数进行分析（表5.6），结果表明：坡度和颗粒级配对碎屑流等效摩擦系数的影响特别显著，是决定性因素，而同等规模内变化的体积对等效摩擦系数的影响不显著。

表5.6　等效摩擦系数的方差分析结果

因素	自由度	$f_{0.05}$	$f_{0.01}$	偏差平方和	F值	显著性
V	3	2.80	4.22	0.736	0.119	
M	2	3.19	5.08	0.539	8.456	*
α	3	2.80	4.22	0.250	25.792	* *

5.4　坡度和颗粒级配对运动参数的作用机制分析

滑坡碎屑流的运动特征依次表现为加速运动、持速运动和减速运动阶段。当斜坡坡度较大时，碎屑流在加速阶段呈整体的运动趋势，前后缘的速度差异小，进入到持速运动阶段中，能够为前缘物质传递更多的能量，致使运动距离增加、等效摩擦系数减小。而在坡度较小时，因摩擦作用消耗的能量增加，碎屑流不能保持整体运动特征，前缘物质受坡脚作用停滞堆积，后部物质的运动能量不能有效地传递到前缘，导致运动距离减小、等效摩擦系数增加。

滑坡碎屑流的颗粒粒径越大，在运动过程中受到的正应力和剪应力越大，以平衡上部颗粒重量，使底部颗粒受到地面的摩擦力大大减小，运动性增加，前缘物质具有相对较大的运动速度。后部物质的能量可以高效地传递到碎屑流的前缘，致使其能保持较长距离的持速运动特征。碎屑流的细颗粒所占的比例较大时，与底板的接触面积较大，受摩擦作用的能量损失也最大，致使最先到达坡脚位置的碎屑流受坡脚作用后的运动速度迅速降低，运动较短的距离后堆积停止，在坡脚后的一定距离内形成暂时的堆积体。后部的碎屑流物质运动到坡脚后受摩擦作用和前部堆积体的阻止，覆盖在前部碎屑流堆积体的上部，不能将能量有效地传递给前缘物质，致使碎屑流的运动距离减小。

5.5　结　　论

滑坡碎屑流的坡脚下的水平运动距离、等效摩擦系数是体积、颗粒级配和斜坡坡度耦合影响作用的结果。通过模型试验数据的极差分析和方差分析，各因素对滑坡碎屑流运动参数的影响为：

在同等体积下，颗粒级配对坡脚下的水平运动距离的影响大于斜坡坡度；同一岩土体颗粒级配条件下，斜坡坡度对坡脚下的水平运动距离的影响大于碎屑流体积；斜坡坡度条件下，岩土体颗粒级配对坡脚下的水平运动距离的影响大于碎屑流体积。综合各因素对坡脚下的水平运动距离的影响表明，颗粒级配是主要的因素，其次是斜坡坡度、体积。方差分析的结果表明颗粒级配和坡度是碎屑流坡脚下的水平运动距离的决定性因素，而同等规模内变化的体积的影响不显著。

在同等体积下，斜坡坡度对等效摩擦系数的影响大于颗粒级配；同一岩土体颗粒级配条件下，斜坡坡度对等效摩擦系数的影响大于碎屑流体积；斜坡坡度条件下，岩土体颗粒级配对等效摩擦系数的影响大于碎屑流体积。综合各因素对等效摩擦系数的影响表明，斜坡坡度是主要的因素，其次是颗粒级配、体积。方差分析的结果表明坡度和颗粒级配是碎屑流等效摩擦系数的决定性因素，而同等规模内变化的体积的影响不显著。

主要参考文献

[1] Legros F. The mobility of long- runout landslides [J]. Engineering Geology, 2002, 63: 302-331.

[2] 黄润秋，许强．中国典型灾难性滑坡 [M]．北京：科学出版社，2008：132-132.

[3] Devoli G, Blasio F V D, Elverhøi A, et al. Statistical analysis of landslide events in central America and their run-out distance [J]. Geotechnical and Geological Engineering, 2009, 27: 23-42.

[4] Pirulli M. Morphology and substrate control on the dynamics of flowlike landslides [J]. Journal of Geotechnical and Geoenvironmental Engineering, 2010, 136 (2): 376-388.

[5] Ouyang C, He S, Xu Q, et al. A MacCormack- TVD finite difference method to simulate the mass flow in mountainous terrain with variable computational domain [J]. Computers & Geosciences, 2013, 52, 2-10.

[6] 杨裕云，胡新丽，王亮清等．高速远程崩滑及其形成条件初探 [J]．工程地质学报，2011，19 (6)：809- 815.

[7] 张龙，唐辉明，熊承仁等．鸡尾山高速远程滑坡运动过程 PFC^{3D}模拟 [J]．岩石力学与工程学报，2012，31 (S1)：2602-2611.

[8] 王玉峰，程谦恭，朱圻．汶川地震触发高速远程滑坡-碎屑流堆积反粒序特征及机制分析 [J]．岩石力学与工程学报，2012，31 (6)：1089-1105.

[9] 郝明辉，许强，杨磊．滑坡-碎屑流物理模型试验及运动机制探讨 [J]．岩土力学，2014，35 (S1)：127-132.

[10] Yang Q Q, Cai F, Ugai K, et al. Some f actors af f ecting mass- front velocity of rapid dry granular flows in a large flume [J]. Engineering Geology, 2011, 122: 249-260.

[11] Kokelaara B P, Grahama R L, Gray J M N T, et al. Fine-grained linings of leveed channels facilitate runout of granular flows [J]. Earth and Planetary Science Letters, 2014, 385: 172-180.
[12] 樊晓一，田述军，段晓冬等．地形因子对坡脚型地震滑坡运动参数的影响研究 [J]．岩石力学与工程学报，2014，33（S2）：4056-4066.

第6章　地形因子对滑坡运动参数的影响研究

滑坡场地坡度是指滑坡的运动路径上存在一个地形坡度的转折点，这个坡度转折点分布于原始斜坡的坡脚处，滑坡在基本一致的运动方向上，经历两个不同的地形坡度：滑坡滑动区的平均坡度和堆积区的平均坡度。斜坡坡脚点以上为滑坡的启动和加速运动区，坡脚点以下为滑坡体的持速运动和减速堆积区，滑坡在此区域受地面摩擦和滑坡体物质的相互作用，减速运动并最终停滞。这两个地形坡度存在一个坡度差，即坡脚角度。在山区，建设场地受可利用土地的制约，唯一可用的场地是坡体边缘相对平缓的区域，而这些区域常受到滑坡的威胁，即如果坡体分布有不稳定斜坡，这一区域正是滑坡体的堆积区，一旦在降雨和地震的诱发下发生滑坡，常导致严重的灾害，如王家岩滑坡、鼓儿山滑坡、平溪村滑坡等。但是山区社会经济的发展又不能避开这些区域，因此分析滑坡的影响因素及其对滑坡运动参数的影响作用对山区城镇规划、居住场地安全评估、交通基础设施等的防灾减灾具有十分重要的意义。

6.1　滑坡的运动参数与地形

滑坡启动后，其运动机制受到地形条件的作用，而运用理论分析和数值模拟对滑坡运动参数的分析，都忽略了场地条件对滑坡运动的影响[1-4]。其研究结果表现在滑坡运动距离的预测、等效摩擦系数的关系等存在较大的离散性。数值模型虽然能较好地模拟滑坡在滑道内运动的距离、速度以及与时间的关系，但都缺乏对场地地形条件作用的分析[5,6]。国内外学者已经意识到运动场地的地形条件对滑坡运动参数的影响[7,8]，试图通过考虑滑坡形状、下垫面地形的约束条件等来减小对滑坡参数预测的离散性，然而由于滑坡运动路径的原始地形和下垫面特征数据资料的不足，已有的研究仅仅应用体积和高差作为预测滑坡运动参数是不充分的。Pirulli[9]研究表明运动路径的地形和下垫面特征对滑坡动力学具有重要的影响，因此推断滑坡远程、近程运动主要受控于滑坡的体积和滑坡区地形地貌条件。李秀珍[10]指出滑坡体积和地形地貌是影响滑坡滑动距离的两个重要因素，通过二元线性回归，获得了滑坡水平滑动距离与滑坡体积、滑坡前后缘高差以及原始斜坡坡角的相关关系。Qi[11]分析了汶川地震诱发岩崩的面积和运动距离存在较好的回归关系，指出可以运用这种相关关系预测滑坡堆积体的长度以及滑坡距离坡脚的运程。因此，本章在分析滑坡体积与运动参数的关系基础上，研究不同体积条件下的滑坡地形因子对运动参数影响机制。

6.2　滑坡坡度特征

影响不同体积滑坡运动的主要地形参数包括：滑坡坡脚以上滑面长度（L'）、滑坡坡度（α）、滑坡坡脚角度（β）和滑坡堆积区的坡度（γ）（图6.1）。根据滑坡运动的特征，滑坡致灾的运动参数包括：最大垂直运动距离（H_{max}）、最大水平运动距离（L_{max}）、滑坡坡脚下的水平运动距离（L）和滑坡运动的等效摩擦系数（H_{max}/L_{max}）。其中，L_{max}表示了滑坡的整体的运动特征，反映了滑坡近程、远程、超程运动特征；H_{max}表示了滑坡落高，即滑坡垂直方向上的运动距离，反映了运动具有的势能，是滑坡致灾强度评估的主要指标；L表示了滑坡在相对平缓的堆积区域上的运动距离，由于其位置正是山区人类社会活动的主要区域，也是滑坡导致严重人员伤亡和财产损失的关键参数；H_{max}/L_{max}表示了滑坡的运动性特征值，体现了滑坡运动过程中的综合摩擦效应。

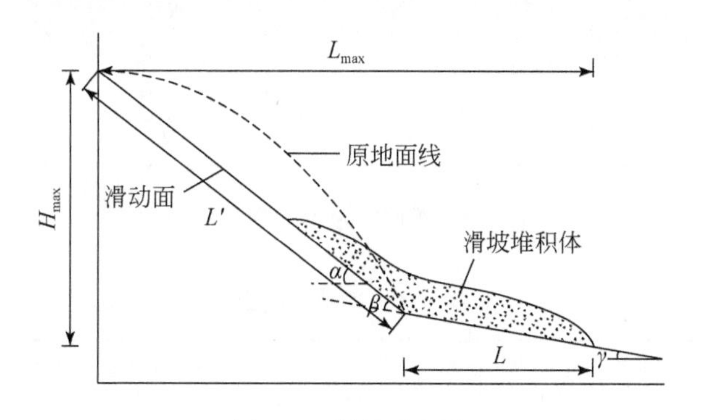

图6.1　滑坡示意图

本章分析了90个汶川地震诱发的滑坡，根据汶川地震烈度分布图，这些滑坡主要分布在汶川地震灾区的Ⅹ、Ⅺ烈度区，Ⅷ和Ⅸ度区滑坡分布较少（图6.2）。将滑坡的地震烈度加入分析，表明地震烈度对所有滑坡运动参数的影响都最小。这是因为地震烈度对滑坡的启动机制具有主要的影响，但滑坡启动后的运动参数主要受滑坡体积和运动路径上地形参数的影响。并且经过分析，表明在影响滑坡运动参数的地震烈度、滑坡体积、坡脚以上滑面长度、滑坡坡度、坡脚角度、堆积区坡度6个因素中，地震烈度对所有运动参数的影响程度都最小，因此，在研究中不考虑地震因素的影响。滑坡的详细参数列于表6.1。

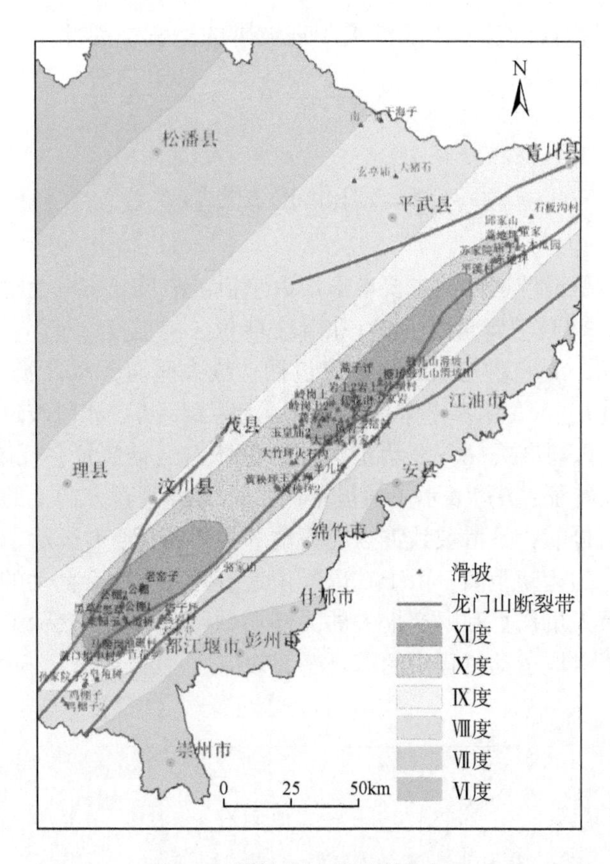

图 6.2　滑坡的地震烈度分布图

表 6.1　滑坡数据表

编号	位置	V /$10^4 m^3$	L' /m	α /(°)	β /(°)	γ /(°)	H_{max} /m	L_{max} /m	L /m	H_{max}/L_{max}
1	擂鼓	8	172	40	11	29	128	190	45	0.67
2	天坪村	8	174	35	4	31	182	300	134	0.61
3	安子	3	82	36	7	29	99	141	71	0.70
4	独木桥	767	308	34	14	21	800	1760	1444	0.45
5	大柏兴	13	162	37	6	32	181	251	122	0.72
6	新店子	14	154	39	4	34	147	191	71	0.77
7	羊儿坪	8	57	34	0	34	136	184	137	0.74
8	七郎庙	18	190	38	1	37	292	360	210	0.81
9	板子厂	5	147	38	4	34	128	174	58	0.74
10	张家山	474	795	41	22	19	670	1283	488	0.52

续表

编号	位置	V /$10^4 m^3$	L' /m	α /(°)	β /(°)	γ /(°)	H_{max} /m	L_{max} /m	L /m	H_{max}/L_{max}
11	大竹坪	400	556	44	33	11	465	890	334	0.52
12	火石沟	507	826	37	16	21	706	1200	374	0.59
13	大屋基	853	653	31	13	18	640	1510	857	0.42
14	肖家湾	112	291	41	41	0	204	540	249	0.38
15	杏子坪	53	238	48	17	31	410	651	492	0.63
16	老木沟1#	8	139	39	1	38	276	350	243	0.79
17	老木沟2#	16	247	37	0	36	239	321	123	0.74
18	夏家湾	10	223	41	13	28	197	258	90	0.76
19	香樟树	32	181	37	1	36	220	284	139	0.77
20	武显庙	7	116	37	0	37	99	132	40	0.75
21	偏桥子	9	234	35	20	16	190	335	144	0.57
22	杨家岩1#	25	194	47	24	22	173	206	73	0.84
23	杨家岩2#	4	221	36	5	30	184	272	92	0.68
24	墨家坪	60	211	41	13	28	336	516	357	0.65
25	陶家山上	1	78	26	4	22	80	176	106	0.45
26	岭岗上	2	82	31	5	25	70	134	63	0.52
27	香樟树	2	95	45	17	28	99	124	57	0.80
28	岩上1#	12	303	40	4	36	257	336	103	0.76
29	岩上2#	43	251	42	15	27	297	372	185	0.80
30	魔芋坪1#	5	75	31	0	31	129	213	146	0.61
31	魔芋坪2#	8	93	31	3	28	132	216	136	0.61
32	糖坊	3	129	30	15	15	90	176	64	0.51
33	天相坪	3	110	28	0	28	78	162	60	0.48
34	沙坝村	20	306	53	27	26	444	616	432	0.72
35	王家岩	139	476	39	34	5	320	720	244	0.44
36	鼓儿山滑坡1#	56	336	42	28	14	305	570	234	0.54
37	鼓儿山滑坡2#	216	586	35	31	4	350	900	314	0.39
38	鼓儿山滑坡3#	122	653	31	27	4	335	700	47	0.48
39	风岩子	192	301	34	12	22	365	830	529	0.44
40	鸡棚子1#	3	190	59	28	31	183	185	52	0.99
41	鸡棚子2#	2	100	43	4	39	126	138	65	0.91

续表

编号	位置	V /$10^4 m^3$	L' /m	α /(°)	β /(°)	γ /(°)	H_{max} /m	L_{max} /m	L /m	H_{max}/L_{max}
42	大水井	10	183	58	16	42	320	332	234	0.96
43	深溪沟1#	1	74	37	21	16	63	104	45	0.61
44	深溪沟2#	3	106	37	8	29	120	188	104	0.64
45	燕岩村	4	111	45	17	28	158	188	110	0.84
46	虹口乡夏家坪	101	625	32	30	2	336	690	65	0.49
47	塔子坪	75	561	34	13	21	385	665	104	0.58
48	羊角桥	107	419	27	22	5	214	575	203	0.37
49	玉皇庙1#	11	127	27	5	22	199	336	223	0.59
50	龚家坪	12	140	31	1	30	185	299	179	0.62
51	玉皇庙2#	5	159	35	8	26	171	269	138	0.64
52	黄秧坪1#	9	102	44	8	37	257	318	245	0.81
53	黄秧坪2#	5	56	43	5	37	134	173	132	0.77
54	王家坪	5	194	45	10	35	259	325	187	0.80
55	骆家山	8	130	44	12	32	214	270	132	0.79
56	平溪村	48	202	42	31	11	190	380	178	0.50
57	南一里	5	74	36	11	25	143	219	159	0.65
58	干海子	139	322	35	0	35	380	602	322	0.63
59	大猪石	11	166	40	8	32	287	383	255	0.75
60	玄亭庙	2	57	31	0	31	83	130	81	0.64
61	东地坪	2	180	49	23	26	185	225	106	0.82
62	苏家院	8	141	31	25	6	83	170	49	0.49
63	大洼山	5	130	31	6	25	211	367	114	0.57
64	蒿地坪	53	247	34	20	14	250	440	236	0.57
65	庙子岭	5	101	41	16	25	128	186	110	0.69
66	木瓜园	7	199	30	5	24	163	314	141	0.52
67	邱家山	12	160	30	5	25	139	270	131	0.51
68	石板沟村	917	851	37	27	10	609	1430	579	0.43
69	董家	44	160	60	60	0	160	300	140	0.53
70	银杏1#	179	735	56	35	21	1072	1124	711	0.95
71	银杏2#	46	531	51	22	29	852	817	486	1.04
72	公棚1#	43	162	49	23	25	662	700	466	0.95

续表

编号	位置	V /$10^4 m^3$	L' /m	α /(°)	β /(°)	γ /(°)	H_{max} /m	L_{max} /m	L /m	H_{max}/L_{max}
73	公棚 2#	56	434	49	21	28	926	1036	752	0. 89
74	黑草 1#	6	178	48	10	37	288	327	207	0. 88
75	黑草 2#	7	216	43	28	15	208	310	152	0. 67
76	白果坪村	8	227	50	11	39	298	300	153	0. 99
77	孙家院子 1#	8	104	39	11	28	175	229	148	0. 76
78	孙家院子 2#	7	113	43	15	28	153	216	118	0. 71
79	皂角树	2	76	35	6	29	87	137	75	0. 64
80	百花乡	17	133	50	11	39	270	256	171	1. 05
81	长河坝	106	580	36	28	8	368	685	230	0. 54
82	公棚	133	235	55	27	28	336	424	289	0. 79
83	老虎嘴	42	343	46	37	8	280	406	166	0. 69
84	老窑子	122	282	51	26	25	357	412	235	0. 87
85	马家河坝 1#	3	151	50	22	27	183	202	104	0. 91
86	马家河坝 2#	2	105	53	14	40	151	154	91	0. 98
87	马家河坝 3#	3	66	32	3	29	171	199	143	0. 86
88	漩口集中村	4	45	44	4	40	112	153	112	0. 73
89	油碾村	27	87	51	22	30	265	354	299	0. 75
90	头道桥	38	395	43	14	29	695	917	628	0. 76

6. 3　滑坡体积与滑坡运动参数的关系

滑坡体积对滑坡运动参数的影响得到了国内外研究者的广泛关注。Scheidegger[12]和 Hsü[13]指出岩崩的等效摩擦系数（H/L）随体积的增大而减小，Corominas[14]证实了其他类型滑坡体积与 H/L 值具有负幂律关系。方玉树通过大量文献和野外调查，对全球 63 个水平运动不明显受阻的滑坡进行分析得出：如果滑坡的水平运动不明显受阻，那么滑坡的等效摩擦系数在很大程度上受体积的控制[15]。樊晓一等[16]分析了体积大于 $10^5 m^3$ 的 84 个滑坡的 L_{max} 和 H_{max}/L_{max} 数据，L_{max} 随滑坡体积的增加呈幂律增加，H_{max}/L_{max} 值随滑坡体积的增加呈幂律减小，其幂指数与 Legros[17]和 Zhang[18]研究分析获得的幂律数值基本一致。

通过研究汶川地震诱发的90个滑坡数据，L_{max}与滑坡体积的幂指数为0.3629（图6.3），介于Legros统计的非火山滑坡和火山滑坡的幂指数之间；H_{max}与滑坡体积的幂指数为0.3009（图6.3），大于Legros统计的非火山滑坡和火山滑坡的幂指数，但Legros得到的常数分别为1310和1780，远远大于本书获得的常数6.019（图6.4）；H_{max}/L_{max}与滑坡体积的幂指数为-0.061，小于Legros统计的非火山滑坡和火山滑坡的幂指数，但其相关系数较小，相关性不显著。因此，滑坡体积与滑坡运动参数虽然都具有一定的幂律关系，但不同滑坡资料得到的结果又存在一定的差异，并且现场调查和资料分析也表明，滑坡的运动参数还受滑坡运动场地的地形因素作用。

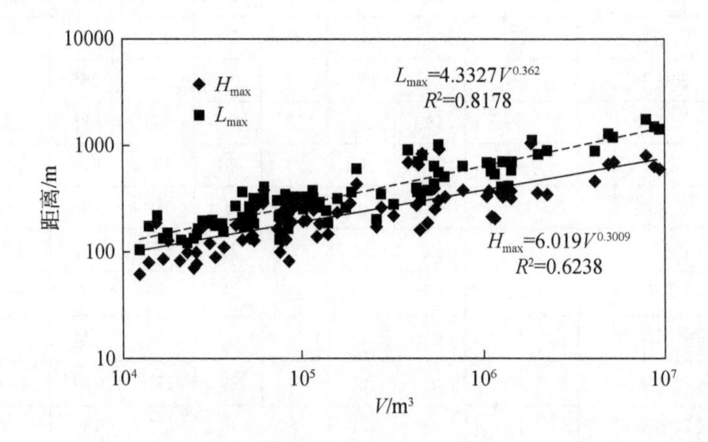

图6.3　滑坡体积与H_{max}、L_{max}的关系

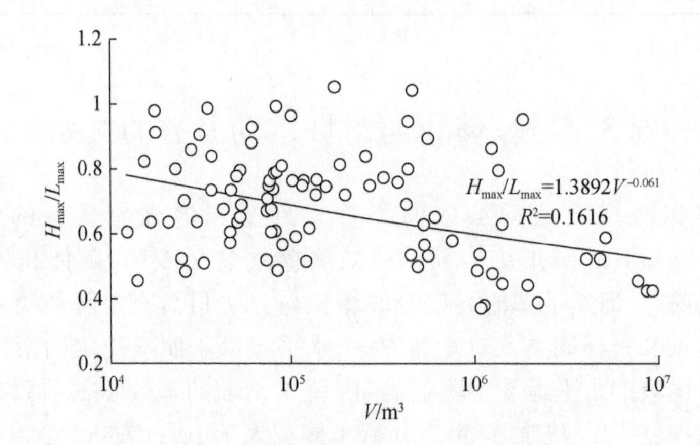

图6.4　滑坡体积与H_{max}/L_{max}的关系

6.4　地形因素对滑坡运动参数的影响

6.4.1　滑坡体积 $1\times10^4m^3 \leqslant V<10\times10^4m^3$

6.4.1.1　正交试验的因素及水平

根据表 6.1 中的地震滑坡数据，共获取体积为 $1\times10^4m^3 \leqslant V<10\times10^4m^3$ 的地震滑坡 44 个，滑坡地形参数的区间分别为：$45m \leqslant L' \leqslant 234m$、$26° \leqslant \alpha \leqslant 59°$、$0° \leqslant \beta \leqslant 28°$、$6° \leqslant \gamma \leqslant 42°$。通过分析各影响因素的分布特征，采用正交分析理论进行分析，考虑 4 种因素水平，建立滑坡运动参数的影响因素及水平分析表（表 6.2）。

表 6.2　正交分析的因素及水平（$1\times10^4m^3 \leqslant V<10\times10^4m^3$）

水平因素	L'/m	α/(°)	β/(°)	γ/(°)
1	<100	<35	<10	<25
2	100~150	35~40	10~15	26~30
3	152~200	42~45	16~20	32~35
4	>200	>45	>21	>35

6.4.1.2　滑坡运动参数的影响分析

根据正交分析方法，表 6.3 中 I_i，II_i，III_i，IV_i 分别表示第 i 个因素第 1，2，3，4 水平；$\overline{\mathrm{I}}_i$，$\overline{\mathrm{II}}_i$，$\overline{\mathrm{III}}_i$，$\overline{\mathrm{IV}}_i$ 分别表示 I_i，II_i，III_i，IV_i 的平均值；R 为 $\overline{\mathrm{I}}_i$，$\overline{\mathrm{II}}_i$，$\overline{\mathrm{III}}_i$，$\overline{\mathrm{IV}}_i$ 状态下最大值与最小值的差，称为极差。它是度量数据波动大小的一个重要指标，极差值大的因素对指标的影响大，是影响指标的主要因素；反之，极差值小的因素对指标的影响小，是影响指标的次要因素。据此分析，从表 6.3 的最后一列的极差可以看出，对于滑坡体积 $1\times10^4m^3 \leqslant V<10\times10^4m^3$，垂直运动距离（$H_{max}$）的影响因素大小顺序为 L'、α、γ 和 β；水平运动距离（L_{max}）的影响因素大小顺序为 L'、β、γ 和 α；坡脚下的水平运动距离（L）的影响因素大小顺序为 γ、β、L' 和 α；等效摩擦系数 H_{max}/L_{max} 的影响因素大小顺序为 α、γ、β 和 L'。

表 6.3 滑坡运动参数分析结果（$1\times10^4\,m^3 \leqslant V < 10\times10^4\,m^3$）

参数	水平状态	I_i	II_i	III_i	IV_i	$\overline{I}_i$	$\overline{II}_i$	$\overline{III}_i$	$\overline{IV}_i$	R
H_{max}	L'	1538	2447	2062	880	110	153	206	220	110
	α	1426	1917	1460	2124	119	147	162	212	93
	β	3228	1656	948	1095	140	207	158	156	67
	γ	1429	1939	1498	2061	130	139	166	206	76
L_{max}	L'	2303	3418	2669	1217	165	214	267	304	139
	α	2441	2851	1954	2362	203	219	217	236	33
	β	4841	2014	1222	1531	210	252	204	219	48
	γ	2491	2686	2053	2377	226	192	228	238	46
L	L'	1463	1751	1348	541	105	109	135	135	30
	α	1240	1450	1111	1301	103	112	123	130	27
	β	2635	1122	693	652	115	140	116	93	47
	γ	1147	1415	1019	1522	104	101	113	152	51
H_{max}/L_{max}	L'	9.33	11.46	7.79	2.91	0.67	0.72	0.78	0.73	0.11
	α	7.01	8.76	6.76	8.97	0.58	0.67	0.75	0.90	0.32
	β	15.40	6.54	4.51	5.05	0.67	0.82	0.75	0.72	0.15
	γ	6.26	10.08	6.58	8.58	0.57	0.72	0.73	0.86	0.29

6.4.1.3 滑坡最大运动参数的因素组合分析

为了直观形象地比较各因素对滑坡运动参数影响的大小，研究各因素最有利的水平，可根据影响因素各水平状态下的平均值进行分析。平均值越大，表明此参数对滑坡运动参数的作用效应越大，通过分析各因素水平下，滑坡运动参数的最大值，建立滑坡最大运动参数的影响因素组合（表6.4）。

表 6.4 滑坡最大运动参数的因素组合（$1\times10^4\,m^3 \leqslant V < 10\times10^4\,m^3$）

运动参数	L'/m	α/(°)	β/(°)	γ/(°)
H_{max}	>200	>45	10～15	>35
L_{max}	>200	>45	10～15	>35
L	>151	>45	10～15	>35
H_{max}/L_{max}	152～200	>45	10～15	>35

6.4.1.4　地形因素对运动参数的显著性分析和回归分析

为了准确估计误差大小，正确区分影响因素条件的改变所起的数据波动，考察、判断各个因素影响的显著性，采用方差分析法对滑坡影响因素进行分析（表6.5）。

表6.5　影响因素显著性的方差分析（$1\times10^4 m^3 \leqslant V<10\times10^4 m^3$）

参数	因素	自由度	偏差平方和	F值	显著性
H_{max}	L'	3	71452.5	8.714	0.000*
	α	3	56371.8	6.042	0.002*
	β	3	19841.8	1.644	0.195
	γ	3	37767.3	3.521	0.023*
L_{max}	L'	3	94040.9	9.234	0.001*
	α	3	8276.0	0.498	0.686
	β	3	9634.5	0.583	0.629
	γ	3	15150.5	0.941	0.430
L	L'	3	7557.2	0.896	0.452
	α	3	5222.9	0.607	0.615
	β	3	9133.8	1.098	0.361
	γ	3	17806.7	2.323	0.090
H_{max}/L_{max}	L'	3	0.076	1.246	0.306
	α	3	0.592	26.612	0.000*
	β	3	0.104	1.774	0.168
	γ	3	0.442	13.217	0.000*

* 表示影响运动参数的显著性因子。

由方差分析可以得出：在0.05的置信区间，滑坡坡脚以上的滑动距离（L'）、滑坡坡度（α）和堆积区的坡度（γ）对滑坡垂直运动距离（H_{max}）具有显著性的影响，是决定性的因素，而坡脚角度（β）的影响较弱；滑坡坡脚以上的滑动距离（L'）对滑坡水平运动距离（L_{max}）具有显著性的影响，是决定性的因素，而滑坡坡度（α）、坡脚角度（β）和堆积区的坡度（γ）的影响较弱；所有的滑坡因素对滑坡坡脚下的水平运动距离（L）都没有显著性的影响；滑坡坡度（α）和堆积区的坡度（γ）对滑坡等效摩擦系数（H_{max}/L_{max}）具有显著性的影响，是决定性的因素，而滑坡坡脚以上的滑动距离（L'）、坡脚角度（β）的影响较弱。

6.4.2　滑坡体积 $10\times10^4\text{m}^3\leqslant V<100\times10^4\text{m}^3$

6.4.2.1　正交分析的因素及水平

根据表 6.1 中的地震滑坡数据，获取体积 $10\times10^4\text{m}^3\leqslant V<100\times10^4\text{m}^3$ 的地震滑坡 28 个，滑坡地形参数的区间分别为：$87\leqslant L'\leqslant561\text{m}$、$27°\leqslant\alpha\leqslant60°$、$0°\leqslant\beta\leqslant60°$、$0°\leqslant\gamma\leqslant39°$。通过分析各影响因素的分布，建立运动参数的影响因素及水平分析表（表 6.6）。

表 6.6　正交分析的因素及水平（$10\times10^4\text{m}^3\leqslant V<100\times10^4\text{m}^3$）

水平因素	L'/m	α/(°)	β/(°)	γ/(°)
1	<200	<35	<10	<20
2	200 ~ 300	35 ~ 40	10 ~ 20	22 ~ 25
3	302 ~ 400	40 ~ 45	22 ~ 30	26 ~ 30
4	>401	>45	>31	>30

6.4.2.2　滑坡运动参数的影响分析

根据对滑坡体积 $10\times10^4\text{m}^3\leqslant V<100\times10^4\text{m}^3$ 的运动参数正交分析，分析结果列于表 6.7。从表 6.7 的极差可以看出，对于滑坡体积 $10\times10^4\text{m}^3\leqslant V<100\times10^4\text{m}^3$，滑坡垂直运动距离（$H_{max}$）的影响因素大小顺序为 L'、β、γ 和 α；滑坡水平运动距离（L_{max}）的影响因素大小顺序为 L'、β、α 和 γ；滑坡坡脚下的水平运动距离（L）的影响因素大小顺序为 L'、β、α 和 γ；滑坡等效摩擦系数（H_{max}/L_{max}）的影响因素大小顺序为 α、β、γ 和 L'。

表 6.7　滑坡运动参数分析结果（$10\times10^4\text{m}^3\leqslant V<100\times10^4\text{m}^3$）

参数	水平状态	I_i	II_i	III_i	IV_i	$\overline{\text{I}}_i$	$\overline{\text{II}}_i$	$\overline{\text{III}}_i$	$\overline{\text{IV}}_i$	R
H_{max}	L'	3180	1919	1981	2163	245	274	396	721	476
	α	1158	1079	2564	4442	232	216	321	444	228
	β	2146	2840	3627	630	215	355	518	210	308
	γ	1185	1558	4197	2303	237	312	466	256	229
L_{max}	L'	4190	2938	2845	2518	322	420	569	839	517
	α	2010	1407	3732	5342	402	281	467	534	253
	β	3031	4075	4299	1086	303	509	614	362	311
	γ	2096	2177	5185	3033	419	435	576	337	239

续表

参数	水平状态	I_i	II_i	III_i	IV_i	$\overline{I}_i$	$\overline{II}_i$	$\overline{III}_i$	$\overline{IV}_i$	R
L	L'	2480	1662	1563	1342	191	237	313	447	256
	α	873	665	2030	3477	175	133	254	348	215
	β	1556	2264	2742	484	156	283	392	161	236
	γ	954	997	3408	1687	191	199	379	187	192
H_{max}/L_{max}	L'	9.67	4.66	3.47	2.52	0.74	0.67	0.69	0.84	0.17
	α	2.87	3.82	5.52	8.10	0.57	0.76	0.69	0.81	0.24
	β	7.06	5.80	5.73	1.72	0.71	0.73	0.82	0.57	0.25
	γ	2.83	3.47	7.00	7.02	0.57	0.69	0.78	0.78	0.21

6.4.2.3　滑坡最大运动参数的因素组合分析

通过对影响滑坡体积$10\times10^4 m^3 \leqslant V<100\times10^4 m^3$的地形因素在各水平状态下运动参数的平均值进行分析。得到滑坡最大运动参数的影响因素组合（表6.8）。

表6.8　滑坡最大运动参数的因素组合（$10\times10^4 m^3 \leqslant V<100\times10^4 m^3$）

滑坡运动参数	L'/m	α/(°)	β/(°)	γ/(°)
H_{max}	>401	>45	22～30	26～30
L_{max}	>401	>45	22～30	26～30
L	>401	>45	22～30	26～30
H_{max}/L_{max}	>401	>45	22～30	>26

6.4.2.4　地形因素对运动参数的显著性分析和回归分析

采用方差分析法，分析滑坡体积$10\times10^4 m^3 \leqslant V<100\times10^4 m^3$的地形因素对滑坡运动参数的显著性影响（表6.9）。由方差分析可以得出：在0.05的置信区间，滑坡坡脚以上的滑动距离（L'）和坡脚角度（β）对滑坡垂直运动距离（H_{max}）和水平运动距离（L_{max}）具有显著性的影响，是决定性的因素，而滑坡坡度（α）和坡脚角度（β）的影响较弱；而对滑坡坡脚下的水平运动距离（L）的影响中，仅坡脚角度（β）对滑坡具有显著性的影响，其他因素都没有显著性的影响；滑坡坡度（α）和堆积区的坡度（γ）对滑坡等效摩擦系数（H_{max}/L_{max}）具有显著性的影响，是决定性的因素，而滑坡坡脚以上的滑动距离（L'）、坡脚角度（β）的影响较弱。

表 6.9 影响因素显著性的方差分析（$10\times10^4\text{m}^3 \leqslant V<100\times10^4\text{m}^3$）

滑坡运动参数	因素	自由度	偏差平方和	F 值	显著性
H_{max}	L'	3	597171.9	8.454	0.001 *
	α	3	246519.7	2.154	0.120
	β	3	429155.4	4.683	0.010 *
	γ	3	261650.6	2.324	0.100
L_{max}	L'	3	743511.8	10.415	0.000 *
	α	3	248116.8	1.861	0.163
	β	3	455407.0	4.240	0.015 *
	γ	3	263441.8	2.005	0.140
L	L'	3	183200.6	2.244	0.109
	α	3	204241.2	2.585	0.077
	β	3	261853.3	3.647	0.027 *
	γ	3	214592.7	2.762	0.064
H_{max}/L_{max}	L'	3	0.072	1.145	0.351
	α	3	0.212	4.657	0.011 *
	β	3	0.135	2.438	0.089
	γ	3	0.180	3.633	0.027 *

* 表示影响运动参数的显著性因子。

6.4.3 滑坡体积 $V\geqslant100\times10^4\text{m}^3$

6.4.3.1 正交分析的因素及水平

根据表 6.1 中的地震滑坡数据，获取体积 $V\geqslant100\times10^4\text{m}^3$ 的地震滑坡 18 个，滑坡地形参数的区间分别为：$235\leqslant L'\leqslant851\text{m}$、$27°\leqslant\alpha\leqslant55°$、$0°\leqslant\beta\leqslant41°$、$0°\leqslant\gamma\leqslant35°$。通过分析各影响因素的分布特征，采用正交分析理论进行分析，考虑 4 种因素水平，建立滑坡运动参数的影响因素及水平分析表（表 6.10）。

表 6.10 正交分析的因素及水平（$V\geqslant100\times10^4\text{m}^3$）

水平因素	L'/m	α/(°)	β/(°)	γ/(°)
1	<400	<35	<10	<10
2	402 ~ 600	35 ~ 40	10 ~ 20	10 ~ 20
3	602 ~ 800	40 ~ 45	22 ~ 30	22 ~ 30
4	>801	>45	>30	>30

6.4.3.2　滑坡运动参数的影响分析

根据对滑坡体积 $V \geqslant 100\times10^4 m^3$ 的运动参数正交分析，分析结果列于表6.11。从表6.11的最后一列的极差可以看出，对于滑坡体积 $V \geqslant 100\times10^4 m^3$，滑坡垂直运动距离（$H_{max}$）的影响因素大小顺序为 L'、γ、β 和 α；滑坡水平运动距离（L_{max}）的影响因素大小顺序为 β、γ、L' 和 α；滑坡坡脚下的水平运动距离（L）的影响因素大小顺序为 β、γ、L' 和 α；滑坡等效摩擦系数（H_{max}/L_{max}）的影响因素大小顺序为 α、γ、β 和 L'。

表6.11　滑坡运动参数分析结果（$V \geqslant 100\times10^4 m^3$）

参数	水平状态	I_i	II_i	III_i	IV_i	$\overline{\mathrm{I}}_i$	$\overline{\mathrm{II}}_i$	$\overline{\mathrm{III}}_i$	$\overline{\mathrm{IV}}_i$	R
H_{max}	L'	2442	1717	3053	1315	407	343	611	658	315
	α	2690	2733	1339	1765	448	456	446	588	142
	β	380	2511	3225	2411	380	628	403	482	248
	γ	2127	2384	3636	380	304	596	606	380	302
L_{max}	L'	4568	3770	5307	2630	761	754	1061	1315	561
	α	6065	5537	2713	1960	1011	923	904	653	358
	β	602	5300	6199	4174	602	1325	775	835	723
	γ	4810	5113	5750	602	687	1278	958	602	676
L	L'	3067	1325	2168	953	511	265	434	476	246
	α	3144	2063	1071	1235	524	344	357	412	180
	β	322	3203	2136	1852	322	801	267	370	534
	γ	1352	2258	3581	322	193	564	597	322	404
H_{max}/L_{max}	L'	3.56	2.27	2.87	1.01	0.59	0.45	0.57	0.51	0.14
	α	2.66	3.02	1.42	2.61	0.44	0.50	0.47	0.87	0.43
	β	0.63	1.91	4.48	2.69	0.63	0.48	0.56	0.54	0.15
	γ	3.09	1.89	4.10	0.63	0.44	0.47	0.68	0.63	0.24

6.4.3.3　滑坡最大运动参数的因素组合分析

通过对影响滑坡体积 $V \geqslant 100\times10^4 m^3$ 的地形因素在各水平状态下运动参数的平均值进行分析，得到滑坡最大运动参数的影响因素组合（表6.12）。

表 6.12　最大运动参数的影响因素组合

滑坡运动参数	L'/m	α/(°)	β/(°)	γ/(°)
H_{max}	>801	>45	10 ~ 20	22 ~ 30
L_{max}	>801	<35	10 ~ 20	10 ~ 20
L	<400	<35	10 ~ 20	22 ~ 30
H_{max}/L_{max}	<400	>45	<10	22 ~ 30

6.4.3.4　地形因素对滑坡运动的显著性分析和回归分析

采用方差分析法，分析滑坡体积 $V \geqslant 100 \times 10^4\ m^3$ 的地形因素对滑坡运动参数的显著性影响（表 6.13）。由方差分析可以得出：在 0.05 的置信区间，仅有堆积区的坡度（γ）是滑坡垂直运动距离（H_{max}）的显著性影响因素；坡脚角度（β）是滑坡坡脚下的水平运动距离（L）的显著性影响因素；滑坡坡度（α）和堆积区的坡度（γ）对滑坡等效摩擦系数（H_{max}/L_{max}）具有显著性的影响，是决定性的因素，而滑坡坡脚以上的滑动距离（L'）、坡脚角度（β）的影响较弱。

表 6.13　影响因素显著性的方差分析（$V \geqslant 100 \times 10^4\ m^3$）

滑坡运动参数	因素	自由度	偏差平方和	F 值	显著性
H_{max}	L'	3	272856.7	2.081	0.149
	α	3	47517.4	0.265	0.850
	β	3	143913.2	0.907	0.463
	γ	3	375554.8	3.443	0.046*
L_{max}	L'	3	696338.0	1.676	0.218
	α	3	259109.5	0.509	0.683
	β	3	957496.8	2.663	0.088
	γ	3	998357.6	2.846	0.076
L	L'	3	177367.4	0.493	0.693
	α	3	111910.1	0.299	0.825
	β	3	789703.2	3.456	0.046*
	γ	3	641230.6	2.463	0.105
H_{max}/L_{max}	L'	3	0.063	0.687	0.575
	α	3	0.406	22.976	0.000*
	β	3	0.029	0.291	0.831
	γ	3	0.215	3.659	0.039*

* 表示影响运动参数的显著性因子。

6.5 结　　论

地形因子对不同体积滑坡的运动参数的影响大小不同。坡脚以上滑面长度（L'）对所有体积滑坡的最大垂直运动距离（H_{max}）的影响最大；而L'仅对滑坡体积$1\times10^4m^3\leqslant V<100\times10^4m^3$的最大水平运动距离（$L_{max}$）的影响最大；坡脚角度（$\beta$）对体积$V\geqslant100\times10^4m^3$滑坡的最大水平运动距离（$L_{max}$）和滑坡坡脚下的水平运动距离（$L$）的影响最大。滑坡坡度（$\alpha$）对所有体积滑坡的等效摩擦系数（$H_{max}/L_{max}$）的影响最大，而坡脚以上滑面长度（$L'$）的影响最小。

当滑坡体积$V<100\times10^4m^3$时，最大运动参数的地形因子的作用较为一致。即当滑坡体积$1\times10^4m^3\leqslant V<10\times10^4m^3$时，$\alpha>45°$、$10°\leqslant\gamma\leqslant15°$和$\beta>35°$，滑坡的运动参数都具有最大值；当滑坡体积$10\times10^4m^3\leqslant V<100\times10^4m^3$时，$L'>401m$、$\alpha>45°$、$21°\leqslant\beta\leqslant30°$和$\gamma\geqslant26°$，滑坡的运动参数具有最大值。而滑坡体积$V\geqslant100\times10^4m^3$时，各运动参数的地形因子的组合不一致，地形因子的作用具有复杂性特征。

α和γ是所有滑坡H_{max}/L_{max}的显著性影响因素，表明虽然滑坡的H_{max}/L_{max}与体积具有负幂率关系，但对于不同体积的滑坡而言，它与地形因素的α和γ密切相关；L'是体积$1\times10^4m^3\leqslant V<100\times10^4m^3$的滑坡的$H_{max}$和$L_{max}$的显著性影响因子；而$\beta$是体积$V\geqslant10\times10^4m^3$的滑坡的$L$的显著性影响因子，即当滑坡体积越大时，落差相同时的滑坡势能越大，滑坡运动到坡脚前的运动速度越大，如果滑坡滑动区的地形越陡［即滑坡坡度（α）越大］，滑坡运动速度的垂直分量越大，而当坡脚角度（β）越大时，滑坡运动速度的垂直分量受坡脚角度（β）的作用后，垂直运动速度的减小越显著，因而滑坡的总运动速度越小，导致滑坡运动距离减小，对滑坡的阻止作用越显著。

主要参考文献

［1］邬爱清，丁秀丽，李会中等．非连续变形分析方法模拟千将坪滑坡启动与滑坡全过程［J］．岩石力学与工程学报，2006，25（7）：1297-1303.

［2］冯文凯，何川，石豫川等．复杂巨型滑坡形成机制三维离散元模拟分析［J］．岩土力学，2009，30（4）：1122-1126.

［3］Cepeda J，Chávez J A，Martínez C C. Procedure for the selection of runout model parameters from landslide back-analyses：application to the Metropolitan Area of San Salvador，El Salvador［J］. Landslides，2010，7：105-116.

［4］Sassa J，Nagai O，Solidum R，et al. An integrated model simulating the initiation and motion of earthquake and rain induced rapid landslides and its application to the 2006 Leyte landslide［J］. Landslides，2010，7：219-236.

[5] Willenberg H, Eberhardt E, Loew S, et al. Hazard assessment and runout analysis for an unstable rock slope above an industrial site in the Riviera valley, Switzerland [J]. Landslides, 2009, (6): 111-116.

[6] Hungr O, McDougall S. Two numerical models for landslide dynamic analysis [J]. Computers & Geosciences, 2009, 35 (5): 978-992.

[7] 鲁晓兵, 王义华, 王淑云等. 碎屑流沿坡面运动的初步分析 [J]. 岩土力学, 2004, 25 (Supp. 2): 598-600.

[8] Devoli G, Blasio F V D, Elverhøi A, et al. Statistical Analysis of Landslide Events in Central America and their Run-out Distance [J]. Geotech Geol Eng, 2009, 27: 23-42.

[9] Pirulli M. Morphology and Substrate Control on the Dynamics of Flowlike Landslides [J]. Journal of Geotechnical and Geoenvironmental Engineering, 2010, 136 (2): 376-388.

[10] 李秀珍, 孔纪名. "5·12" 汶川地震诱发滑坡的滑动距离预测 [J]. 四川大学学报(工程科学版), 2010, 42 (5): 243-249.

[11] Qi S W, Xu Q, Zhang B, et al. Source characteristics of long runout rock avalanches triggered by the 2008 Wenchuan earthquake, China [J]. Journal of Asian Earth Sciences, 2011, 40: 896-906.

[12] Scheidegger A E. On the prediction of reach and velocity of catastrophic landslides [J]. Rock Mechanics, 1973, 5: 231-236.

[13] Hsü K J. Catastrophic debris streams (Sturzstroms) generated by rock falls [J]. Geological Society of America Bulletin, 1975, 86: 129-140.

[14] Corominas J. The angle of reach as a mobility index for small and large landslides [J]. Canadian Geotechnical Journal, 1996, 33: 260-271.

[15] 方玉树. 高位能滑坡运程探讨 [J]. 后勤工程学院学报, 2007, 23 (4): 16-20.

[16] 樊晓一, 乔建平. 坡、场因数对大型滑坡的运动特征影响研究 [J]. 岩石力学与工程学报, 2010, 29 (11): 2337-2347.

[17] Legros F. The mobility of long-runout landslides [J]. Engineering Geology, 2002, 63 (3-4): 302-331.

[18] Zhang D X, Wang G H. Study of the 1920 Haiyuan earthquake-induced landslides in loess (China) [J]. Engineering Geology, 2007, 94 (2-2): 76-88.

第7章　坡脚型与偏转型场地对滑坡运动作用研究

运动距离是滑坡防灾减灾的重要评价指标。对于运动不明显受阻的滑坡而言，滑坡的运动距离既受体积和高差的影响，也与场地条件的作用有关，虽然滑坡运动过程可能存在较多的坡度变化，但滑坡运动区和堆积区的分界点的坡度差（α）对滑坡运动的作用最显著，并且这个坡度的变化常位于斜坡的坡脚位置。坡度差（α）表示滑坡运动区的平均坡度与堆积区的平均坡度之差，α 值越大，滑坡运动速度的垂直分量越大，受地面的阻止作用越大，滑坡运动速度在受坡脚作用后显著减小，滑坡能量消耗最大，导致运动距离减小。

滑坡在运动过程中，滑坡运动受到凸出地形的作用，运动方向会发生明显的变化。偏转角度又是影响滑坡运动距离的另一主要因素，θ 的取值为 0°～90°，根据滑坡的野外调查，$\theta<30°$，滑坡的运动方向变化不明显，为无偏转滑坡。θ 值越大，滑坡运动受到山体、沟谷的阻止，滑坡运动方向发生变化越大，偏转前后滑坡运动速度显著减小，滑坡运动能量的消耗越大，导致运动距离减小。因此，偏转型滑坡除受到偏转前后运动场地坡脚的影响外，还受到偏转角度的作用。由于滑坡运动特征的不同，滑坡在运动过程中受到不同地形条件的作用，导致滑坡运动距离存在差异。滑坡的运动距离作为滑坡减灾防灾的关键指标之一，虽然目前国内外对滑坡运动距离的研究提出了众多的模型和理论，如固、液、气等诸因素的耦合机理，空气润滑、颗粒流、液化等机制[1-5]，以及多种滑坡运动距离的预测模型和方法，如经验统计预测模型、确定性预测模型和数值模拟预测模型[6,7]，建立了滑坡规模与运动距离之间的关系[8-11]，但都忽略了下垫面微地形条件对滑坡运动距离的作用。

滑坡的诱发机制虽不相同，如果滑坡在运动过程中未受完全的阻止，其运动参数理论分析上受滑坡的总能量控制[12-15]。滑坡的总能量是滑坡物质的重量与滑坡落差之积，因此滑坡的运动距离主要取决于滑坡体积和落差。而实际的滑坡运动距离还显著地受下垫面的坡脚条件、沟谷条件、河流等地形条件的作用[16]。由此未考虑地形条件的作用而建立的滑坡运动距离的经验关系和预测模型可能导致较大的误差而失去应用价值和实际指导意义。

根据汶川地震诱发的坡脚型和偏转型滑坡资料，研究滑坡体积（V）、落差（H_1）、坡度差（α）和偏转角度（θ）对最大垂直运动距离（H）、水平运动距离（L）以及坡脚以下或偏转后的水平运动距离（L'）的影响特征，分析下垫面场地特征对滑坡运动距离的影响，为滑坡的运动距离的预测和滑坡防灾减灾提供参考和依据。

7.1　坡脚型滑坡

7.1.1　坡脚型滑坡特征

坡脚型滑坡是山区常见的一种灾害类型，其坡脚下相对平坦的地形是山区人们社会经济活动的集中区域，常导致严重的人员伤亡和财产损失。斜坡坡脚点以上为滑坡的启动和加速运动区，坡脚点以下为滑坡体堆积区，滑坡在此区域受地面摩擦和滑坡体物质的相互作用，减速运动并最终停滞（图 7.1）。在山区，建设场地受可利用土地的制约，唯一可用的场地是坡体边缘相对平坦的地区，而这些区域常受到坡脚型滑坡的威胁，即如果坡体分布有不稳定斜坡，这一区域正是滑坡体的堆积区，一旦在降雨和地震的诱发下发生滑坡，常导致严重的灾害，如汶川地震的王家岩滑坡、鼓儿山滑坡、平溪村滑坡等。因此，影响坡脚型滑坡运动的主要参数为滑坡体积（V）、坡脚以上滑坡的落差（H_1）、滑坡滑动区与堆积区的坡度差（α）（图 7.2）。

图 7.1　坡脚型滑坡图

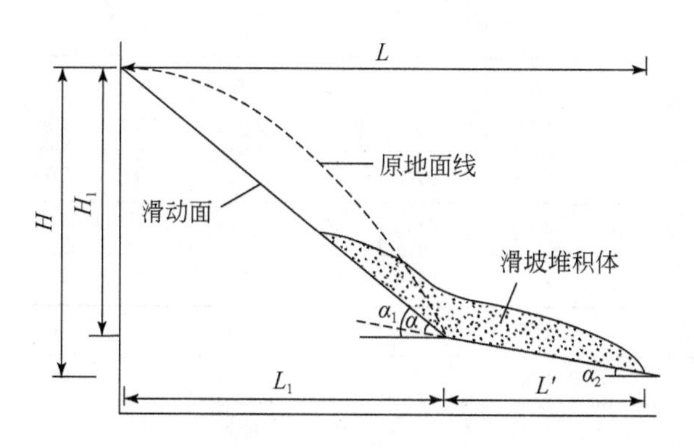

图 7.2　坡脚型滑坡主要参数图

本章分析了 75 个汶川地震诱发的体积大于 $10^4 m^3$ 坡脚型滑坡数据。滑坡体积根据现场调查和资料分析获得；坡脚以上的落差是指滑坡后缘至坡脚点的垂直高度；α_1 表示滑坡后缘与坡脚点连线与水平面的角度，代表了滑坡滑动过程中滑面的平均坡度，α_2 表示原始坡脚点和滑坡前缘连线与水平面的角度，代表了滑坡堆积区域平均坡度，α 表示了滑坡滑面与堆积区的坡度差（表 7.1）。

表 7.1　坡脚型滑坡数据

序号	滑坡名称	V /$10^4 m^3$	H_1 /m	α_1 /(°)	α_2 /(°)	α /(°)	H /m	L /m	L' /m
1	擂鼓	7.6	84	37	21	17	123	182	72
2	独木桥	766.6	202	32	22	10	758	1677	1357
3	大柏兴	13.5	113	38	31	6	175	249	102
4	新店子	66.6	227	39	26	12	433	702	417
5	羊儿坪	7.8	96	37	33	4	155	220	92
6	板子厂	4.6	87	38	34	4	126	168	58
7	张家山	473.8	552	37	12	25	672	1288	556
8	大竹坪	399.6	439	39	7	32	486	925	378
9	大屋基	529.6	314	30	20	10	504	1076	531
10	肖家湾	111.8	189	40	1	39	195	474	251
11	老木沟 1#	8.0	120	40	37	3	275	351	208
12	老木沟 2#	15.5	141	37	34	2	213	295	105
13	夏家湾	10.1	201	37	35	2	275	376	106
14	陈山村	31.8	326	35	18	17	425	761	303
15	武显庙	7.4	71	37	35	2	119	164	69

续表

序号	滑坡名称	V /$10^4 m^3$	H_1 /m	α_1 /(°)	α_2 /(°)	α /(°)	H /m	L /m	L' /m
16	杨家岩1#	25.3	167	41	22	19	205	283	93
17	杨家岩2#	4.3	124	35	32	4	178	262	88
18	杨家岩3#	7.4	161	47	22	25	190	222	72
19	墨家坪	10.7	161	42	29	13	302	438	256
20	陶家山	1.4	33	25	24	1	78	174	103
21	岭岗1#	1.1	30	33	23	10	50	95	48
22	岭岗2#	2.5	27	29	26	3	69	134	85
23	香樟树	2.3	63	45	30	15	109	145	81
24	岩上	24.6	185	43	35	7	307	375	173
25	魔芋坪1#	8.1	92	32	27	5	139	237	92
26	魔芋坪2#	2.5	98	39	26	12	139	206	83
27	糖坊	3.3	70	34	15	19	95	201	96
28	沙坝村	19.8	341	50	22	27	456	505	215
29	王家岩	139.4	320	37	1	36	325	700	270
30	鼓儿山1#	55.6	210	40	16	24	270	460	210
31	鼓儿山2#	216.4	350	38	1	37	360	900	450
32	鼓儿山3#	122.4	297	31	5	26	317	708	215
33	鸡棚子	3.5	141	51	36	15	187	180	64
34	大水井	13.6	155	57	33	24	345	394	292
35	深溪沟1#	4.8	77	44	2	42	80	152	72
36	深溪沟2#	2.1	54	41	10	30	63	113	50
37	燕岩村	3.7	120	46	23	23	162	219	101
38	羊角桥	107.2	171	31	9	22	214	572	282
39	夏家坪	101.4	324	33	3	30	333	683	175
40	塔子坪	75.2	281	37	21	16	386	660	280
41	玉皇庙1#	6.7	132	36	25	11	198	328	144
42	玉皇庙2#	5.0	87	37	30	8	168	256	142
43	杨家山	8.8	125	44	36	8	274	335	205
44	黄秧坪	5.0	60	40	35	4	127	166	94
45	王家坪	5.3	142	45	35	10	240	284	140
46	骆家山	8.2	156	39	29	10	211	296	100

续表

序号	滑坡名称	V /$10^4 m^3$	H_1 /m	α_1 /(°)	α_2 /(°)	α /(°)	H /m	L /m	L' /m
47	平溪村	48.4	132	30	1	29	136	387	160
48	南一里	5.2	94	38	28	10	141	212	90
49	大猪石	11.3	102	39	36	3	282	375	250
50	东地坪	1.5	135	49	23	26	194	258	140
51	苏家院	8.3	89	37	1	36	90	178	60
52	大洼山	4.6	136	33	27	6	225	387	175
53	蒿地坪	52.7	160	36	24	12	245	410	190
54	庙子岭	5.3	87	44	22	22	126	187	97
55	邱家山	12.0	76	31	26	5	139	255	130
56	石板沟村	917.4	465	36	9	27	601	1483	850
57	董家	44.4	130	55	3	53	140	300	210
58	银杏 1#	167.6	600	55	33	22	1055	1108	690
59	银杏 2#	45.6	584	54	31	23	795	778	352
60	银杏 3#	41.9	487	48	32	16	767	897	452
61	黑草 1#	6.1	122	47	38	9	287	327	212
62	黑草 2#	7.3	148	43	20	23	198	296	138
63	白果坪村	6.2	197	50	37	12	293	295	127
64	孙家院子 1#	7.6	127	35	24	11	172	280	100
65	孙家院子 2#	7.4	113	42	23	19	150	213	87
66	百花乡	17.2	163	51	42	9	278	263	130
67	公棚	133.2	210	59	24	36	346	431	307
68	老虎嘴	42.3	277	45	0	45	277	455	178
69	老窑子	41.3	249	48	28	20	362	432	210
70	马家河坝 1#	3.2	126	48	33	16	181	199	86
71	马家河坝 2#	1.8	104	52	20	32	129	151	70
72	白云顶	6.0	282	50	31	19	387	415	175
73	集中村	3.7	90	41	35	6	130	160	57
74	油碾村	26.8	175	42	29	13	266	359	165
75	枫香树	17.4	172	34	13	21	190	336	76

7.1.2 未考虑地形影响的坡脚型滑坡运动距离

等效摩擦系数反映了滑坡运动过程中的综合摩擦效应，未明显受阻滑坡的等效摩擦系数受体积的控制，随体积的增大而减小。坡脚型滑坡的等效摩擦系数遵循了未明显受阻滑坡的运动特征，但其相关系数较小，离散型较大，其幂指数为-0. 066。而 Legros[17]研究获得的 H/L 的幂指数为-0. 19 ~ -0. 15，Zhang 和 Wang[18]研究非黄土滑坡的幂指数为-0. 157 以及樊晓一等[19]研究灾难性地震滑坡的等效摩擦系数的幂指数为-0. 1311，均小于坡脚型滑坡的幂指数。结果表明，在未考虑地形因素对滑坡运动距离的作用时，滑坡的等效摩擦系数与体积关系的幂率指数都小于坡脚型滑坡，坡脚角度对滑坡的运动具有一定的阻止作用，导致等效摩擦系数的增大。坡脚下的水平运动距离（L'）与滑坡最大水平运动距离（L）的比值（L'/L）与滑坡体积的拟合趋势变化较小，其平均值为 0. 45（图 7. 3）。

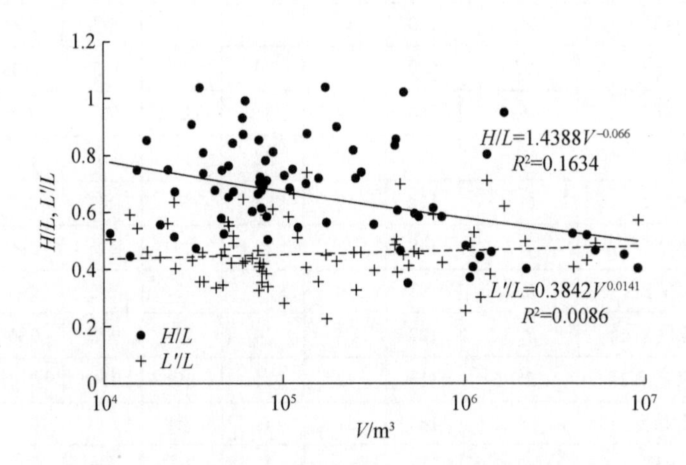

图 7. 3 坡脚型滑坡的 H/L、L'/L 与 V 的关系

对于滑坡的运动距离与体积的关系而言，Legros 获得的滑坡体积与 L 和 H 的幂指数分别为 0. 25 ~ 0. 39、0. 09 ~ 0. 20，樊晓一等[19]研究灾难性地震滑坡的运动距离与体积的幂指数为 0. 4678，0. 3687，坡脚型滑坡的最大水平运动距离和垂直运动距离与体积的幂指数分别为 0. 3548 和 0. 2887（图 7. 4）。其研究结果的差异表明，对坡脚型滑坡最大水平和垂直运动距离的影响，除了滑坡规模和落差之外，还需要考虑坡脚角度的作用。坡脚下的水平运动距离（L'）与体积也具有幂率关系。

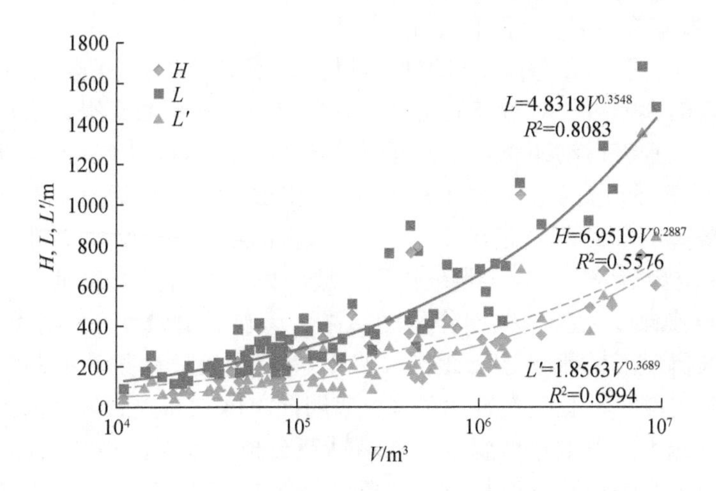

图 7.4　坡脚型滑坡的 H、L、L' 与 V 的关系

7.1.3　地形因素对坡脚型滑坡的运动距离的影响分析

滑坡的运动参数分别为 H、L、L'，坡脚型滑坡运动参数的影响因素共 3 个变量：滑坡体积（V）、落差（H_1）、坡度差（α），由于滑坡运动机理的复杂性和地形因素作用的不确定性，滑坡运动是一个复杂的非线性运动过程，因此，将滑坡运动参数与影响因素的非线性回归模型描述为

$$\hat{y}=\exp[\beta_0+\beta_1\ln V+\beta_2\ln H_1+\beta_3\ln(\tan\alpha)] \tag{7.1}$$

式中，$\hat{y}$ 为滑坡的运动参数，分别为 H、L、L'；β_0 为常数；β_1、β_2、β_3 分别为滑坡体积（V）、落差（H_1）、坡度差（α）的回归系数。对 75 个坡脚型滑坡数据进行回归分析，可以得到如下的非线性回归方程：

$$H=1.123\times V^{0.037}\times H_1^{0.916}\times(\tan\alpha)^{-0.180}\quad R^2=0.898 \tag{7.2}$$

$$L=1.701\times V^{0.216}\times H_1^{0.510}\times(\tan\alpha)^{-0.107}\quad R^2=0.910 \tag{7.3}$$

$$L'=0.840\times V^{0.288}\times H_1^{0.324}\times(\tan\alpha)^{-0.101}\quad R^2=0.727 \tag{7.4}$$

对回归结果进行检验：复相关系数 R_1 分别为 0.854、0.912 和 0.781，接近 1，临界值［如果 $R_1>R_\alpha(f)$，f 为检验时残差的自由度，则在显著性水平 α 下显著，此时的 $R_\alpha(f)$ 值称为临界值］为：$R_{0.05}(71)=0.230$，$R_{0.01}(71)=0.300$，$R_1>R_{0.01}(71)>R_{0.05}(71)$，说明观测值与回归方程拟合程度高，回归效果显著。方差分析的结果表明，滑坡的运动参数 H、L、L' 的 F 值分别为 219.209、248.988、66.625。临界值 $F_{0.05}(3,71)=2.76$，$F_{0.01}(3,71)=4.13$，因此 F 分别大于 $F_{0.01}(3,71)>F_{0.05}(3,71)$。表明滑坡的运动参数 H、L、L'与滑坡体积（V）、落

差（H_1）、坡度差（α）具有很强的相关性。

拟合方程表明，在考虑了滑坡坡脚以上的落差（H_1）和坡脚角度（α）两类地形因素的影响后，对滑坡的运动距离拟合的相关系数都得到了增加。坡脚型滑坡的最大垂直运动距离、水平运动距离与滑坡体积（V）、坡脚以上的落差（H_1）呈正幂率关系。而对于最大垂直运动距离（H）而言，滑坡体积的影响较小，坡脚以上的落差是决定性因素，这体现了小规模高位滑坡的运动特征。而水平运动距离（L）与滑坡体积和坡脚以上的落差关系都较为密切，是滑坡体积与坡脚以上落差共同作用的结果，反映了滑坡水平运动所具有的势能。滑坡坡脚以下的水平运动距离（L'）主要受滑坡体积的控制，坡脚以上的落差的影响较小并且呈负幂率关系，表明同一体积和坡脚坡度的滑坡，坡脚以上的落差越大，滑坡在坡脚以上的运动距离越长，对滑坡能量的消耗越大，导致坡脚下的水平运动距离减小。坡脚型滑坡的运动距离都与滑坡坡脚角度的正切值呈负幂率关系，即坡脚角度越大，滑坡的运动距离越小，坡脚对滑坡的运动的阻止作用越显著。坡脚角度的正切值的幂指数表明，同一坡脚角度对坡脚下的水平运动距离（L'）的阻止效应最大，其次是最大垂直运动距离（H）滑坡，对最大水平运动距离（L）的阻止效应相对较小。以滑坡体积$100\times10^4\mathrm{m}^3$，坡脚以上的落差300m为例，坡脚角度为40°时，其最大垂直运动距离（H）、最大水平运动距离（L）和坡脚下的水平运动距离（L'）分别比坡脚角度10°时减小24%、15%和15%，因此，对于坡脚型滑坡而言，除了分析滑坡体积与坡脚以上落差对滑坡运动距离的作用，还需要考虑坡脚角度对滑坡运动距离的影响。

7.2 偏转型滑坡

7.2.1 偏转型滑坡特征

偏转型滑坡是指滑坡运动后，受到前方凸起的微地形的影响，使滑坡的运动方向发生变化（图7.5）。这类滑坡由于运动过程中，滑坡的方向发生变化，常导致并未位于坡体下部的人员和建筑遭受灾害，更增加了防灾减灾的难度。并且由于滑坡坡体与凸起微地形的撞击，致使滑坡体解体，产生碎屑流动，形成滑坡碎屑流。偏转型滑坡运动的参数主要为垂直运动距离（H）、水平运动距离（L）、等效摩擦系数（H/L）和偏转后的水平运动距离（L'）。影响因素包括滑坡体积（V）、滑坡运动路径上的最大坡度差（α）、滑坡偏转前的运动方向（θ_1）与偏转后运动方向（θ_2）的角度差（θ）（图7.6）。

将统计的54个汶川地震诱发的体积大于$10^4\mathrm{m}^3$偏转型滑坡数据列于表7.2。

图7.5　偏转型滑坡图

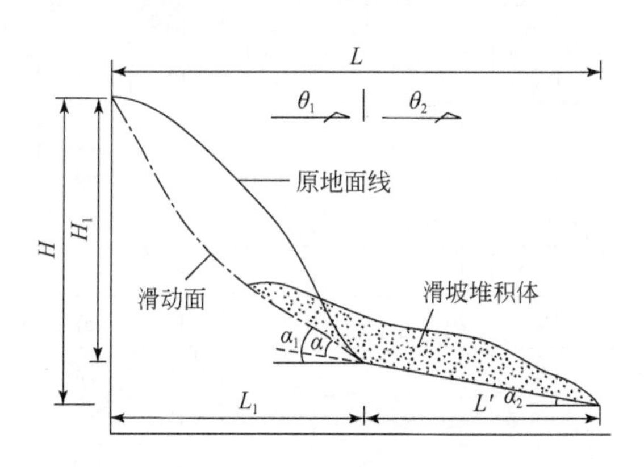

图7.6　偏转型滑坡的影响因素

滑坡参数 V、H_1 的获取同坡脚型滑坡，α_1 表示滑坡后缘与偏转点连线与水平面的坡度，代表了滑坡偏转前滑面的平均坡度，α_2 表示偏转点和滑坡前缘连线与水平面的坡度，代表了滑坡偏转后堆积区域平均坡度，α 表示了滑坡运动路径上的最大坡度差，θ_1 表示滑坡偏转前的运动方向，θ_2 表示滑坡偏转后的运动方向，θ 表示滑坡偏转前后的运动方向的角度差。而对于有些偏转型滑坡而言，如牛眠沟滑坡，滑坡发生后沿沟谷运动，其运动过程可能会与沟谷产生多次的撞击，导致运动方向多次变化，导致运动距离的分析和预测的复杂性，因此在分析此类偏转型滑坡时，以第一次偏转点的数据进行研究。

表 7.2 偏转型滑坡数据

序号	滑坡名称	V /$10^4 m^3$	H_1 /m	α_1 /(°)	α_2 /(°)	α /(°)	θ /(°)	H /m	L /m	L' /m
1	天坪村	7.6	112	37	30	7	40	189	279	131
2	安子	2.6	57	33	31	2	52	107	171	84
3	杏子坪	52.6	284	41	22	19	37	396	608	278
4	偏桥子	8.8	153	35	19	16	36	205	372	152
5	杨家岩	25.4	164	41	23	19	27	304	518	332
6	七郎庙	19.5	113	31	23	8	20	201	400	210
7	金溪沟	14.6	138	49	40	10	30	297	312	193
8	代花山	2.8	38	32	31	1	48	78	130	63
9	木瓜园	7.2	117	30	19	11	35	176	372	170
10	四坪	4.0	179	38	25	13	27	268	418	190
11	长河坝	120.9	354	41	18	23	30	439	665	260
12	黄泥杠	8.2	175	43	35	8	23	321	398	210
13	马家河	2.8	90	46	36	10	43	145	163	76
14	风岩子	192.1	289	30	13	16	31	365	832	322
15	东溪沟	350.6	360	28	15	13	55	471	1086	418
16	柏树岭	280.4	331	39	22	17	43	622	1147	735
17	海心沟	969.8	720	40	16	24	80	891	1445	588
18	窗子沟 1#	90.9	178	34	16	18	60	261	548	283
19	窗子沟 2#	20.1	203	39	21	18	37	274	435	185
20	毛虫山	130.6	392	37	22	15	33	566	938	423
21	红麻公	169.6	320	29	14	15	45	403	895	322
22	白果树	161.8	104	26	14	12	50	255	811	597
23	赵家山	78.4	94	22	16	6	30	223	676	443
24	围子坪	68.6	157	22	14	8	28	222	657	267
25	柳树坪	44.9	200	26	8	18	57	218	529	124
26	水磨沟	2116.3	578	34	16	18	50	754	1961	804
27	龙湾村	102.1	268	32	29	3	55	489	830	397
28	木红坪	60.7	171	28	21	7	47	403	931	611
29	棉角坪	629.2	461	38	20	18	64	660	1142	551
30	阴山沟	224.1	363	38	25	12	30	556	880	410
31	彭家山	142.1	316	29	24	5	24	591	1175	615

续表

序号	滑坡名称	V /$10^4 m^3$	H_1 /m	α_1 /(°)	α_2 /(°)	α /(°)	θ /(°)	H /m	L /m	L' /m
32	青龙村	118.9	133	20	11	9	37	194	692	318
33	转弯	113.3	498	48	23	25	69	713	950	508
34	杉树林	27.9	340	34	25	9	66	433	715	201
35	福烟沟	71.9	385	38	28	10	40	530	763	270
36	九龙沟1#	2.9	81	29	28	1	65	137	251	104
37	九龙沟2#	16.5	198	37	35	2	52	403	551	290
38	坪上	38.2	215	31	20	11	44	300	590	234
39	鱼子溪	40.0	212	40	28	11	56	342	495	240
40	小湾	27.4	342	31	23	9	42	409	721	161
41	老虎嘴沟1#	3.3	154	37	27	10	43	221	335	132
42	老虎嘴沟2#	58.7	281	35	32	3	21	491	743	338
43	倒栽桥	67.3	399	40	9	31	70	464	865	390
44	皂角湾沟1#	13.1	217	42	30	12	64	335	441	202
45	皂角湾沟2#	37.4	428	39	29	10	56	582	812	277
46	老窑子沟	65.6	139	27	27	0	85	259	505	235
47	黄坝狮	44.7	275	47	23	23	62	414	579	321
48	黄家坝村	32.0	282	38	18	20	45	362	597	241
49	林家山	120.6	258	32	6	27	80	285	686	278
50	屋基包	9.3	112	32	17	15	71	153	315	135
51	蒲家沟	71.8	239	35	21	14	50	413	795	450
52	张家坪	74.7	286	39	20	19	50	379	605	255
53	窝前	1602.3	375	30	8	22	75	575	2050	1350
54	东河口	2163.3	560	35	5	30	27	700	2400	1600

7.2.2 未考虑地形影响的偏转型滑坡运动距离

偏转型滑坡等效摩擦系数虽然具有随体积增大而减小的趋势，但相关性也较小。偏转型滑坡的等效摩擦系数大于坡脚型滑坡，表明虽然偏转型滑坡运动方向发生偏转，导致滑坡运动受到一定程度的阻止，但是由于偏转型滑坡的平均坡度差（13°）小于坡脚型滑坡坡脚前后平均坡度差（17°），坡脚角度对偏转型滑坡的阻止作用相对较小，导致等效摩擦系数减小。偏转型滑坡偏转后的水平运动距离（L'）与滑坡最大水平运动距离（L）的比值（L'/L）与滑坡体积的拟合趋势变化较小，其平均值为0.46，与坡脚型滑坡的平均值基本一致（图7.7）。

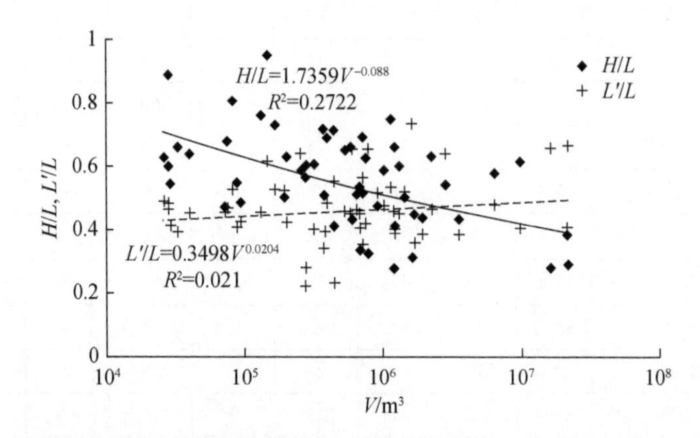

图7.7　偏转型滑坡的H/L，L'/L与V的关系

由于偏转型滑坡不仅受地形坡度的作用，还受到偏转角度的影响。最大垂直运动距离（H）、最大水平运动距离（L）、偏转后的水平运动距离（L'）与滑坡体积的幂率指数分别为0.2403、0.3287和0.3491，都小于坡脚型滑坡的幂率指数（图7.8）。表明地形因素对偏转型滑坡的影响大于坡脚型滑坡。

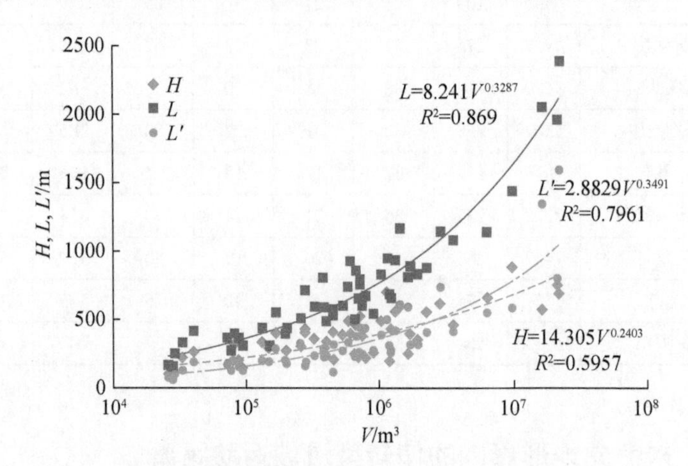

图7.8　偏转型滑坡的H、L、L'与V的关系

7.2.3　地形因素对偏转型滑坡的运动距离影响分析

根据影响偏转型滑坡运动距离的因素：滑坡体积（V）、坡脚以上的滑坡落差（H_1）、滑坡的最大坡度差（α）和偏转角度（θ），将偏转型滑坡运动参数与

影响因素的非线性回归模型描述为

$$\hat{y}=\exp[\beta_0+\beta_1\ln V+\beta_2\ln H_1+\beta_3\ln(\tan\alpha)+\beta_4\ln(\tan\theta)] \quad (7.5)$$

式中，$\hat{y}$ 为滑坡的运动参数，分别为 H、L、L'；β_0 为常数；β_1、β_2、β_3、β_4 分别为滑坡体积（V）、落差（H_1）、坡度差（α）和偏转角度（θ）的回归系数。对 54 个偏转型滑坡数据进行回归分析，可以得到非线性回归方程（7.6）、（7.7）、（7.8）。

$$H=1.894\times V^{0.050}\times H_1^{0.810}\times(\tan\alpha)^{-0.099}\times(\tan\theta)^{-0.056} \quad R^2=0.925 \quad (7.6)$$

$$L=3.218\times V^{0.246}\times H_1^{0.364}\times(\tan\alpha)^{-0.045}\times(\tan\theta)^{-0.058} \quad R^2=0.919 \quad (7.7)$$

$$L'=2.205\times V^{0.344}\times H_1^{0.060}\times(\tan\alpha)^{-0.014}\times(\tan\theta)^{-0.101} \quad R^2=0.793 \quad (7.8)$$

对回归结果进行检验：复相关系数 R_1 分别为 0.912、0.934 和 0.773，接近 1，临界值［如果 $R_1>R_\alpha(f)$，f 为检验时残差的自由度，则在显著性水平 α 下显著，此时的 $R_\alpha(f)$ 值称为临界值］为：$R_{0.05}(49)=0.276$，$R_{0.01}(49)=0.358$，$R_1>R_{0.01}(49)>R_{0.05}(49)$，说明观测值与回归方程拟合程度高，回归效果显著。

方差分析表明，滑坡的运动参数 H、L、L' 的 F 值分别为 219.209、150.350、51.769。临界值 $F_{0.05}(4,\ 49)=2.57$，$F_{0.01}(4,\ 49)=3.74$，因此 F 分别大于 $F_{0.01}(4,\ 49)>F_{0.05}(4,\ 49)$。表明滑坡的运动参数 H、L、L' 与滑坡体积（V）、落差（H_1）、坡度差（α）和偏转角度（θ）具有很强的相关性。

在考虑了滑坡坡脚以上的落差（H_1）、滑坡的最大坡度差（α）和偏转角度（θ）的影响后，对滑坡的运动距离拟合的相关系数也都得到了增加。偏转型滑坡的最大垂直运动距离（H）、水平运动距离（L）与滑坡体积（V）、坡脚以上的落差（H_1）呈正幂率关系。而对于最大垂直运动距离（H）而言，滑坡体积的影响非常小，坡脚以上的落差是决定性因素，也体现了小规模高位滑坡的运动特征，偏转前后的坡度差对滑坡垂直运动的阻止作用大于偏转角度。而水平运动距离（H）与滑坡体积和坡脚以上的落差关系都较为密切，是滑坡体积与坡脚以上落差共同作用的结果，反映了滑坡水平运动所具有的势能，而偏转前后的坡度差对滑坡垂直运动的阻止作用小于偏转角度。滑坡偏转后的水平运动距离（L'）主要受滑坡体积的控制，与坡脚以上的落差的影响较小并且呈负幂率关系，同坡脚型滑坡一致，同一体积、坡度差和偏转角度的偏转型滑坡，偏转前的落差越大，滑坡在偏转前的运动距离越长，对滑坡能量的消耗越大，导致偏转后的水平运动距离减小。偏转型滑坡的偏转角度对偏转后的水平距离的阻止显著大于偏转前后的坡度差。偏转型滑坡的偏转角度对偏转后的水平运动距离（L'）的阻止效应最大，其次是最大水平运动距离（L），对滑坡的最大垂直运动距离（H）阻止效应相对较小。以滑坡体积 $100\times10^4\mathrm{m}^3$，偏转前的落差 300m、最大坡度差为 20°为例，当偏转角度为 60°时，其最大垂直运动距离（H）、最大水平运动距离（L）和偏转后的水平运动距离（L'）分别比偏转角度为 10°时减小 12%、

12%和21%，因此，对于偏转型滑坡而言，除了分析滑坡体积与偏转前的落差对滑坡运动距离的作用，还需要考虑偏转角度对滑坡运动距离，尤其是偏转后的水平运动距离（L'）的影响。

7.3 结　　论

滑坡运动距离是滑坡规模与下垫面地形条件耦合作用的结果，由于受到地形条件的阻止作用，同等规模条件下滑坡会具有不同的运动距离。本章分析了坡脚型与偏转型地震滑坡的滑坡体积、滑坡落差、坡度条件和偏转角度对运动距离的影响，得出以下的结论：

坡脚型滑坡的等效摩擦系数（H/L）与体积的幂指数大于偏转型滑坡，坡脚型滑坡较偏转型滑坡具有更强的运动性，表明坡脚型滑坡运动主要受坡脚角度的阻止，而偏转型滑坡不仅受偏转前后坡度的作用，还受到偏转角度对滑坡运动的影响，导致其运动性减小；坡脚型和偏转型滑坡的L'/L参数随体积的变化趋势较小，其平均值为0.45～0.46，表明滑坡在地形影响后的运动特征基本一致。

体积和落差对坡脚型和偏转型滑坡的运动距离都具有一致的影响特征，即体积与落差对最大垂直运动距离、最大水平运动距离正相关，但体积对最大垂直运动距离的影响较小，这体现了小规模高位滑坡的运动特征。滑坡的落差对坡脚以下以及偏转后的水平运动距离具有负相关的影响，表明了同一体积和滑坡坡度条件下，坡脚以上或偏转前的滑坡落差越大，滑坡在坡脚以上或偏转前的运动距离越长，对滑坡能量的消耗越大，导致偏转后的水平运动距离减小。

坡脚坡度差对坡脚型滑坡运动距离的影响较为显著，其中对坡脚以下的水平运动距离的阻止最大，其次是最大垂直运动距离和水平运动距离。而偏转前后的坡度差对偏转型滑坡运动距离的影响较坡脚型小，其影响大小依次为最大垂直运动距离、水平运动距离和偏转后的水平运动距离。偏转角度对滑坡偏转后的水平运动距离的影响最大，而对最大垂直运动距离和水平运动距离的影响相对较小。

以上研究表明，滑坡的运动距离不仅受滑坡体积和落差的作用，坡脚的坡度差、偏转角度分别对坡脚型和偏转型滑坡的运动距离也具有较大的阻止作用。对这类滑坡运动的数值模拟、运动机制的研究不能忽略这些因素的影响。

主要参考文献

[1] 黄润秋，许强等．中国典型灾难性滑坡［M］．北京：科学出版社，2008.
[2] 程谦恭，王玉峰，朱圻等．高速远程滑坡超前冲击气浪动力学机理［J］．山地学报，2011，29（1）：70-80.
[3] 张明，殷跃平，吴树仁等．高速远程滑坡-碎屑流运动机理研究发展现状与展望［J］．工程地质学报，2010，18（6）：805-817.

[4] Deline P. Interactions between rock avalanches and glaciers in the Mount Blanc massif during the late Holocene [J]. Quaternary Science Reviews, 2009, 28: 1070-1083.

[5] 王玉峰, 程谦恭, 张柯宏等. 高速远程滑坡裹气流态化模型试验研究 [J]. 岩土力学, 2014, 35 (10): 2775-2786.

[6] 齐超, 邢爱国, 殷跃平等. 东河口高速远程滑坡-碎屑流全程动力特性模拟 [J]. 工程地质学报, 2012, 20 (3): 334-339.

[7] 张龙, 唐辉明, 熊承仁等. 鸡尾山高速远程滑坡运动过程 PFC^{3D} 模拟 [J]. 岩石力学与工程学报, 2012, 31 (S1): 2602-2611.

[8] 李秀珍, 孔纪名. "5 · 12" 汶川地震诱发滑坡的滑动距离预测 [J]. 四川大学学报 (工程科学版), 2010, 42 (5): 243-249.

[9] Qi S W, Xu Q, Zhang B, et al. Source characteristics of long runout rock avalanches triggered by the 2008Wenchuan earthquake, China [J]. Journal of Asian Earth Sciences, 2011, 40: 896-906.

[10] Yoshida H, Sugai T, Ohmori H. Size-distance relationships for hummocks on volcanic rockslide-debris avalanche deposits in Japan [J]. Geomorphology, 2012, 136: 76-87.

[11] Devoli G, De Blasio F V, Elverhøi A, et al. Statistical Analysis of Landslide Events in Central America and their Run- out Distance [J]. Geotechnical Geology Engineering, 2009, 27: 23-42.

[12] 方玉树. 高位能滑坡运程探讨 [J]. 后勤工程学院学报, 2007, 23 (4): 16-20.

[13] Hungr O. Rock avalanche occurrence, process and modelling [J]. Earth and Environmental Science, 2006, 49 (4): 243-266.

[14] 樊晓一. 地震与非地震诱发滑坡的运动特征对比研究 [J]. 岩土力学, 2010, 31 (Suup. 2): 32-37.

[15] 邹宗兴, 唐辉明, 熊承仁等. 高速岩质滑坡启动弹冲加速机制及弹冲速度计算——以武隆县鸡尾山滑坡为例 [J]. 岩土力学, 2014, 35 (7): 2004-2012.

[16] 樊晓一, 乔建平. 坡场因数对大型滑坡的运动特征影响研究 [J]. 岩石力学与工程学报, 2010, 29 (11): 2337-2347.

[17] Legros F. The mobility of long- runout landslides [J]. Engineering Geology, 2002, 63: 302-331.

[18] Zhang D X, Wang G H. Study of the 1920 Haiyuan earthquake- induced landslides in loess (China) [J]. Engineering Geology, 2007, 94: 76-88.

[19] 樊晓一, 乔建平, 韩萌等. 灾难性地震和降雨滑坡的体积与运动距离研究 [J]. 岩土力学, 2012, 33 (10): 3052-3058.

第 8 章　河流型场地的滑坡堵江判别

滑坡堵江具有机理复杂、危害大、预测预防难度高等特点，其堵江判别是滑坡减灾防灾需要解决的关键问题之一。滑坡堵江的判别取决于滑坡的运动过程中受河流地形的影响，而滑坡的运动过程具有两种典型特征：①受河流地形的阻止，滑坡堵塞河道，形成堰塞坝，滑坡的运动参数受河谷地形的显著制约，如湖北千将坪滑坡、西藏易贡滑坡、贵州岩口滑坡等；②未受河流地形的显著阻止，滑坡前缘未完全阻塞河流或完全堵江后滑坡前缘堆积体在河床上未呈现显著的堆高现象。滑坡的运动在坡体或相对平坦的区域停止堆积，其运动过程得以充分的发挥，常导致严重的人员伤亡、建筑损毁和掩埋，如贵州关岭滑坡、雅安汉源万工滑坡、云南昭通头寨沟滑坡和禄劝烂泥沟滑坡等。因此，滑坡堵江的根本原因在于滑坡和河流的空间区域小于滑坡运动的距离，导致滑坡运动受河流对岸岸坡阻止，滑坡体在河道堆积形成滑坡坝。即滑坡在无河流阻止条件下的运动距离与滑坡前缘和河流的空间区域的关系是滑坡堵江判别的关键因素。

滑坡运动距离的计算和预测是分析堵江的基础。但由于滑坡的地质、地形、岩土体特征、诱发因素等条件的复杂性，国内外许多专家和学者已经提出了多种滑坡运动距离的计算和预测模型、方法，如经验统计预测模型、确定性预测模型和数值模拟预测模型[1]，但到目前为止，还没有一种方法、理论或模型能准确地确定滑坡的运动距离。并且由于河流对滑坡运动的阻止作用导致滑坡水平运动距离减小，不能客观地反映滑坡在无受阻条件下的运动特征，由此建立的滑坡运动距离的经验关系和预测模型可能导致较大的误差而丧失应用价值和实际指导意义。虽然滑坡的地质、地形等条件各不相同，如果滑坡在运动过程未受河流明显阻止，其水平运动距离（滑坡后缘至滑坡堆积体前缘的水平距离）受控于滑坡的滑坡体积和滑坡的垂直运动距离[2]。

8.1　无明显受河流阻止的滑坡数据

西南地区是我国滑坡以及滑坡堵江的多发区，本章选取该区域典型的无明显受河流阻止的地震和降雨诱发的滑坡资料分析其运动性参数特征（表 8.1）。

表 8.1　无明显受河流阻止的地震和降雨滑坡资料

汶川地震滑坡				降雨滑坡			
滑坡名称	V	H	L	滑坡名称	V	H	L
映秀牛眠沟[3]	750	950	2700	烂泥沟滑坡[6]	21800	1100	6530
家岩滑坡[3]	140	320	720	溪口滑坡[6]	100	500	1650
东河口滑坡[3]	1500	750	2400	头寨滑坡[6]	900	740	3400
北川中学滑坡[3]	50	300	500	天台乡滑坡[7]	2500	200	1000
鼓儿山滑坡Ⅰ[3]	160	305	570	铁峰乡滑坡[8]	560	325	1300
鼓儿山滑坡Ⅱ[3]	340	350	900	两龙滑坡[9]	12	150	400
鼓儿山滑坡Ⅲ[3]	300	335	700	青宁乡滑坡[10]	1100	400	2000
青川董家滑坡[3]	80	160	300	万盛滑坡[11]	30	220	750
青川窝前滑坡[3]	1200	550	2100	关岭滑坡[12]	175	430	1500
大岩壳滑坡[3]	60	560	1000	汉源滑坡[13]	100	500	1400
文家沟滑坡[3]	2750	1360	4170	保山滑坡[14]	5	125	300
谢家店子滑坡[3]	650	500	1700	双基沟滑坡[14]	2	30	80
平溪村滑坡[4]	65	190	380	乱石岗滑坡[15]	110	100	400
凤凰山[5]	300	485	1180	团包嘴滑坡[16]	400	150	600
太红村[5]	150	600	1200	吉安滑坡[17]	700	335	1200
九峰村滑坡[5]	500	320	800	天宝滑坡[18]	700	150	580
什邡水磨沟滑坡	1200	650	1700				
安县红石沟	870	975	2496				
安县张家山	300	670	1283				
北川东溪沟	220	483	1080				
北川柏树岭	180	610	1140				
北川风岩子	120	365	830				
北川彭家山	90	606	1250				
北川龙湾村	70	493	875				
都江堰夏家坪	65	336	690				
都江堰塔子坪	50	385	665				
平武毛虫山	40	563	940				
青川石板沟村	560	609	1430				
青川麻地坪	65	393	760				
青川岩硐窝	60	387	800				

注：V—滑坡体积（$10^4 m^3$）；H—垂直运动距离（m）；L—水平运动距离（m）。

8.2　滑坡等效摩擦系数

现场调查的资料表明，位于滑坡运动方向上的山区河流和对岸坡体对滑坡运动距离具有显著的影响，一方面滑坡堵塞河流形成堰塞湖后，滑坡在河床上形成堆积体，滑坡前缘未发生明显的爬高现象和堆积体的折返堆积，此类滑坡虽然堵塞河流形成堰塞湖，但河流和反地形对滑坡运动的阻止作用并不明显；另一方面河流对岸坡体导致滑坡在河流对岸产生爬高现象并发生折返堆积或致使滑坡运动方向发生显著改变，此类河流地形对滑坡运动产生明显的阻止作用，不能反映滑坡在无受阻条件下的运动距离。虽然滑坡的运动距离受控于滑坡的体积，但滑坡等效摩擦系数与体积关系存在较大的离散型正是由于滑坡运动受到河流或反地形显著阻止的体现[19]。

由此，如果滑坡在其运动路径上未受到河流及其反地形的显著阻止，滑坡的体积与等效摩擦系数（H/L）具有显著的幂律关系。即滑坡规模越大，其等效摩擦系数（H/L）越小，滑动距离越远，导致掩埋或损毁的范围越大。根据方玉树[20]统计的全球 61 个无明显受阻的滑坡资料，滑坡的 H/L 与 V 具有较好的幂指数函数关系，$R^2=0.7266$，并且不同体积的滑坡等效摩擦系数集中分布于一定的区间范围内（表 8.2）。

表 8.2　无明显受阻滑坡的体积与 H/L

体积/m³	10^4	10^5	10^6	10^7	10^8	10^9	10^{10}
H/L	0.40 ~ 0.30	0.35 ~ 0.25	0.30 ~ 0.20	0.25 ~ 0.15	0.20 ~ 0.10	0.15 ~ 0.05	0.10 ~ 0.05

根据对我国西南地区无明显受河流阻止的地震滑坡和降雨滑坡的分析，等效摩擦系数与体积也具有较好的幂律关系（图 8.1、图 8.2）。但对不同体积的地震

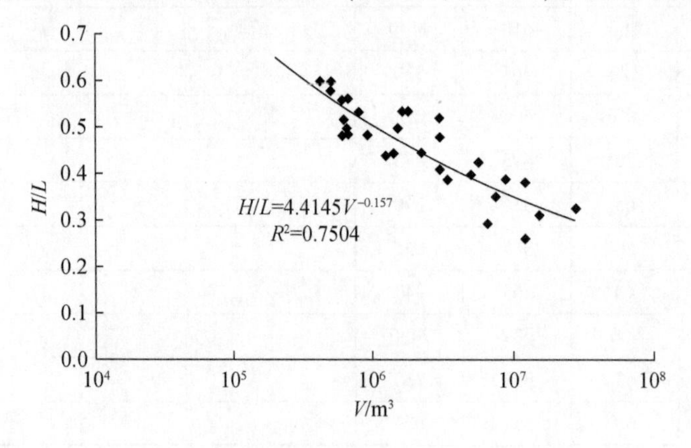

图 8.1　地震滑坡等效摩擦系数与滑坡体积

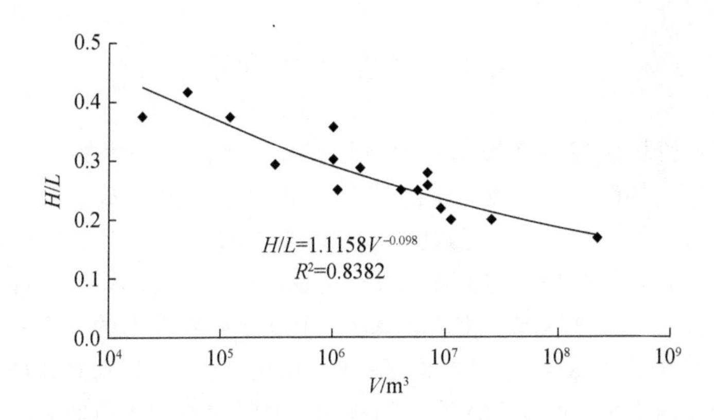

图 8.2　降雨滑坡等效摩擦系数与滑坡体积

滑坡和降雨滑坡而言，其等效摩擦系数的范围存在较大的差异。地震滑坡的等效摩擦系数大于降雨滑坡，表明在同等体积规模的条件下，地震滑坡的运动性小于降雨滑坡。而且在同体积规模的条件下，我国西南地区降雨滑坡的等效摩擦系数与全球 61 个无明显受阻滑坡的等效摩擦系数的区间基本一致（表 8.3）。

表 8.3　无明显受阻的地震、降雨滑坡的体积与 *H/L*

体积/m^3	10^4	10^5	10^6	10^7	10^8
地震滑坡		0.60～0.45	0.55～0.35	0.40～0.25	
降雨滑坡	0.45～0.35	0.40～0.30	0.30～0.20	0.25～0.20	0.20～0.15

8.3　滑坡水平运动距离的预测

无受阻滑坡的等效摩擦系数与体积的关系表明，滑坡的运动性特征受控于滑坡的体积。已有的研究结果表明滑坡的水平运动距离受控于滑坡的总位能，并且其分别与水平运动距离具有显著的幂律关系，因此无明显受阻滑坡的水平运动距离是滑坡体积与垂直运动距离的函数。根据无明显受阻地震滑坡和降雨滑坡资料，采用回归分析，建立地震滑坡和降雨滑坡的水平运动距离回归方程：

$$L_{(地震滑坡)} = 0.380V^{0.202}H^{0.813},\quad R^2 = 0.969 \tag{8.1}$$

$$L_{(降雨滑坡)} = 2.601V^{0.125}H^{0.755},\quad R^2 = 0.965 \tag{8.2}$$

以此建立地震滑坡和降雨滑坡运动的水平运动距离预测模型，可对滑坡在无明显受阻条件下的水平运动距离进行预测，并且根据预测的结果与滑坡实际可运动的空间进行分析，对滑坡堵江可能性进行判别。

8.4　滑坡堵江判别

由地震和降雨诱发的滑坡堵江形成堰塞湖，是滑坡产生的主要次生灾害之一，由于堰塞湖的溃坝常导致严重的灾害，如 1933 年的叠溪地震滑坡、1967 年雅砻江唐古栋滑坡、2000 年西藏易贡滑坡堰塞湖等，因此对于地震和降雨诱发的滑坡堵江的判别具有重要的工程意义。根据滑坡水平运动距离与体积和垂直运动距离经验关系，分别选取了 4 个地震诱发和 4 个降雨诱发的典型滑坡堵江数据进行分析[5-6,21-23]（表 8.4）。根据式（8.1）和式（8.2）分别对地震和降雨滑坡在无河流阻止时滑坡水平运动距离进行预测，其结果都大于滑坡后缘至河流对岸的水平距离和实测的滑坡水平运动距离。

表 8.4　典型堵江滑坡表

滑坡类型	滑坡名称	滑坡体积 /$10^4 m^3$	滑坡后缘至河床的垂直距离/m	无河流阻止时预测的滑坡水平运动距离/m	滑坡后缘至河流对岸的水平距离/m	实测的滑坡水平运动距离/m
地震滑坡	肖家桥	350	250	710	460	600
	罐滩	468	460	1236	740	900
	唐家山	2000	650	2195	900	1200
	大光包	75000	1400	8518	3100	4400
降雨滑坡	千将坪	1500	270	1406	1150	1230
	唐古栋	9500	930	4504	1200	1400
	鸡冠岭	424	700	2464	850	880
	印江岩口	210	210	909	640	700

根据预测模型分别建立了不同规模等级的地震和降雨滑坡水平运动距离分布图（图 8.3，图 8.4）。从图 8.3 和图 8.4 中可以看出，堵江滑坡实际运动的水平距离和垂直距离的分布都明显偏离其对应的体积曲线。如地震滑坡中的偏离程度最大是大光包滑坡和唐家山滑坡（图 8.3），大光包滑坡堰塞坝高 600 余米，形成了目前世界上最高的滑坡坝[24]，唐家山滑坡形成的堰塞湖在汶川地震滑坡堰塞湖中的危险程度最大。降雨滑坡中的鸡冠岭滑坡形成了特大型滑坡-碎屑流-堵江的灾害链，堵江断流时间 30 分钟，致使乌江断航；唐古栋滑坡阻断雅砻江，蓄水量 6.8 亿 m^3，溃坝洪水不仅引起雅砻江江水暴涨，还波及金沙江干流和长江上游[6]。

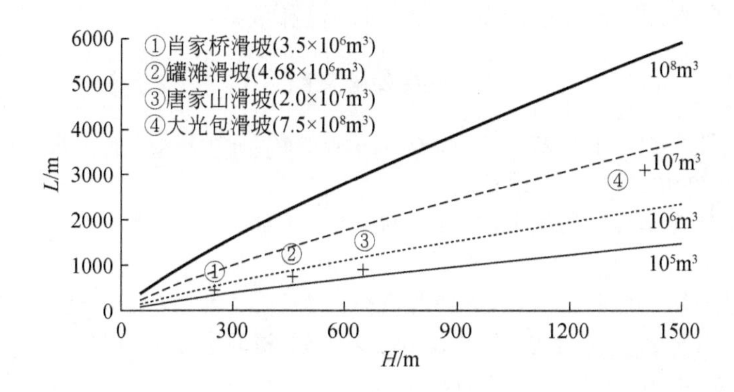

图 8.3　不同规模等级地震滑坡的水平运动距离和垂直距离的关系以及堵江滑坡分布

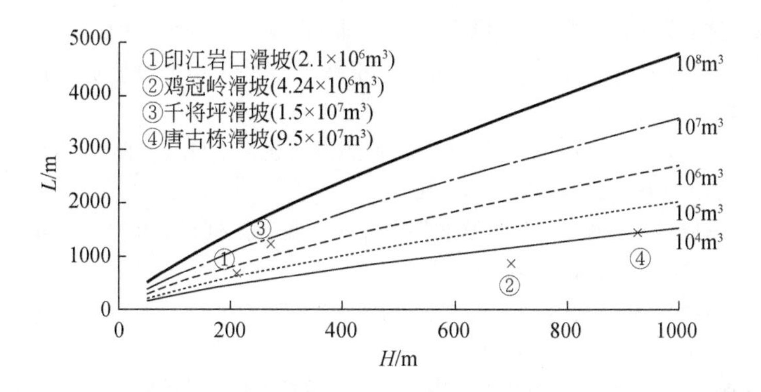

图 8.4　不同规模等级降雨滑坡的水平运动距离与垂直距离的关系以及堵江滑坡分布

8.5　结　　论

本章基于未受河流地形显著阻止的典型灾难性滑坡资料，研究灾难性滑坡运动的水平运动距离与滑坡体积、垂直距离的关系，得出以下的结论：

（1）我国西南地区无明显受河流阻止的地震滑坡和降雨滑坡的等效摩擦系数与体积具有较好的幂律关系。同等体积规模的条件下，地震滑坡的等效摩擦系数大于降雨滑坡，表明地震滑坡的运动性小于降雨滑坡。而在同体积规模的条件下，降雨滑坡的等效摩擦系数与其他地区无明显受阻滑坡的等效摩擦系数的区间基本一致。

（2）根据无显著受阻滑坡资料，建立地震滑坡和降雨滑坡运动的水平运动距离预测模型。基于不同规模等级的灾难性地震和降雨滑坡水平运动距离分布图，堵江滑坡实际运动的水平距离和垂直距离的分布都明显偏离其对应的体积曲线，根据偏离的程度可评估滑坡堵江的可能性和危险性。

主要参考文献

[1] 李秀珍，孔纪名．“5 · 12”汶川地震诱发滑坡的滑动距离预测［J］．四川大学学报：工程科学版，2010，42（5）：243-249.

[2] 樊晓一．地震与非地震诱发滑坡的运动特征对比研究［J］．岩土力学，2010，31（增2）：32-37.

[3] 许强，裴向军，黄润秋．汶川地震大型滑坡研究［M］．北京：科学出版社，2009.

[4] 袁进科，黄润秋，裴向军等．汶川地震触发平溪村滑坡特征及成因分析［J］．水文地质工程地质，2011，38（3）：110-114.

[5] 樊晓一，乔建平．坡、场因数对大型滑坡的运动特征影响研究［J］．岩石力学与工程学报，2010，29（11）：2337- 2347.

[6] 黄润秋，许强．中国典型灾难性滑坡［M］．北京：科学出版社，2008.

[7] 乔建平，吴彩燕，李秀珍等．四川省宣汉县天台乡特大型滑坡分析［J］．山地学报，2005，23（4）：458-461.

[8] 简文星，殷坤龙，闫天俊等．重庆万州区民国场滑坡基本特征及形成机制［J］．中国地质灾害与防治学报，2005，16（4）：20-23.

[9] 樊晓一，王成华，乔建平．两龙滑坡特征及转化泥石流机制分析［J］．水土保持研究，2005，12（6）：156-158.

[10] 胡瑞林，张明，崔芳鹏等．四川省达县青宁乡滑坡的基本特征和形成机制分析［J］．地学前缘，2008，15（4）：250-257.

[11] 赵宇，崔鹏，王成华等．重庆万盛煤矸石山自燃爆炸型滑坡碎屑流成因探讨［J］．山地学报，2005，23（2）：169-173.

[12] 殷跃平，朱继良，杨胜元．贵州关岭大寨高速远程滑坡-碎屑流研究［J］．工程地质学报，2010，18（4）：445-454.

[13] 许强，董秀军，邓茂林等．2010 年 7 · 27 四川汉源二蛮山滑坡-碎屑流特征与成因机理研究［J］．工程地质学报，2010，18（5）：609-622.

[14] http：//www. cigem. gov. cn/.

[15] 陈国辉，郑奎．乱石岗滑坡形成机制分析［J］．四川地质学报，2009，29（3）：303-304.

[16] 胥良，李云贵，刘汉超．四川省达州地区团包咀滑坡成因机制及防治措施探讨［J］．中国地质灾害与防治学报，2005，16（4）：138-141.

[17] 李守定，李晓，董艳辉等．重庆万州吉安滑坡特征与成因研究［J］．岩石力学与工程学报，2005，24（17）：3159-3164.

[18] 孙广忠．中国典型滑坡［C］//宜昌：中国典型滑坡实例学术讨论会，1986.

[19] Hungr O. Rock avalanche occurrence，process and modelling［J］．Earth and Environmental Science，2006，49（4）：243-266.

[20] 方玉树．高位能滑坡运程探讨［J］．后勤工程学院学报，2007，23（4）：16-20.

[21] 殷跃平，彭轩明．三峡库区千将坪滑坡失稳探讨［J］．水文地质工程地质，2007，34（3）：52-54.
[22] 胡卸文，罗刚，王军桥等．唐家山堰塞体渗流稳定及溃决模式分析［J］．岩石力学与工程学报，2010，29（7）：1409-1417.
[23] 陈自生，张晓刚．1994-04-30 四川省武隆县鸡冠岭滑坡-崩塌-碎屑流-堵江灾害链［J］．山地研究，1994，12（4）：225-229.
[24] 黄润秋，裴向军，张伟锋等．再论大光包滑坡特征与形成机制［J］．工程地质学报，2009，17（6）：725-736.

第9章 灾难性地震和降雨滑坡体积与运动距离研究

9.1 我国灾难性滑坡概况

我国是滑坡灾害极其发育的国家，尤其在我国西南部地区，由于其特殊的地质地貌环境和强烈的内、外动力条件，灾难性滑坡常造成巨大的灾害损失和人员伤亡。2010年的贵州关岭大寨滑坡[1]、四川汉源万工乡滑坡[2]、云南省保山市隆阳区瓦马乡河东村大石房滑坡[3]，2008年汶川地震灾区的北川王家岩滑坡、东河口滑坡、陈家坝鼓儿山滑坡、新北川中学滑坡等，都造成严重的人员伤亡和经济损失。近年来随着全球气候的变化，极端强降雨等灾害性天气的重现期缩短、汶川地震遗留的大量震裂坡体等，灾难性滑坡造成的群死群伤特大山地灾害在我国呈逐渐增加趋势，灾难性滑坡运动的最大水平距离和垂直距离关系到滑坡致灾强度和致灾区域的评估和预测。

灾难性滑坡具有机理复杂、危害大、预测预防难度高等特点，关于高速远程滑坡的运动机理，目前国内外提出了众多的模型和理论，涉及滑坡运动固、液、气等诸因素的耦合机制，提出了相应的分析理论[4]。降雨和地震是我国灾难性滑坡的最主要的诱发因素，而滑坡的体积控制了滑坡运动指标，本章根据我国近年来129处典型的灾难性滑坡的数据资料（表9.1），分析地震和降雨诱发灾难性滑坡的远程运动特征以及不同规模滑坡水平和垂直运动的优势距离，为灾难性滑坡致灾强度和区域提供参考。

表9.1 地震和降雨诱发灾难性滑坡数据表

地震滑坡				降雨滑坡			
滑坡名称	$V/10^4 m^3$	L/m	H/m	滑坡名称	$V/10^4 m^3$	L/m	H/m
牛圈沟[5]	750	3300	950	贵州关岭滑坡[1]	175	1500	430
城西滑坡[5]	480	720	380	四川汉源滑坡[2]	100	1400	500
东河口滑坡[5]	1000	2400	700	云南保山滑坡[3]	5	300	125
大光包滑坡[6]	75000	5300	1000	阳耳沟村滑坡[3]	25	500	210
北川中学崩塌[7]	240	680	350	康定双基沟滑坡[3]	2	80	30

续表

地震滑坡				降雨滑坡			
滑坡名称	$V/10^4 m^3$	L/m	H/m	滑坡名称	$V/10^4 m^3$	L/m	H/m
陈家坝太红村[7]	150	1200	600	沪昆铁路滑坡[3]	1	60	17
鼓儿山Ⅰ[8]	800	800	330	子洲县黄土崩塌[3]	8.9	103	50
鼓儿山Ⅱ[8]	700	680	320	汉源猴子岩滑坡[3]	40	330	160
陈家坝凤凰山[8]	300	1180	485	威信羊梯岩滑坡[3]	0.8	60	35
帽壳子滑坡[8]	270	625	355	苏家河电站滑坡[3]	3	100	54
松树林滑坡[8]	360	470	311	泸溪朱雀洞村[3]	200	200	75
大嘴山滑坡[9]	350	900	550	查西滑坡[13]	3500	1000	250
肖家桥滑坡[10]	350	360	140	查中滑坡[13]	700	500	200
一把刀滑坡[10]	150	900	400	查南滑坡[13]	7000	1200	350
天池乡滑坡[10]	800	800	400	龙西（新）滑坡[13]	150	450	200
水井坪滑坡[10]	1200	850	400	龙羊滑坡[13]	8500	1700	340
南坝滑坡[10]	600	950	400	洒勒山滑坡[13]	5000	1600	300
石板沟滑坡[10]	815	800	300	孟弯村滑坡[13]	300	1200	230
文家沟滑坡[10]	10000	3800	1000	芦子滩滑坡[13]	28000	2600	346
老鹰岩滑坡[10]	470	2000	500	党家岔滑坡[13]	1500	2396	170
斩龙垭滑坡[11]	118	780	400	烂泥沟滑坡1965[13]	21400	6000	1400
唐家山滑坡[12]	2000	1200	650	烂泥沟滑坡1991[13]	21800	6530	1100
叠溪滑坡[13]	1200	1400	650	华蓥山溪口滑坡[13]	100	1650	500
干海子滑坡[13]	2000	1600	400	头寨滑坡[13]	900	3400	740
较场滑坡[13]	3600	1500	500	老金山滑坡[13]	50	1600	750
何家沟滑坡[14]	20	300	200	印江岩口滑坡[13]	210	700	210
魏坝滑坡[15]	297	550	345	易贡滑坡[13]	3000	9000	3200
丈八滑坡[16]	25	220	150	兰州九州滑坡[25]	6.2	140	80
文家山滑坡[17]	1200	580	150	延安杨崖滑坡[26]	15	100	80
维城滑坡[18]	150	360	260	青海八大山滑坡[27]	2800	1600	450
窝铅滑坡[19]	1200	1960	560	千将坪滑坡[28]	1540	1230	270
谢家店滑坡[19]	450	1300	570	天台乡滑坡[29]	2500	1000	200
景家山滑坡[20]	240	700	450	武隆鸡尾山滑坡[30]	700	2200	720
什邡水磨沟[20]	3600	2100	900	万州铁峰乡滑坡[31]	560	1300	325

续表

地震滑坡				降雨滑坡			
滑坡名称	$V/10^4 m^3$	L/m	H/m	滑坡名称	$V/10^4 m^3$	L/m	H/m
青川何家沟[20]	20	400	220	两龙乡滑坡[32]	12	400	150
平武水草坝[20]	1600	800	250	纳雍岩脚寨滑坡[33]	700	1344	400
平武文家坝[20]	1900	2000	600	汉源乱石岗滑坡[34]	110	400	100
九峰村滑坡[21]	500	900	340	达县青宁乡滑坡[35]	1100	2000	400
汶川草坡乡[22]	25.5	143	46	万盛煤矸石滑坡[36]	30	750	220
汶川威州镇[22]	12	85	53	武隆油坊沟滑坡[37]	860	690	210
汶川绵池镇[22]	168	470	355	达州团包嘴滑坡[38]	400	600	150
汶川雁门乡[22]	25	113	91	万州吉安滑坡[39]	700	1200	335
汶川雁门乡[22]	120	725	338	云南滑石板崩塌[40]	500	1000	400
汶川威州镇[22]	9	89	45	武隆鸡冠岭滑坡[41]	530	880	700
彭州龙门山[22]	243	710	386	高县白崖滑坡[42]	110	760	450
彭州龙门山[22]	5.4	100	74	嘿社滑坡[43]	810	1100	200
平武平通镇[22]	515	877	629	石家坡滑坡[43]	48	520	210
平武南坝镇[22]	195	547	222	天宝滑坡[43]	700	580	150
平武南坝镇[22]	1920	843	400	沙岭滑坡[43]	1500	1300	500
平武平通镇[22]	4.2	40	19	铁西滑坡[43]	220	580	230
平武平通镇[22]	88	378	335	凤安山滑坡[44]	1390	1000	265
平武响岩镇[22]	200	347	243	天水机床厂滑坡[44]	180	320	90
平武平通镇[22]	94	442	315				
平武南坝镇[22]	60	163	118				
平武南坝镇[22]	59	662	433				
青川红光乡[22]	1500	3257	515				
青川红光乡[22]	858	648	384				
青川白岩镇[22]	158	214	212				
青川木鱼镇[22]	4.2	228	17				
北川关庄镇[22]	435	1135	273				
北川桂溪乡[22]	32	75	40				
安县茶坪乡[22]	240	593	372				
安县高川乡[22]	98	542	468				

续表

地震滑坡				降雨滑坡			
滑坡名称	$V/10^4 m^3$	L/m	H/m	滑坡名称	$V/10^4 m^3$	L/m	H/m
茂县飞虹乡[22]	4	76	40				
茂县凤仪镇[22]	10	580	391				
茂县凤仪镇[22]	44	147	117				
茂县渭门乡[22]	5.5	45	44				
茂县凤仪镇[22]	56	199	166				
理县薛城镇[22]	4.5	100	88				
理县薛城镇[22]	50	169	115				
理县薛城镇[22]	25	133	86				
理县薛城镇[22]	81	256	159				
理县薛城镇[22]	37	229	219				
火石沟滑坡[23]	721	980	600				
罐滩滑坡[24]	468	880	562				

9.2 滑坡等价摩擦系数

滑坡等价摩擦系数是指滑坡最大垂直距离（H）与最大水平距离（L）的比值，即 H/L，其斜率称为滑坡总斜率。滑坡体积与等价摩擦系数的关系首先由 Heim 定义，得到了 Abele 和 Scheidegger 的改进，即假定在滑坡的运动过程中，滑坡的运动角与滑坡的能量线相等，即等于平均摩擦角[45]。在滑坡运动未受明显阻挡条件下，体积与等价摩擦系数呈显著幂律关系，滑坡规模越大，其等价摩擦系数越小，滑动距离越远，导致掩埋或损毁的范围越大。

但更普遍的情况是滑坡的运动特征往往会受到滑坡诱发机制、地形条件等因素的制约，致使滑坡体积在同一等级下，由于不同诱发因素触发的滑坡等价摩擦系数呈现不同程度的差异。根据 61 个无明显受阻的滑坡 H/L 与 V 具有较好的幂指数函数关系，$R^2=0.7266$[46]。根据表 9.1 中的地震滑坡和降雨滑坡的体积和等价摩擦系数的分析，地震滑坡和降雨滑坡由于受到地形等因素的阻止作用，H/L 与 V 的幂指数关系的相关系数较小，R^2 分别为 0.3992、0.4581。说明由地震和降雨诱发的滑坡的 H/L 具有随 V 增加而呈幂指数减小的趋势（图 9.1）。

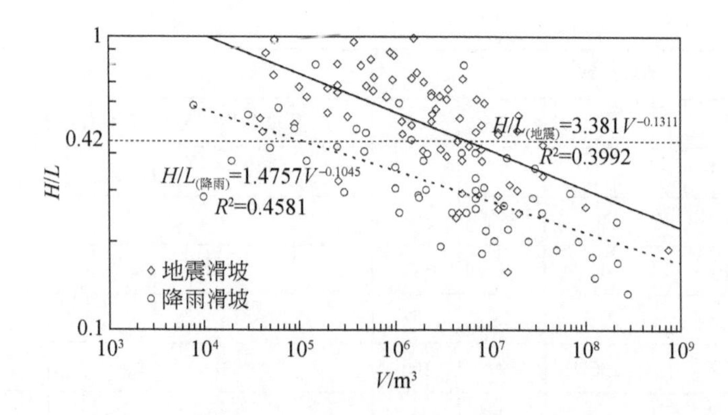

图 9.1　滑坡体积与 H/L 的关系

国际上一般用滑坡重心运动的最大垂直距离与水平距离的比值作为滑坡是否远程的标准，当值小于 0.6 时为远程滑坡[4,45]。而对于每一个滑坡资料，要确定滑坡发生前、后的重心位置具有一定的难度，本章根据 Legros 的滑坡资料数据分析，滑坡运动的最大垂直距离与水平距离的比值（H/L）约为滑坡重心运动的最大垂直距离与水平距离比值（H'/L'）的 0.7[47]。由此可根据滑坡 H/L 值等于 0.42 作为判断滑坡是否远程运动的依据（图 9.2）。

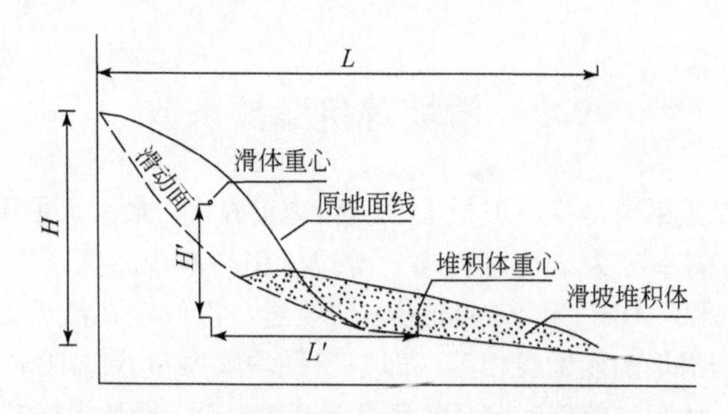

图 9.2　滑坡及滑坡重心运动的最大水平距离与垂直距离

在地震滑坡中，有 20 个滑坡的 H/L 小于 0.42，具有远程运动的特征，仅占地震滑坡总数的 26.7%；而降雨滑坡中，有 43 个滑坡的 H/L 小于 0.42，占降雨滑坡总数的 79.6%。表明地震诱发的灾难性滑坡的大多数并不具有远程运动特征，而由降雨诱发的灾难性滑坡，大多数具有远程运动特征。

9.3　滑坡最大水平距离

滑坡最大水平距离（L）是指自滑坡后缘至滑坡堆积体前缘的水平距离

（图 9.2）。它是滑坡远程运动的主要指标之一，决定了灾难性滑坡的致灾区域。而对于滑坡远程运动，相关的研究也提出不同理论解释，如滑面液化、气垫效应、碎屑流动等，但这些相应的理论解释并不能完全解释滑坡的远程运动特征[4,13,47]。虽然滑坡的诱发机制各不相同，但滑坡启动后的运动特征主要受控于滑坡的总位能，滑坡总位能是由变化小的岩性、结构的密度与变化大的体积与落高之积，而滑坡体积的变化范围（10^4m 到 10^9m^{3}等，变动 5 个数量级）大于高差的变化范围（10^1m 到 10^3m，变动 2 个数量级）。因此滑坡的运程主要取决于滑坡体积。

如图 9.3 所示，滑坡的最大水平距离与滑坡体积具有显著的幂律关系，地震滑坡和降雨滑坡的幂律指数分别为 0.4678 和 0.3668。当滑坡体积小于 10^7m^{3}时，同规模的降雨滑坡比地震滑坡的运动性强；而当滑坡体积大于 10^7m^{3}时，地震滑坡运动性大于降雨滑坡，表明水对体积大于 10^7m^{3}滑坡运动的作用机制有限。

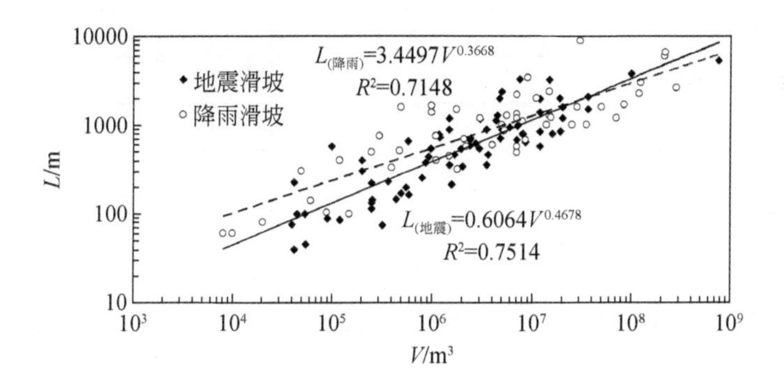

图 9.3　滑坡体积与 L 的关系

由于滑坡最大水平距离受控于滑坡体积，将地震滑坡和降雨滑坡进行不同规模等级比较分析，根据 80% 的滑坡数量所分布运动距离，确定不同规模滑坡最大水平运动的优势距离（表 9.2）。

表 9.2　不同规模滑坡水平运动的优势距离分布表

$V/10^4$m^3	L/m	地震滑坡		降雨滑坡	
		数量	累计百分数/%	数量	累计百分数/%
2 ~ 10	40 ~ 50	2	29	0	0
	50 ~ 100	4	86	3	50
	100 ~ 150	0	86	2	83
	>150	1	100	1	100

续表

$V/10^4 m^3$	L/m	地震滑坡		降雨滑坡	
		数量	累计百分数/%	数量	累计百分数/%
10 ~ 100	0 ~ 100	2	11	1	14
	100 ~ 200	7	47	0	14
	200 ~ 300	4	68	0	14
	300 ~ 400	2	79	2	43
	400 ~ 500	1	84	1	57
	500 ~ 600	2	95	1	71
	>600	1	100	2	100
100 ~ 1000	0 ~ 200	0	0	0	0
	200 ~ 400	4	12	2	9
	400 ~ 600	5	26	5	32
	600 ~ 800	9	53	3	45
	800 ~ 1000	9	79	2	55
	1000 ~ 1200	3	88	3	68
	1200 ~ 1400	1	91	3	82
	1400 ~ 1600	2	97	1	86
	>1600	1	100	3	100
>1000	<500	0	0	0	0
	500 ~ 1000	4	29	3	18
	1000 ~ 1500	3	50	3	35
	1500 ~ 2000	3	71	4	59
	2000 ~ 2500	1	79	2	71
	2500 ~ 3000	0	79	2	82
	>3000	3	100	3	100

1. 地震滑坡

①$V \in (1 \sim 10) \times 10^4 m^3$时，$40 \leqslant L \leqslant 100m$；

②$V \in (10 \sim 100) \times 10^4 m^3$时，$100 \leqslant L \leqslant 500m$；

③$V \in (100 \sim 1000) \times 10^4 m^3$时，$200 \leqslant L \leqslant 1200m$；

④$V > 1000 \times 10^4 m^3$时，$500 \leqslant L \leqslant 2500m$。

2. 降雨滑坡

①$V \in (1 \sim 10) \times 10^4 m^3$时，$50 \leqslant L \leqslant 150m$；

②$V\in(10\sim100)\times10^4\text{m}^3$时，$300\leqslant L\leqslant600\text{m}$；

③$V\in(100\sim1000)\times10^4\text{m}^3$时，$400\leqslant L\leqslant1600\text{m}$；

④$V>1000\times10^4\text{m}^3$时，$500\leqslant L\leqslant3000\text{m}$。

9.4　滑坡最大垂直距离

图 9.4 表明滑坡的最大垂直距离与滑坡体积也具有较好的幂律关系，地震滑坡和降雨滑坡的幂律指数分别为 0.3687 和 0.2576。当滑坡体积小于 10^7m^3 时，同规模的降雨滑坡比地震滑坡在垂直方向上运动性强；而当滑坡体积大于 10^7m^3 时，地震滑坡在垂直方向上运动性大于降雨滑坡。

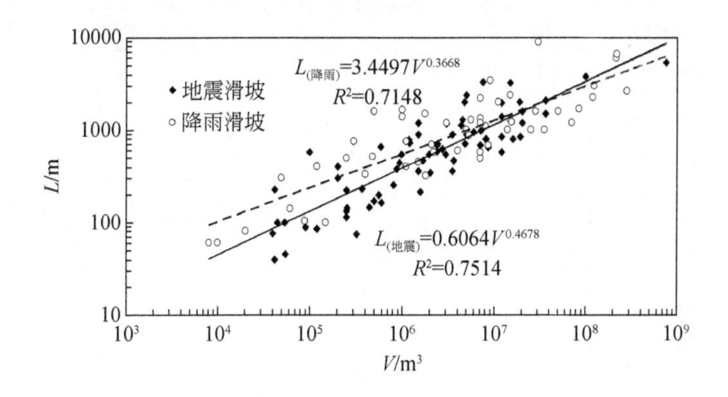

图 9.4　滑坡体积与 H 的关系

由于滑坡最大垂直距离受控于滑坡体积，将地震滑坡和降雨滑坡进行不同规模等级比较分析，根据 80% 的滑坡数量的运动距离，确定不同规模滑坡最大垂直运动的优势距离（表 9.3）。

表 9.3　不同规模滑坡垂直运动的优势距离分布表

$V/10^4\text{m}^3$	H/m	地震滑坡		降雨滑坡	
		数量	累计百分数/%	数量	累计百分数/%
2～10	17～20	2	29	1	17
	20～40	1	43	2	50
	40～60	2	71	1	67
	60～80	1	86	1	83
	80～100	1	100	0	83
	>100	0	100	1	100

续表

$V/10^4 m^3$	H/m	地震滑坡		降雨滑坡	
		数量	累计百分数/%	数量	累计百分数/%
10～100	40～100	5	26	1	14
	100～200	7	63	2	43
	200～300	2	74	3	86
	300～400	3	90	0	86
	400～500	2	100	0	86
	>500	0	100	1	100
100～1000	90～200	1	3	7	32
	200～400	23	73	8	68
	400～600	7	94	4	86
	600～800	1	97	3	100
	800～1000	1	100	0	100
>1000	150～200	1	7	2	12
	200～400	4	33	9	65
	400～600	4	60	3	82
	600～800	3	80	0	82
	800～1000	3	100	0	82
	>1000	0	100	3	100

1. 地震滑坡

①$V \in (1\sim10)\times10^4 m^3$时，$15 \leqslant H \leqslant 80m$；
②$V \in (10\sim100)\times10^4 m^3$时，$40 \leqslant H \leqslant 400m$；
③$V \in (100\sim1000)\times10^4 m^3$时，$200 \leqslant H \leqslant 600m$；
④$V > 1000\times10^4 m^3$时，$200 \leqslant H \leqslant 1000m$。

2. 降雨滑坡

①$V \in (1\sim10)\times10^4 m^3$时，$15 \leqslant H \leqslant 80m$；
②$V \in (10\sim100)\times10^4 m^3$时，$40 \leqslant H \leqslant 300m$；
③$V \in (100\sim1000)\times10^4 m^3$时，$100 \leqslant H \leqslant 300m$；
④$V > 1000\times10^4 m^3$时，$200 \leqslant H \leqslant 600m$。

9.5 结　　论

滑坡的运动性特征决定了滑坡的致灾强度和致灾区域，而且滑坡的运动性指标取决于滑坡的体积。本章根据我国近年来的由地震和降雨诱发的灾难性滑坡资料，分析了滑坡的等价摩擦系数（*H/L*）、最大水平距离（*L*）和最大垂直距离（*H*）与滑坡体积的关系。研究结果表明，由地震和降雨诱发的灾难性滑坡的*H/L*、*L*和*H*与滑坡的体积具有幂律关系，其中*H/L*与滑坡体积呈负幂律关系，*L*、*H*与滑坡体积呈正幂律关系。

滑坡在同一规模等级下，地震滑坡的*H/L*比降雨滑坡大，表明降雨滑坡的运动性较强；以*H/L*等于0.42作为滑坡远程运动的判别标准，地震诱发的灾难性滑坡与滑坡远程运动的关系较小，而灾难性的降雨滑坡与滑坡的远程运动关系较大。

根据不同规模等级的地震滑坡和降雨滑坡的分布特征，以80%的滑坡数量分布的距离建立滑坡水平运动优势距离。在同一规模等级下，降雨滑坡的最大水平运动的优势距离区间较地震滑坡小，但其绝对水平运动的距离大于地震滑坡。不同规模的滑坡水平运动的优势距离可为滑坡的致灾区域的预测提供参考。

在滑坡运动的垂直距离上，在同一规模等级的降雨滑坡的最大垂直运动的优势距离区间和绝对垂直距离都较地震滑坡小。不同规模的滑坡垂直运动的优势距离可为滑坡的致灾强度的预测提供参考。

主要参考文献

[1] 殷跃平，朱继良，杨胜元．贵州关岭大寨高速远程滑坡-碎屑流研究［J］．工程地质学报，2010，18（4）：445-454.

[2] 许强，董秀军，邓茂林等．2010年7·27四川汉源二蛮山滑坡-碎屑流特征与成因机理研究［J］．工程地质学报，2010，18（5）：609-622.

[3] http：//www. cigem. gov. cn/.

[4] 张明，殷跃平，吴树仁等．高速远程滑坡-碎屑流运动机理研究发展现状与展望［J］．工程地质学报，2010，18（6）：805-817.

[5] 殷跃平．汶川八级地震地质灾害研究［J］．工程地质学报，2008，16（4）：433-444.

[6] 黄润秋，裴向军，张伟锋等．再论大光包滑坡特征与形成机制［J］．工程地质学报，2009，17（6）：725-736.

[7] 殷跃平．汶川八级地震滑坡特征分析［J］．工程地质学报，2009，17（1）：29-38.

[8] 樊晓一，乔建平．坡、场因数对大型滑坡的运动特征影响研究［J］．岩石力学与工程学报，2010，29（11）：2337-2347.

[9] 韩金良，燕军军，吴树仁等．5.12四川汶川Ms 8级地震触发的典型滑坡的风险指标反演

[J]. 地质通报, 2009, 28 (8): 1146-1155.
[10] 王运生，徐鸿彪，罗永红等. 地震高位滑坡形成条件及抛射运动程式研究 [J]. 岩石力学与工程学报, 2009, 28 (11): 2360-2368.
[11] 李吉东. 平武县大桥镇斩龙垭滑坡抗震减灾的思考 [J]. 铁道工程学报, 2009, 10: 8-11.
[12] 胡卸文，黄润秋，施裕兵等. 唐家山滑坡堵江机制及堰塞坝溃坝模式分析 [J]. 岩石力学与工程学报, 2009, 28 (1): 182-189.
[13] 黄润秋，许强，中国典型灾难性滑坡 [M]. 北京: 科学出版社, 2008.
[14] 郑勇，韩刚，赵其华. 汶川八级地震触发何家沟碎屑流滑坡基本特征及形成机理 [J]. 地质灾害与环境保护, 2009, 20 (4): 86-90.
[15] 孔纪名，阿发友，吴文平. 汶川地震滑坡类型及典型实例分析 [J]. 水土保持学报, 2009, 23 (6): 66-70.
[16] 辛鹏，吴树仁，杨为民等. 陕西省麟游县丈八乡滑坡群的形成机理与堰塞湖危险性评价 [J]. 地质通报, 2009, 28 (8): 1085-1092.
[17] 曾超，李曙平，李群. 地震灾区公路滑坡发育特征及形成机理分析 [J]. 公路工程, 2009, 34 (3): 143-146.
[18] 王福海，王运生，魏鹏等. 四川茂县维城乡后山古滑坡形成机制及稳定性评价 [J]. 南水北调与水利科技, 2010, 8 (1): 39-43.
[19] 许强，裴向军，黄润秋. 汶川地震大型滑坡研究 [M]. 北京: 科学出版社, 2009.
[20] 方华，崔鹏. 汶川地震大型高速远程滑坡力学机理及控制因子分析 [J]. 灾害学, 2010, 25 (S0): 120-126.
[21] 吴文平，孔纪名，李秀珍等. 地震坠落滑动型滑坡发育特点及典型实例分析 [J]. 人民黄河, 2010, 32 (9): 12-15.
[22] 李秀珍，孔纪名. "5·12" 汶川地震诱发滑坡的滑动距离预测 [J]. 四川大学学报 (工程科学版), 2010, 42 (5): 243-249.
[23] 徐梦珍，王兆印，施文婧等. 汶川地震引发的次生山地灾害链—以火石沟为例 [J]. 清华大学学报 (自然科学版), 2010, 50 (9): 1338-1341.
[24] 赵建军，巨能攀，李果等. 汶川地震诱发罐滩滑坡形成机制初步分析 [J]. 地质灾害与环境保护, 2010, 21 (2): 92-96.
[25] 穆鹏，董兰凤，吴玮江. 兰州市九州石峡口滑坡形成机制与稳定性分析 [J]. 西北地震学报, 2008, 30 (4): 332-336.
[26] 王佳运，魏兴丽，薛强. 陕西延安杨崖滑坡的形成机理及其致灾分析 [J]. 地质通报, 2008, 27 (8): 1230-1234.
[27] 崔芳鹏，胡瑞林，谭儒蛟等. 青海八大山滑坡群形成机制及稳定性评价研究 [J]. 岩石力学与工程学报, 2008, 27 (4): 848-857.
[28] 陈永波，王成华，樊晓一. 湖北省千将坪大型滑坡特征及成因分析 [J]. 山地学报, 2003, 21 (5): 633-634.
[29] 乔建平，吴彩燕，李秀珍等. 四川省宣汉县天台乡特大型滑坡分析 [J]. 山地学报, 2005, 23 (4): 458-461.

[30] 许强，黄润秋，殷跃平等. 2009年6.5重庆武隆鸡尾山崩滑灾害基本特征与成因机理初步研究 [J]. 工程地质学报，2009，17（4）：433-444.

[31] 简文星，殷坤龙，闫天俊等. 重庆万州区民国场滑坡基本特征及形成机制 [J]. 中国地质灾害与防治学报，2005，16（4）：20-23.

[32] 樊晓一，王成华，乔建平. 两龙滑坡特征及转化泥石流机制分析 [J]. 水土保持研究，2005，12（6）：156-158.

[33] 王尚彦，王纯厚，张慧等. 贵州省纳雍县岩脚寨基岩顺层滑坡特征及研究意义 [J]. 贵州地质，2003，20（4）：239-241.

[34] 陈国辉，郑奎. 乱石岗滑坡形成机制分析 [J]. 四川地质学报，2009，29（3）：303-304.

[35] 胡瑞林，张明，崔芳鹏等. 四川省达县青宁乡滑坡的基本特征和形成机理分析 [J]. 地学前缘，2008，15（4）：250-257.

[36] 赵宇，崔鹏，王成华等. 重庆万盛煤矸石山自燃爆炸型滑坡碎屑流成因探讨 [J]. 山地学报，2005，23（2）：169-173.

[37] 张春祥. 武隆县油坊沟滑坡机理与稳定性分析 [J]. 路基工程，2008，3：194-195.

[38] 胥良，李云贵，刘汉超. 四川省达州地区团包嘴滑坡成因机制及防治措施探讨 [J]. 中国地质灾害与防治学报，2005，16（4）：138-141.

[39] 李守定，李晓，董艳辉等. 重庆万州吉安滑坡特征与成因研究 [J]. 岩石力学与工程学报，2005，24（17）：3159-3164.

[40] 曾庆利，张西娟，杨志法. 云南虎跳峡"滑石板"岩质滑坡的基本特征与成因 [J]. 自然灾害学报，2007，16（3）：2-6.

[41] 陈自生，张晓刚. 1994-04-30四川省武隆县鸡冠岭滑坡-崩塌-碎屑流-堵江灾害链 [J]. 山地研究，1994，12（4）：225-229.

[42] 陈自生，杨文. 1994-03-20四川省高县白崖崩塌性滑坡 [J]. 山地研究，1994，12（4）：219-224.

[43] 孙广忠. 中国典型滑坡 [C]. 宜昌：中国典型滑坡实例学术讨论会，1986.

[44] 原俊红. 白龙江中游滑坡堵江问题研究 [D]. 兰州：兰州大学，2007.

[45] Hungr O. Rock avalanche occurrence, process and modelling [J]. Earth and Environmental Science, 2006, 49（4）：243-266.

[46] 樊晓一. 地震与非地震诱发滑坡的运动特征对比研究 [J]. 岩土力学，2010，31（Suup. 2）：32-37.

[47] Legros F. The mobility of long- runout landslides [J]. Engineering Geology, 2002, 63：302-331.

第10章　非完全受阻地震滑坡运动距离的影响因素及机制分析

10.1　概　　述

完全受阻滑坡是指滑坡体的运动方向与沟谷的延伸方向以直角或近似直角相交，滑坡前缘冲击对面斜坡，滑坡体的运动被对面斜坡完全阻止，沿沟谷上、下游两侧堆积，堵塞河道，形成堰塞坝，如汶川地震诱发的唐家山滑坡、大光包滑坡、肖家桥滑坡等。非完全受阻滑坡是指滑坡前缘在开阔的地形上运动，在相对平缓的斜坡或平坦的地面停止堆积，或者在沟谷地形中滑坡起始运动方向与沟谷下游延伸方向基本一致或斜交，滑坡运动未受对面斜坡的完全阻止，滑坡的运动能量和过程得以相对充分的发挥，产生相对较远的运动距离，导致严重的人员伤亡、建筑损毁和掩埋，如王家岩滑坡、东河口滑坡、鼓儿山滑坡等。

滑坡的运动性一直以来都是灾难性滑坡研究的关键问题，包含了滑坡物源启动、运动、堆积过程，其受到滑坡的触发启动机制、运动过程与机制的影响。地震滑坡的启动机制包括拉裂-走向滑移、拉裂-顺层（倾向）滑移、拉裂-水平滑移和拉裂-散体滑移[1]；滑源区的高位剪切抛掷机制[2]、跳跃-弹射机制[3]、逆断层斜冲机制[4]等。地震滑坡在强大的加速度惯性力作用下启动，受其规模和岩性、地形地貌、坡体结构以及前缘沟谷地形走向等因素影响，表现出不同的运动性特征。这些启动机制受控于滑坡区所处的地质环境条件、坡体结构以及岩性特征，并在地震滑坡发育特征的研究上取得了丰富的研究成果，但是启动机制对滑坡运动性的影响还不明确。

灾难性滑坡常具有高速、远程运动特征，其运动机理成为滑坡动力学研究的热点，其运动过程与机制取决于滑坡的总能量，如果滑坡运动不明显地受下垫面场地条件的阻止，滑坡的运动参数很大程度上受控于滑坡体积[5]。关于高速远程滑坡的运动机制研究涉及固、液、气的作用机理，空气润滑、颗粒流、能量传递、底部超孔隙水压力等理论模型，以及气垫效应、滑面液化、碎屑流动等作用效应[6-10]。但这些作用和机制又与滑坡岩土体特性、运动场地地形条件等因素密切相关。

因此，本章根据调查、收集和解译的汶川地震诱发的215个体积大于$10^4 m^3$

的非完全受阻滑坡数据（表 10.1），以岩性、地震烈度、岩层倾向与坡向关系和场地地形条件为影响因素，分析滑坡体积（V）与最大水平运动距离（L）的关系，探讨这些因素对滑坡运动距离的影响及作用机制。

表 10.1　滑坡数据

序号	滑坡名称	纬度	经度	$V/10^4m^3$	L/m	序号	滑坡名称	纬度	经度	$V/10^4m^3$	L/m
1	安子	31.752	104.354	3	160	30	东河口	32.408	105.110	1646	2400
2	八扎庙	31.393	104.010	12	260	31	东溪沟	31.868	104.476	183	930
3	白沙沟	31.964	104.569	21	394	32	董家	32.343	105.031	29	277
4	白石子	31.163	103.541	13	265	33	独木桥	31.811	104.338	397	1810
5	白水皂	31.425	104.115	15	510	34	杜家岩	32.333	105.028	51	840
6	白堰塘 1#	31.741	104.248	28	630	35	断头崖	31.445	103.971	63	638
7	白堰塘 2#	31.740	104.243	3	217	36	二道河	31.252	103.610	60	625
8	白堰塘 3#	31.744	104.239	25	533	37	翻山岭	31.662	104.287	11	371
9	白云顶	30.992	103.470	9	423	38	风岩子	31.754	104.421	62	790
10	百花乡	31.001	103.479	18	274	39	风岩子	31.754	104.421	62	790
11	柏树岭	31.809	104.390	134	1100	40	福烟沟	31.421	103.501	40	760
12	板子厂	31.758	104.249	4	173	41	付家山 1#	31.581	104.121	20	475
13	冰口石 1#	31.346	103.707	455	1560	42	付家山 2#	31.582	104.125	2	130
14	冰口石 2#	31.370	103.700	274	1080	43	付家山 3#	31.583	104.126	8	217
15	陈家磨坊	31.475	104.079	16	256	44	甘溪铺	31.077	103.503	4	235
16	陈山村	31.802	104.390	93	733	45	公棚 1#	31.167	103.478	92	601
17	窗子沟 1#	31.518	104.083	50	490	46	公棚 2#	31.184	103.466	5	275
18	窗子沟 2#	31.516	104.083	13	413	47	古埋沟	32.269	104.965	101	907
19	大柏兴	31.804	104.350	9	245	48	古溪沟村 1#	31.000	103.465	17	263
20	大崩山沟	31.331	103.657	44	578	49	古溪沟村 2#	30.999	103.465	8	275
21	大水井	31.075	103.612	16	338	50	鼓儿山 1#	31.918	104.575	48	440
22	大洼山	32.332	104.999	14	347	51	鼓儿山 2#	31.919	104.577	235	900
23	大窝	31.819	104.309	1	135	52	鼓儿山 3#	31.921	104.577	119	650
24	大屋基	31.701	104.197	365	1540	53	观音堂	31.793	104.380	2	172
25	大竹坪	31.617	104.148	294	885	54	海心沟	31.527	103.941	480	1363
26	刀砍山	31.807	104.283	1	158	55	蒿地坪	32.330	104.990	45	485
27	倒栽桥	31.150	103.431	132	890	56	红麻公	32.301	104.961	90	835
28	邓家火地	31.490	104.054	39	550	57	红石沟	31.616	104.122	867	2837
29	东地坪	32.274	104.933	3	255	58	黄坝狮	31.212	103.538	49	495

续表

序号	滑坡名称	纬度	经度	$V/10^4m^3$	L/m	序号	滑坡名称	纬度	经度	$V/10^4m^3$	L/m
59	黄泥杠 1#	31.045	103.450	5	260	91	龙神堂 1#	31.721	104.252	23	600
60	黄泥杠 2#	31.046	103.450	8	402	92	龙神堂 2#	31.725	104.251	16	404
61	黄水河	31.498	104.060	34	535	93	龙湾村	31.922	104.569	82	805
62	黄秧坪	31.526	104.080	3	170	94	龙眼洞	31.753	104.258	1	195
63	鸡棚子 2#	30.816	103.248	12	350	95	罗池	31.587	104.129	8	322
64	集中村	30.982	103.454	4	168	96	罗家磨子	31.111	103.622	17	340
65	椒子园	31.812	104.400	11	364	97	罗圈湾沟	31.204	103.536	9	315
66	金河磷矿	31.440	104.018	82	753	98	罗子寺	31.321	103.842	81	877
67	金牛驼沟	31.441	103.876	125	1265	99	罗子寺	31.330	103.845	74	573
68	九道拐 1#	31.742	104.271	222	1307	100	骆家山 1#	31.243	103.856	11	295
69	九道拐 2#	31.717	104.126	66	600	101	骆家山 2#	31.246	103.855	3	280
70	九龙沟	30.852	103.439	3	247	102	麻地坪	32.357	104.995	56	760
71	烂泥沟 1#	31.504	104.084	33	574	103	麻柳坝	32.286	104.946	2	124
72	烂泥沟 2#	31.505	104.081	3	267	104	马槽滩	31.424	104.004	38	640
73	老虎嘴	31.090	103.486	80	465	105	马家河坝 1#	31.102	103.475	3	207
74	老虎嘴沟 1#	31.096	103.518	63	770	106	马家河坝 2#	31.103	103.475	2	145
75	老虎嘴沟 2#	31.085	103.508	40	650	107	马家河坝 3#	31.104	103.474	2	176
76	老木沟 1#	31.850	104.374	36	617	108	马桑岭 1#	31.855	104.450	53	792
77	老木沟 2#	31.848	104.375	9	335	109	马桑岭 2#	31.856	104.452	8	364
78	老木沟 3#	31.849	104.375	8	296	110	马腰岗	30.986	103.457	1	124
79	老窑子	31.210	103.548	36	575	111	毛虫山	32.241	104.912	45	933
80	擂鼓 1#	31.756	104.429	9	188	112	梅子林村	31.499	104.109	6	265
81	擂鼓 2#	31.753	104.431	9	235	113	棉角坪	31.842	104.491	344	1054
82	梨儿包	31.748	104.271	12	370	114	庙子岭	32.290	105.025	5	187
83	两河口	31.178	103.551	28	600	115	磨子沟	31.161	103.578	10	411
84	廖道坪	31.512	104.182	24	335	116	魔芋坪 1#	31.888	104.483	5	222
85	林家山	32.270	104.932	100	701	117	魔芋坪 2#	31.886	104.482	4	217
86	岭头	32.362	105.053	53	465	118	魔芋坪 3#	31.885	104.480	2	183
87	刘家磨子	31.023	103.398	27	540	119	墨家坪	31.758	104.301	24	504
88	刘家坪 1#	31.764	104.380	7	248	120	木瓜园	32.299	105.064	6	314
89	刘家坪 2#	31.765	104.377	12	256	121	木红坪	32.287	104.983	43	940
90	柳树坪	32.365	105.053	27	652	122	牛滚凼沟	31.467	103.917	36	536

续表

序号	滑坡名称	纬度	经度	$V/10^4m^3$	L/m	序号	滑坡名称	纬度	经度	$V/10^4m^3$	L/m
123	偏桥子	31.822	104.370	7	346	155	田梁上	31.943	104.567	8	300
124	平房头	31.733	104.146	7	305	156	桐子湾	31.434	104.119	20	573
125	平溪村	32.276	104.941	28	400	157	头梁子	31.095	103.518	3	285
126	坪上	32.288	105.061	27	580	158	土门乡1#	31.723	104.094	17	348
127	蒲家沟	32.385	105.059	26	560	159	土门乡2#	31.704	104.092	36	503
128	七郎庙	31.739	104.229	25	605	160	土门乡3#	31.724	104.090	18	642
129	青龙村	32.358	105.036	165	770	161	瓦前山	32.375	105.050	29	480
130	邱家山1#	32.378	105.046	10	288	162	王大包	32.389	105.085	25	680
131	邱家山2#	32.377	105.054	3	165	163	王家坪1#	31.537	104.073	8	317
132	任家山	31.758	104.408	6	258	164	王家坪2#	31.529	104.062	20	375
133	三叉沟	31.838	104.393	19	480	165	王家岩	31.826	104.449	89	680
134	沙坝村	31.847	104.487	21	497	166	围子坪	32.386	105.093	95	770
135	杉树林	31.181	103.508	22	695	167	文家沟	31.553	104.154	4100	4250
136	上银杏坪	31.176	103.499	10	266	168	窝凼	31.096	103.477	4	190
137	深溪沟1#	31.103	103.622	1	104	169	窝前	32.306	104.964	664	1950
138	深溪沟2#	31.102	103.624	3	205	170	窝子沟	32.239	104.874	9	526
139	深溪沟3#	31.101	103.625	1	128	171	屋基包	32.296	104.956	9	295
140	深溪沟4#	31.097	103.621	17	443	172	无音寺	31.091	103.520	2	235
141	深溪沟5#	31.103	103.622	2	148	173	武显庙	31.796	104.376	7	229
142	石板沟村	32.420	105.091	432	1607	174	峡马口	31.370	103.969	38	633
143	石凑子	32.244	104.912	8	273	175	峡马口村	31.362	103.985	5	324
144	石岗坪	31.397	104.025	37	567	176	下石槽	31.664	104.297	32	640
145	石家山	31.990	104.615	218	878	177	夏家坪	31.122	103.655	62	683
146	石窝头	31.726	104.101	18	527	178	夏家湾	31.823	104.399	11	433
147	水磨沟	31.452	103.979	832	2050	179	香樟树	31.804	104.398	1	140
148	四坪	31.410	103.948	20	517	180	向家梁子	31.715	104.136	1954	2777
149	苏家院	32.280	104.945	8	180	181	肖家湾	31.673	104.343	63	530
150	孙家院子1#	30.881	103.321	5	186	182	小湾1#	31.063	103.525	3	187
151	孙家院子2#	30.880	103.321	6	255	183	小湾2#	31.072	103.526	2	220
152	塔子坪	31.108	103.629	59	656	184	小溪湾	32.381	105.073	22	567
153	太子庙	31.855	104.597	563	2227	185	谢家店子	31.304	103.837	394	1690
154	糖坊	31.875	104.486	3	197	186	谢家山	31.711	104.240	76	1022

续表

序号	滑坡名称	纬度	经度	$V/10^4 m^3$	L/m	序号	滑坡名称	纬度	经度	$V/10^4 m^3$	L/m
187	新店子	31.755	104.262	59	706	202	银杏2#	31.142	103.465	105	806
188	旋转沟	31.854	104.449	11	313	203	银杏3#	31.148	103.470	90	687
189	岩硐窝	32.393	105.098	47	783	204	映秀镇	31.059	103.494	13	340
190	岩上	31.834	104.385	11	366	205	油碾村	30.990	103.467	13	365
191	燕岩村	31.089	103.621	4	218	206	玉皇庙	31.741	104.172	3	265
192	羊儿坪	31.568	104.209	6	180	207	皂角湾沟	31.143	103.536	17	410
193	羊角桥	31.131	103.575	73	565	208	张家沟	31.890	104.529	33	580
194	杨家沟	31.675	104.310	66	660	209	张家坪	31.836	104.376	11	327
195	杨家山1#	31.530	104.083	9	335	210	张家山	31.572	104.192	302	1296
196	杨家山2#	31.496	104.098	5	278	211	张正坡	32.329	105.017	63	817
197	杨家岩1#	31.755	104.329	17	505	212	长河坝	31.194	103.544	107	675
198	杨家岩2#	31.754	104.328	3	215	213	赵家山	32.340	105.044	51	653
199	杨家岩3#	31.753	104.328	4	255	214	中杠梁子	31.203	103.801	8	310
200	杨芋店	31.730	104.120	16	395	215	走马坪	31.142	103.511	115	807
201	银杏1#	31.140	103.466	327	1240						

10.2 地层岩性

滑坡分布区内出露地层丰富，从前震旦系到第四系均有出露，且分区复杂。根据岩性特征，许冲等[11]将汶川地震发育的滑坡岩性划分为7类，其中①以灰岩、页岩为主的岩组、②以砂岩、粉砂岩、千枚岩、灰岩为主的岩组和③以闪长岩，花岗岩等为主的3类岩性发育的滑坡数量占总数的93.55%，其他4类发育的滑坡数量很少。根据岩石的软硬程度[12,13]将岩石划分为：①坚硬岩，包括花岗岩、闪长岩、玄武岩、辉长岩、片麻岩；②较硬岩，包括灰岩、白云岩、厚层块状砾岩和砂岩；③较软岩，包括粉砂岩、泥灰岩等；④软岩，包括泥岩、页岩、千枚岩等。因此，根据上述岩性特征将非完全受阻滑坡的地层岩性概化为4类（表10.2）。

表10.2 滑坡岩性特征表

分类	主要岩性	地层年代	滑坡数量
Ⅰ	花岗岩、闪长岩、斜长岩、安山岩	寒武系（∈）震旦系	51
Ⅱ	砂岩、板岩、石灰岩	石炭系（C）、泥盆系（D）、二叠系（P）、寒武系（∈）	75

续表

分类	主要岩性	地层年代	滑坡数量
Ⅲ	粉砂岩、灰岩夹千枚岩、泥灰岩	志留系（S）、泥盆系（D）	41
Ⅳ	千枚岩、页岩、泥岩、砂岩	志留系（S）、三叠系（T）	48

对于滑坡发育的敏感性而言，已有的研究表明：滑坡面积和数量的分布与岩性具有较强的规律性，滑坡面积分布百分率和频率随岩石强度的减小而增加，并且滑坡在软岩中的发生概率远大于其他岩类[11, 13,14]。但对于滑坡的运动距离而言，根据不同岩性特征的滑坡体积与运动距离的统计分布表明（图 10.1、表 10.3）：当滑坡体积小于 100 万 m^3时，同一体积等级下不同硬度岩性的滑坡运动距离之间的差异较小，岩性对非完全受阻滑坡运动距离的影响不明显；而当体积大于 100 万 m^3时，虽然已有的研究结果表明其运动性特征与体积具有显著相关性[15]，但第Ⅱ、Ⅲ类岩组在同等体积下的运动距离大于第Ⅰ、Ⅳ类岩组。但第Ⅱ、Ⅲ类岩组之间以及第Ⅰ、Ⅳ类岩组之间的运动距离的差异小。

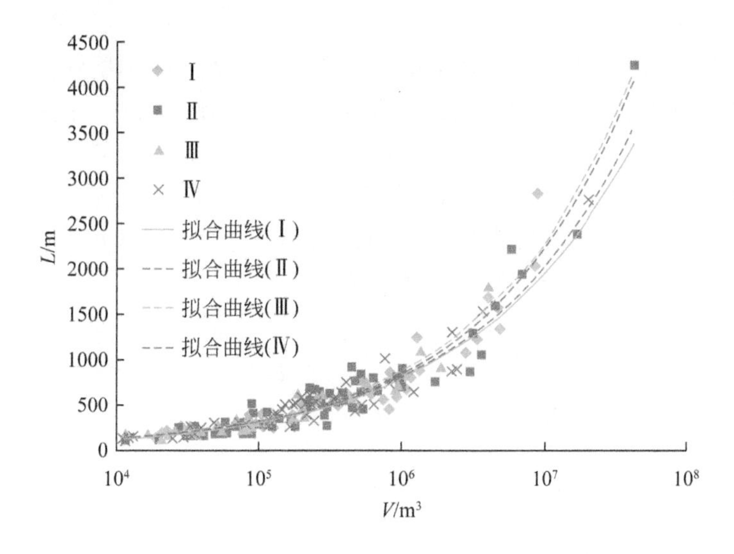

图 10.1　非完全受阻滑坡的运动距离与岩性关系

表 10.3　不同岩性的滑坡体积与运动距离的拟合方程

岩性	拟合方程	R^2
Ⅰ	$L=3.8725V^{0.3865}$	0.93
Ⅱ	$L=2.3567V^{0.4255}$	0.88
Ⅲ	$L=2.7475V^{0.4176}$	0.92
Ⅳ	$L=3.5433V^{0.3938}$	0.93

涉及岩性特征对滑坡的远程运动的作用机制包括滑面液化、颗粒流和能量传递机制。硬岩在运动过程中发生碰撞、碎裂作用，产生较大的块体体积，有利于块体之间的能量传递作用，但其大块体的棱角突出，块体运动受地面摩擦作用也相对增加，并且硬度较高的岩体碎屑产生滑动面液化和颗粒流动的作用相对有限，导致运动距离减小。软岩滑坡在长距离的运动过程中块体破碎较为完全，整体的颗粒粒径相对最小，虽然在上部滑体物质的压力下有利于滑动面颗粒的液化效应，但较小粒径的滑体物质之间的接触面积增加，导致颗粒之间的能量耗散增大，颗粒间的能量传递效应以及颗粒流动作用减小，滑坡运动距离减小。而对于较硬或较软岩性的滑坡而言，可产生粒径分布较宽级配组成，滑坡在运动过程中有利于滑面液化、颗粒流或能量传递机制效应的发挥，滑坡可运动相对较长的距离。汶川地震诱发的典型远程滑坡：文家沟滑坡、东河口滑坡、窝前滑坡等的岩性属于第Ⅱ、Ⅲ类岩组。

10.3 地震烈度对运动距离的影响

根据《汶川8.0级地震烈度分布图》，研究区烈度分布从Ⅵ度到Ⅺ度，汶川地震的最大烈度为Ⅺ度。地震滑坡分布的主要烈度区间为Ⅷ到Ⅺ度，并且滑坡分布的密度随烈度的增加而增大[16]，其中，Ⅹ度和Ⅺ度区的滑坡发育密度基本相同，Ⅸ度区灾害密度只有前两者的1/3，而Ⅷ度区发育密度只有Ⅺ度区或Ⅹ度区的1/10[17]。上述研究结果表明，滑坡分布的点密度和面积密度与地震烈度呈显著正相关[18]。

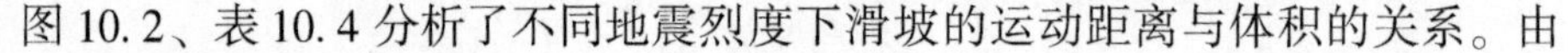

图10.2、表10.4 分析了不同地震烈度下滑坡的运动距离与体积的关系。由

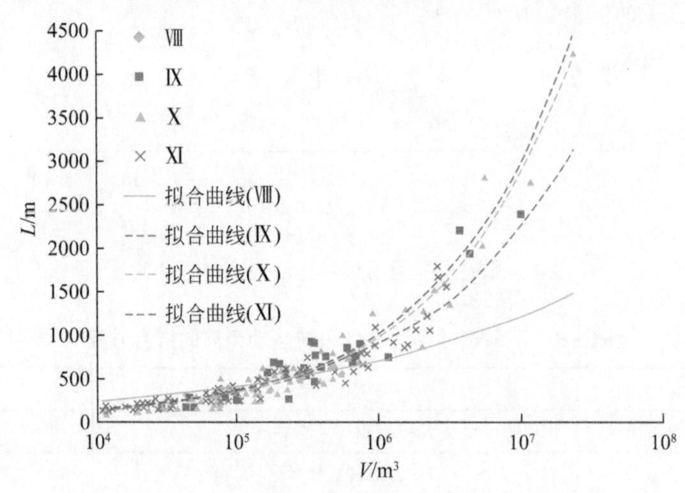

图10.2 滑坡运动距离与地震烈度关系

于Ⅷ度区的滑坡数量较少，不能完全反映该区域地震烈度对滑坡运动距离的影响。从Ⅸ到Ⅺ度区，当滑坡体积小于 $10^6 m^3$ 时，地震烈度对运动距离的影响较小；当滑坡体积大于 $10^6 m^3$ 时，同等体积的非完全受阻滑坡的运动距离随烈度的增加而减小，即 $L_{Ⅸ} > L_{Ⅹ} > L_{Ⅺ}$，这与滑坡点密度和面积密度的分布规律相反。

表 10.4　地震烈度的滑坡体积与运动距离的拟合方程

地震烈度	拟合方程	R^2	滑坡数量
Ⅷ	$L=31.133V^{0.2206}$	0.96	4
Ⅸ	$L=2.1578V^{0.4354}$	0.87	29
Ⅹ	$L=2.1928V^{0.4314}$	0.91	85
Ⅺ	$L=4.567V^{0.3726}$	0.92	97

地震滑坡的发育与断层上下盘、距离发震断裂的距离、震中距、地震震级、峰值加速度、地震烈度等因素具有显著的相关性。由于滑坡区所处的地质环境条件、坡体结构以及岩性特征的影响，地震诱发的大型滑坡产生拉裂-走向滑移、拉裂-顺层（倾向）滑移、拉裂-水平滑移和拉裂-散体滑移等启动机制，以及滑源区的高位剪切抛掷机制、滑雪跳跃式弹射、断层斜冲机制等，但这些机制对滑坡运动性的影响并不明确。地震荷载以及产生的抛掷效应可能有助于增加滑坡远程运动[19,20]，但对中小型滑坡而言，地震烈度对滑坡的运动距离作用并不显著；而大型滑坡的运动距离与地震烈度呈负相关关系，表明其受控于其他因素的影响。

10.4　岩层倾向与坡向夹角对运动距离的影响

坡体结构对滑坡的发育特征以及斜坡的稳定性具有重要的影响，坡体结构特征可由岩层倾向与坡向夹角来确定。因此，本章根据岩层倾向与坡向夹角关系将坡体结构分为顺向坡、顺-斜向坡、逆-斜向坡、逆向坡（图 10.3）和其他类型。分类的指标为：Ⅰ. 岩层倾向与坡向夹角小于 30°时为顺向坡体结构[21]；Ⅱ. 岩层倾向与坡向夹角大于 30°且小于 90°时为顺-斜向坡体结构；Ⅲ. 岩层倾向与坡向夹角大于 90°且小于 150°时为逆-斜向坡体结构；Ⅳ岩层倾向与坡向夹角大于 150°时为逆坡向坡体结构；Ⅴ. 由于水平岩层、垂直岩层和岩浆岩类岩层无岩层倾向，将其确定为第Ⅴ类坡体结构。

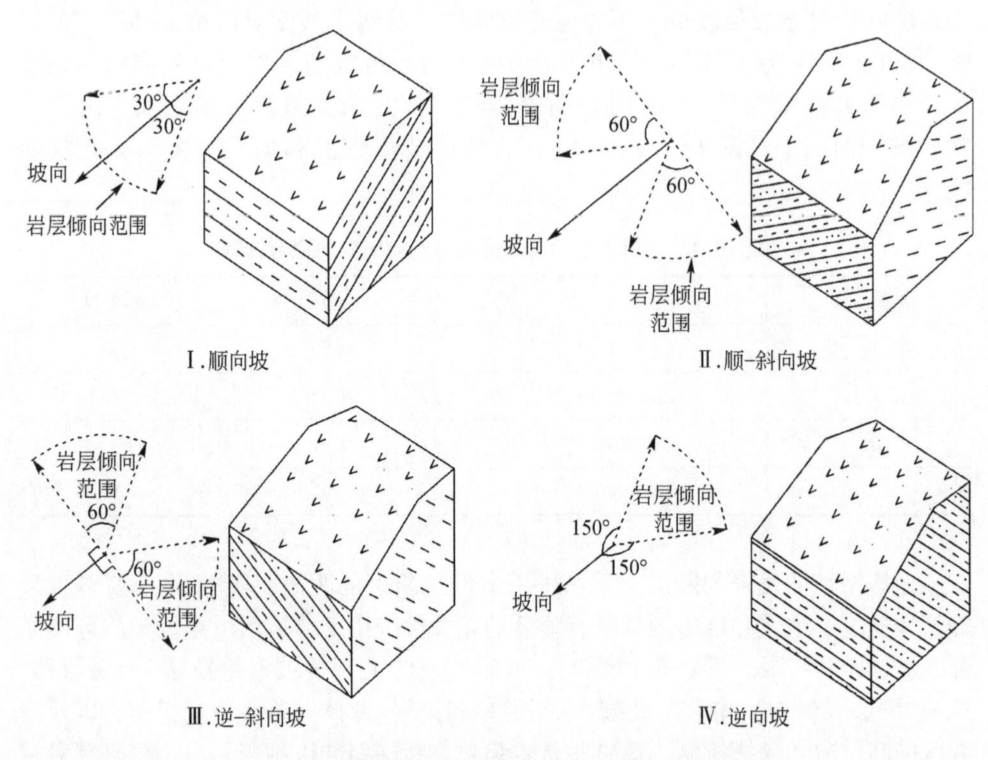

图 10.3　岩层倾向与坡向关系

不同坡体结构对滑坡运动距离的影响见图 10.4、表 10.5。当滑坡体积小于

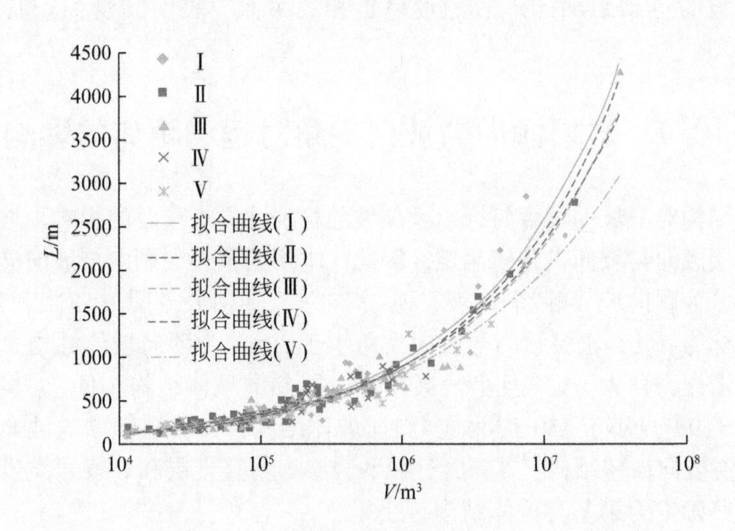

图 10.4　滑坡运动距离与坡体结构关系

$10^6 m^3$时，未完全受阻滑坡的运动距离基本不受坡体结构的影响；当滑坡体积大于$10^6 m^3$时，顺向坡和逆向坡的运动距离最大且随体积的分布规律基本一致，顺-斜向和逆-斜向坡体的滑坡运动距离次之且分布规律相同，水平岩层、垂直岩层和岩浆岩类岩层的滑坡运动距离最小。

表 10.5　坡体结构的滑坡体积与运动距离的拟合方程

分类	拟合方程	R^2	滑坡数量
Ⅰ	$L=2.3713V^{0.4284}$	0.91	29
Ⅱ	$L=3.3894V^{0.4001}$	0.90	55
Ⅲ	$L=2.5685V^{0.4165}$	0.92	52
Ⅳ	$L=2.2724V^{0.43286}$	0.86	30
Ⅴ	$L=4.9747V^{0.3667}$	0.93	49

一般而言，顺向坡的坡体结构对滑坡的形成机制最敏感，岩体的稳定性最差，逆向坡和岩浆岩类的坡体结构具有较好的稳定性。但对于地震滑坡，地表峰值加速度与坡向关系、发震断裂走向、活动特征与坡体结构的组合特征等都影响着滑坡的发育规律。汶川地震滑坡发育规律的研究表明：坡向与倾向对汶川地震滑坡区域和体积的影响大于坡度和岩石类型[13]，滑坡运动的优势方向为东偏北，东偏南以及西偏北，垂直于发震断裂[22,23]，东向坡和东南坡的滑坡点密度（LPD）和面积密度（LAD）大于其他方向[24]。然而，对于滑坡的运动距离而言，滑坡发育和运动的优势方向并不与运动距离的大小呈正相关关系。因此，岩体结构以及由岩体结构影响的滑坡发育分布规律和成因模式，对滑坡运动距离的作用不显著。

10.5　场地条件

由于本章所分析的滑坡运动不受河流或沟谷地形的完全阻止作用，滑坡的运动场地类型包括开阔型和沟谷型场地地形。开阔型场地地形表明在滑坡运动方向的横断面上地形平坦、开阔。滑坡的运动受侧面边界地形的影响较小。滑坡在启动、运动和堆积区的地形上分布 3 个不同的原始平均地形坡度：滑源区坡度（α）、运动区坡度（β）和堆积区的坡度（γ）。根据 3 个地形坡度的变化，将开阔型滑坡划分为 4 种类型：坡脚型[25]、坡面型、凹面型和陡坡加速型（图 10.5 Ⅰ～Ⅳ）；根据滑坡初始运动方向与沟谷下游延伸方向的夹角关系（θ），沟谷型滑坡地形条件分为沟谷顺直型和偏转型两类（图 10.5 Ⅴ～Ⅵ）。滑坡场地分类及地形条件如表 10.6。

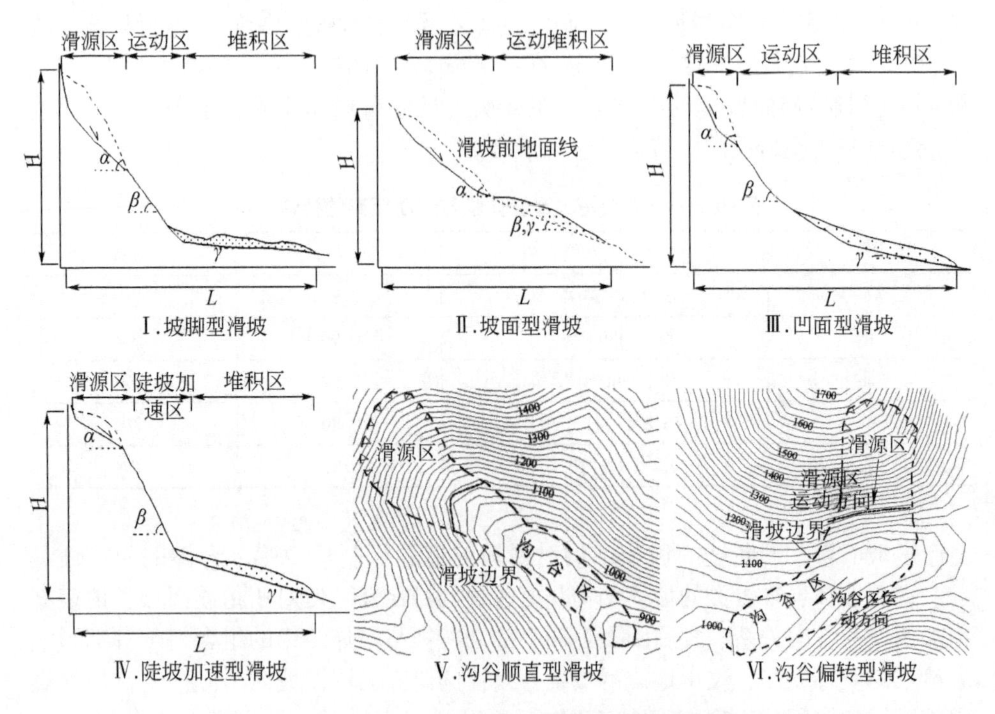

图 10.5 非完全受阻滑坡场地地形分类概图

表 10.6 非完全受阻滑坡场地地形条件分类表

场地分类		场地名称	地形条件	滑坡数量
开阔型	Ⅰ	坡脚型	$\alpha \approx \beta$，且 $\gamma \leqslant 10°$	23
	Ⅱ	坡面型	$\alpha > \beta$、γ，且 $\beta \approx \gamma$	48
	Ⅲ	凹面型	$\alpha > \beta > \gamma$，且坡度变化连续	36
	Ⅳ	陡坡加速型	$\beta > \alpha$、γ	30
沟谷型	Ⅴ	沟谷顺直型	$\theta \leqslant 30°$	30
	Ⅵ	沟谷偏转型	$\theta > 30°$	48

如果滑坡在运动方向上未明显受阻，滑坡的体积与运动距离具有较为显著的幂率关系[26]。图 10.6 和表 10.7 显示了不同类型地形条件的滑坡体积与运动距离之间的显著相关性，但对于不同类型的地形条件，同等体积的运动距离存在较大的差异。其中，沟谷顺直型滑坡的运动距离最大，随后依次为凹面型、陡坡加速型、沟谷偏转型、坡脚型和坡面型。与前 3 种因素对滑坡运动距离影响的差异在于：对于中小规模的滑坡，不同类型的地形条件对滑坡的运动距离就存在一定差异，而随着滑坡体积的增大，差异更加显著。

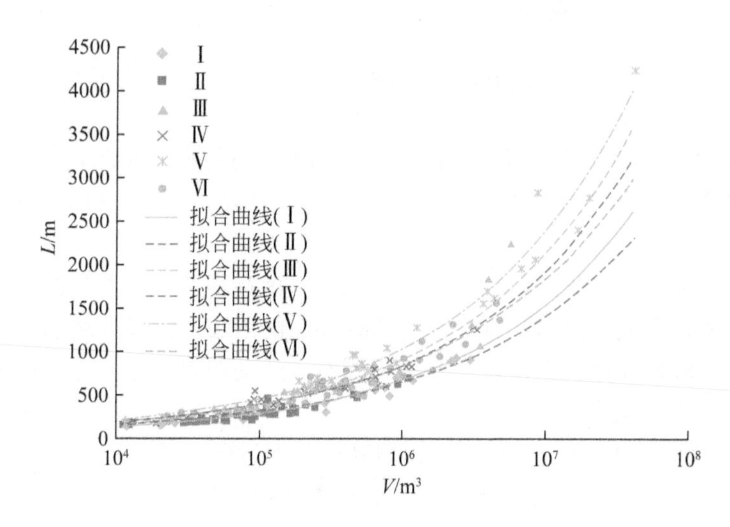

图 10.6　滑坡运动距离与场地地形条件的关系

表 10.7　地形条件的滑坡体积与运动距离的拟合方程

场地条件	拟合方程	R^2
Ⅰ	$L=3.0619V^{0.385}$	0.96
Ⅱ	$L=4.9046V^{0.3503}$	0.82
Ⅲ	$L=4.7951V^{0.3773}$	0.95
Ⅳ	$L=4.9937V^{0.3694}$	0.92
Ⅴ	$L=5.6699V^{0.3744}$	0.97
Ⅵ	$L=6.3879V^{0.351}$	0.90

地震滑坡运动典型的动力类型分为破坏、抛射和流动。统计分析表明体积、地形、巨大的动能和滑坡前缘的高位破裂面是控制滑坡碎屑流运动性的主要因素[15]；沟谷地形和未受阻止扩展地形对滑坡碎屑流的能量耗散相对较低[27]；虽然大多数远程滑坡碎屑流具有高位能和陡倾角的滑源区，导致碎裂滑体在运动路径上加速运动，但沟谷内分布的大量饱和、松散的全新世沉积物可能是滑坡远程运动最重要的因素[28]，导致沟谷地形比开阔地形具有更大的运动性。此外，滑坡的水平运动距离不但依赖于滑坡的体积，还受控于运动路径上的地形坡度大小而产生的垂直落差[29]，由于运动区和堆积区地形坡度以及运动方向的显著变化，滑坡前缘与地面的碰撞将耗散部分运动能量，因此，坡度和运动方向明显变化的碰撞地形使滑坡速度在垂直和水平方向上产生巨大的变化[30]，显著地影响了滑坡的运动性。

10.6 结　　论

本章通过对岩性、地震烈度、岩层倾向与坡向的关系和运动场地地形条件4个因素的研究，分析了非完全受阻地震滑坡运动距离的影响及其作用机制，得出如下结论：

岩性、地震烈度和岩层倾向与坡向关系基本确定了滑坡区所处的地质环境条件、坡体结构以及岩性组合特征，这些特征导致的滑坡成因模式或启动机制对中小型规模的滑坡运动距离影响较小，而大型滑坡运动距离的差异是规模效应和场地地形条件作用的结果。

对于体积大于10^6m^3的大型滑坡，同等规模下较硬和较软岩性的运动距离大于坚硬岩体和软岩。其作用机制在于岩性的软硬程度所产生的滑体岩块或颗粒特性对滑坡运动距离的影响；从Ⅸ到Ⅺ度区，滑坡分布的密度随烈度的增加而增大，而同等体积大型滑坡的运动距离随烈度的增加而减小，这与滑坡点密度和面积密度的分布规律相反；滑坡发育和运动的优势方向并不与运动距离的大小呈正相关，岩体结构虽然影响了滑坡发育的分布规律和成因模式，但对滑坡运动距离的作用却不显著。

运动场地地形条件不仅显著地影响了大型滑坡的运动距离，而对中小型滑坡同样有效，是滑坡运动距离最主要的影响因素。其中，沟谷型滑坡的运动距离最大，随后依次为凹面型、陡坡加速型、沟谷偏转型、坡脚型和坡面型。

综上的研究表明：由岩性、地震烈度、坡体结构及其综合作用下地震滑坡的诱发机制、启动模式对运动距离的影响并不显著；汶川地震不同烈度下滑坡运动距离的特征与点、面密度分布规律相反；不同场地地形条件是同等规模滑坡运动距离产生差异的最主要影响因素。

主要参考文献

[1] 许强，裴向军，黄润秋. 汶川地震大型滑坡研究［M］. 北京：科学出版社，2009.

[2] 朱守彪，石耀霖，陆鸣等. 地震滑坡的动力学机制研究［J］. 中国科学（D辑），2013，43（7）：1096-1105.

[3] Tang H M, Liu X, Hu X L, et al. Evaluation of landslide mechanisms characterized by high-speed mass ejection and long-run-out based on events following the Wenchuan earthquake［J］. Engineering Geology, 2015, 194：12-24.

[4] Dai F C, Tu X B, Xu C, et al. Rock avalanches triggered by oblique-thrusting during the 12 May 2008 Ms 8.0 Wenchuan earthquake, China［J］. Geomorphology, 2011, 132：300-318.

[5] Legros F. The mobility of long-runout landslides［J］. Engineering Geology, 2002, 63：302-331.

[6] 程谦恭，张倬元，黄润秋．高速远程崩滑动力学的研究现状及发展趋势 [J]．山地学报，2007，25（1）：72-84.

[7] 张明，殷跃平，吴树仁等．高速远程滑坡-碎屑流运动机理研究发展现状与展望 [J]．工程地质学报，2010，18（6）：805-817.

[8] Yang C M，Yu W L，Dong J J，et al. Initiation，movement，and run-out of the giant tsaoling landslide—What can we learn from a simple rigid block model and a velocity-displacement dependent friction law? [J]．Engineering Geology，2014，182：158-181.

[9] Sosio R，Crosta G B，Chen J H，et al. Modelling rock avalanche propagation onto glaciers [J]．Quaternary Science Reviews，2012，47：23-40.

[10] Pudasaini S P，Miller S A. The hypermobility of huge landslides and avalanches [J]．Engineering Geology，2013，157：124-132.

[11] 许冲，戴福初，姚鑫等．GIS支持下基于层次分析法的汶川地震区滑坡易发性评价 [J]．岩石力学与工程学报，2009，28（S2）：3978-3985.

[12] 郭沉稳，姚令侃，段书苏等．汶川、芦山、尼泊尔地震触发崩塌滑坡分布规律 [J]．西南交通大学学报，2016，51（1）：72-77.

[13] Guo D P，Hamad M. Qualitative and quantitative analysis on landslide influential factors during Wenchuan earthquake：A case study in Wenchuan County [J]．Engineering Geology，2013，152：202-209.

[14] 黄润秋，李为乐．“5·12”汶川大地震触发地质灾害的发育分布规律研究 [J]．岩石力学与工程学报，2008，27（12）：2585-2592.

[15] Zhang M，Yin Y P. Dynamics，mobility-controlling factors and transport mechanisms of rapid long-runout rock avalanches in China [J]．Engineering Geology，2013，167：37-58.

[16] Huang R Q，Li W L. Analysis of the geo-hazards triggered by the 12 May 2008 Wenchuan earthquake，China [J]．Bulletin of Engineering Geology and the Environment，2009，68：363-371.

[17] 黄润秋，李为乐．汶川大地震触发地质灾害的断层效应分析 [J]．工程地质学报，2009，17（1）：19-28.

[18] Dai F C，Yao X X，Xu L，et al. Spatial distribution of landslides triggered by the 2008 Ms 8.0 Wenchuan earthquake，China [J]．Journal of Asian Earth Sciences，2011，40：883-895.

[19] Zhu S B，Shi Y L，Lu M，et al. Dynamic mechanisms of earthquake-triggered landslides [J]．Science China：Earth Sciences，2013，43（7）：1096-1105.

[20] Zhang Y B，Wang J M，Xu Q，et al. DDA validation of the mobility of earthquake-induced landslides [J]．Engineering Geology，2015，194：38-51.

[21] 柴波，殷坤龙．顺向坡岩层倾向与坡向夹角对斜坡稳定性的影响 [J]．岩石力学与工程学报，2009，28（3）：628-634.

[22] Chigira M，Wu X，Inokuchi T，et al. Landslides induced by the 2008 Wenchuan earthquake，Sichuan，China [J]．Geomorphology，2010，118（3）：225-238.

[23] 许冲，戴福初，肖建章．“5·12”汶川地震诱发滑坡特征参数统计分析 [J]．自然灾害学报，2011，20（4）：147-153.

[24] Qi S W, Xu Q, Lan H X, et al. Spatial distribution analysis of landslides triggered by 2008. 5. 12 Wenchuan Earthquake, China [J]. Engineering Geology, 2010, 116: 95-108.

[25] 樊晓一，冷晓玉，段晓冬．坡度差和偏转角度对地震滑坡运动距离的影响 [J]．岩土力学，2015，36（5）：1380-1388.

[26] 黄润秋，许强等．中国典型灾难性滑坡 [M]．北京：科学出版社，2008.

[27] Nicoletti P G, Sorriso-Valvo M. Geomorphic controls of the shape and mobility of rock avalanches [J]. Geological Society of America Bulletin, 1991, 103 (10): 1365-1373.

[28] Qi S W, Xu Q, Zhang B, et al. Source characteristics of long runout rock avalanches triggered by the 2008 Wenchuan earthquake, China [J]. Journal of Asian Earth Sciences, 2011, 40: 896-906.

[29] Daudon D, Villard P, Richefeu V, et al. Influence of the morphology of slope and blocks on the energy dissipations in a rock avalanche [J]. Comptes Rendus Mecanique, 2015, 343: 166-177.

[30] Fan X Y, Tian S J, Zhang Y Y. Mass-front velocity of dry granular flows influenced by the angle of the slope to the runout plane and particle size gradation [J]. Journal of Mountain Science, 2016, 13 (2): 234-245.

第 11 章　滑坡碎屑流运动数值模拟研究

11.1　概　　述

数值计算是随着计算机技术发展而兴起的一种滑坡研究方法，本章将采用二维颗粒流程序 PFC^{2D} 对滑坡模型试验进行数值模拟计算，一方面将数值计算结果与滑坡试验结果进行对比验证，另一方面通过数值计算进一步深入探讨场地条件对滑坡运动的作用机制。

二维颗粒流程序 PFC^{2D} 是基于离散单元法利用圆盘来模拟颗粒介质的运动及其相互作用，克服了传统连续介质力学的宏观连续性假设，从微观结构角度（颗粒）研究介质的力学特性和行为，通过颗粒和黏结几何与力学特性决定介质的宏观力学特性，这恰好与滑坡模型试验极为相似，因此特别适用于模拟散体介质力学和颗粒流动问题。

11.2　滑坡碎屑流 PFC^{2D} 数值模拟原理

在 PFC^{2D} 数值计算中，颗粒间的相互作用被处理成随模型内颗粒接触力之间的平衡状态而发展的一种动态过程。通过跟踪颗粒组合体内各个颗粒的运动，来确定颗粒之间的接触力和位移。颗粒的运动是墙体的运动或体力作用下引起的颗粒扰动在颗粒组合体内传播而产生的。在计算过程中交替应用牛顿第二定律与力-位移定律，牛顿第二定律用来确定每一个颗粒由于接触或体力引起的运动，而力-位移定律用来更新每一接触的相对运动产生的新接触力，二者不断循环计算，其过程如图 11.1 所示。

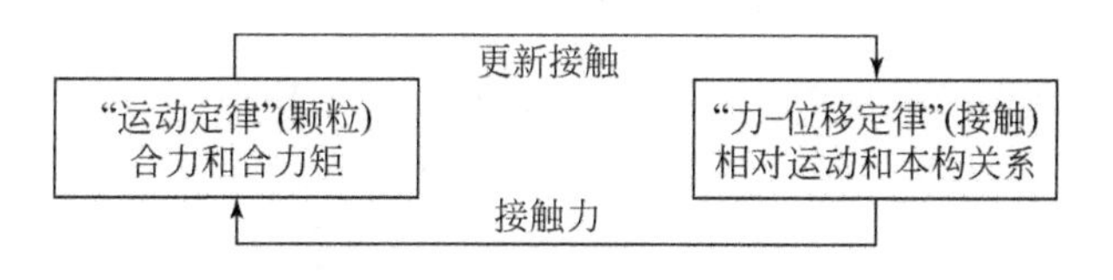

图 11.1　计算过程循环示意图

11.2.1 力-位移定律

PFC^{2D}程序中，颗粒与墙之间以及颗粒之间的接触会产生接触作用力，其大小和方向遵从力-位移定律。现将该接触力 F_i 分解为切向与法向分量：

$$F_i = F_i^{\mathrm{n}} + F_i^{\mathrm{s}} \tag{11.1}$$

F_i^{n} 为法向分量，可根据式（11.2）计算：

$$F_i^{\mathrm{n}} = K^{\mathrm{n}} U^{\mathrm{n}} n_i \tag{11.2}$$

式中，K^{n} 为接触点法向刚度，根据接触刚度模型计算可得；U^{n} 为接触“重叠”量；n_i 为接触面单位法向量。

F_i^{s} 为切向分量，以增量 ΔF_i^{s} 形式计算可得

$$\Delta F_i^{\mathrm{s}} = -K^{\mathrm{s}} \Delta U_i^{\mathrm{s}} \tag{11.3}$$

式中，K^{s} 为接触点切向刚度，切线模量。

相对切向位移引起的弹性切向接触力累加到现值上，通过迭加求出切向接触分量：

$$F_i^{\mathrm{s}} \sim F_i^{\mathrm{s}} + \Delta F_i^{\mathrm{s}} \tag{11.4}$$

11.2.2 运动定律

PFC^{2D}计算过程中，作用在颗粒上的合力和合力矩共同决定颗粒的运动形态，可以用颗粒内部一点的线速度以及颗粒角速度来描述，即运动定律可由两组向量方程表示，一组是合力与平动（线速度）的关系，一组是合力与转动（角速度）的关系，并在每一时步中运动方程式采用中心差分法积分计算。其中两组向量方程分别如式（11.5）与式（11.6）所示。

$$F_i = m\ (\ddot{x} - g_i) \quad \text{平动} \tag{11.5}$$

$$M_i = \dot{H}_i \quad \text{转动} \tag{11.6}$$

上述式中：F_i 为施加于颗粒的外部合力；m 为颗粒质量；g_i 为重力加速度；M_i 为合力矩；$\dot{H}_i$ 为角动量。

11.2.3 接触本构模型

在 PFC^{2D}接触力学模型中，是通过颗粒单元与颗粒单元以及颗粒单元与墙体之间的接触来进行力的传递，然后根据力-位移定律将相互接触的单元之间的接触力与相对位移联系起来，因此合适的接触模型对分析结果有重要影响。PFC^{2D}接触本构模型由三部分组成：刚度模型，滑动模型以及黏结模型。接触刚度模型是在接触力和相对位移之间规定弹性关系；滑动模型是在法向和切向力之间建立两个接触球体相对运动的关系；黏结模型是限定法向力和剪力的合力最大值使得

在黏结强度范围内发生接触。

11.2.3.1　接触刚度模型

接触刚度模型有线性接触模型和 Hertz-Mindlin 接触模型。线性接触模型中，接触法向刚度 K^n 只与相互接触的颗粒法向刚度有关，假定两个接触实体的接触刚度是串联的，以此来计算联合刚度。接触力 $F_i^n = K^n U^n n_i$ 呈线性变化。而 Hertz-Mindlin 接触模型中，力与位移关系则为非线性关系。Hertz-Mindlin 模型是基于 Mindlin 和 Deresiewicz 于 1953 年提出的近似非线性接触公式，仅严格适用于球体接触问题，也被称作非线性接触模型。

11.2.3.2　滑动模型

滑动模型是在相互接触颗粒之间没有法向抗拉强度，允许颗粒在其抗剪强度范围内发生滑动，这种模型适用于模拟颗粒间不存在黏结力的散体材料。滑动模型是通过两接触体间最小摩擦系数定义的，若颗粒间重叠量 U^n 小于或等于零，则令法向和切向接触力等于零。发生滑动的判别条件为

$$F_{max}^s = \mu \mid F_i^n \mid \tag{11.7}$$

若 $\mid F_i^n \mid > F_{max}^s$，则可以发生滑动，并且在下一个循环中 F_i^s 为

$$F_i^s \sim F_i^s \ (F_{max}^s / \mid F_i^s \mid) \tag{11.8}$$

11.2.3.3　黏结模型

黏结模型包括接触黏结与平行黏结。接触黏结是点接触，连接只发生在接触点很小范围内，只能传递力；平行黏结是有限尺寸（圆形或矩形截面）上的平行的黏结，发生在接触颗粒间有限范围内，可以同时传递力矩。这种模型适用于模拟颗粒之间存在黏聚力的材料。

11.2.4　阻尼

在 PFC^{2D} 中，引入阻尼参数更多地是为了提供耗能装置，并不影响系统在静力作用下的准平衡解。然而，通过滑动摩擦不足以在合理的循环时步内达到稳定状态解。因此在计算中利用阻尼来实现对能量的消散，即利用阻尼使颗粒系统在合理的迭代步数内达到平衡。PFC^{2D} 主要的阻尼模型包括局部阻尼与黏性阻尼。

11.2.4.1　局部阻尼

局部阻尼是直接加入到运动方程中，对系统中每个颗粒施加与速度方向相反的阻尼力 $F_{(i)}^d$，并与作用于颗粒的不平衡力成正比，其表达式为

$$F_{(i)}^d = -a \mid F_{(i)} \mid \mathrm{sign}(v_{(i)}) \tag{11.9}$$

式中，$F^{d}_{(i)}$为阻尼力；a 为阻尼系数；$F(i)$ 为不平衡力；$\mathrm{sign}(x)$ 为符号函数；$v(i)$ 为广义速度。

从而可以得知如果系统是非稳定的，最终运动状态会被减弱但不会消除。阻尼只是抑制其加速运动而不是其速度，因此稳定运动不会受到影响。但是，如果在计算过程中加速度和惯性力很重要，就需要将阻尼系数 a 调整到一个合理的值。

11.2.4.2　黏性阻尼

黏性阻尼是在摩擦滑动的线性接触模型中引入能量耗散，在接触处作用黏壶（法向和切向），用以消耗法向和切向的动能，阻尼力的大小与相对速度有关（图 11.2）。

$$D_i = C_i \mid V_i \mid \tag{11.10}$$

式中，D_i是阻尼力；C_i是阻尼系数；V_i是接触处相对速度。

在 PFC^{2D}中阻尼常数不是直接给出的，而是通过定义临界阻尼比来表示：

$$C_i = \beta_i C_{\mathrm{crit}} \tag{11.11}$$

式中，C_i为阻尼系数；β_i为临界阻尼比；C_{crit}为系统临界阻尼系数，$C_{\mathrm{crit}} = 2mw_i = 2(m/k_i)^{1/2}$。

而对临界阻尼比 β，常通过回弹系数 R 进行推导，两者的关系为

$$\beta = \ln R / [\pi^2 + (\ln R)^2]^{1/2} \tag{11.12}$$

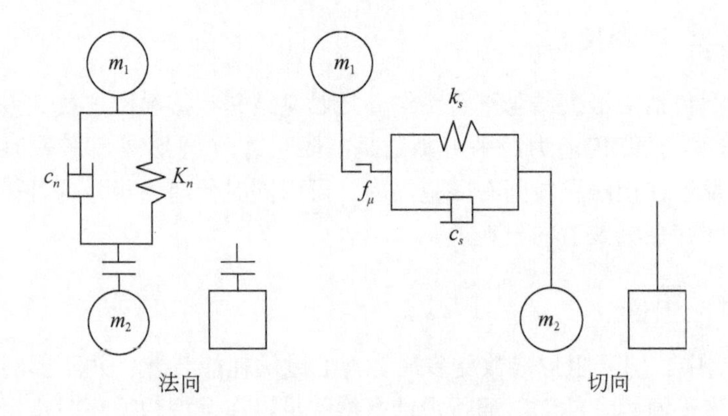

图 11.2　带阻尼的接触模型示意图

11.2.5　时步

在 PFC^{2D}计算中，运动方程积分是通过中心有限差分法实现的，在求解过程中，只有设置合理运行时步 Δt 才能得到稳定解。而时步的确定与体系的最小特征值有关，然而由于颗粒众多且大小不一而又不断变化，进行全局特征值分析是不可能的。理论证明，系统的最小固有振动周期总是大于其中任何单个单元的最

小固有振动周期 T_{min}，因此可选择后者用于时步计算得到稳定解，计算公式如下：

$$\Delta t \leqslant T_{min}/10 \tag{11.13}$$

式中，Δt 为计算时步；T_{min} 为单元最小固有振动周期，$T_{min}=2\pi \cdot \min(m_i/k_i)^{1/2}$。

11.3　PFC^{2D}滑坡碎屑流模拟

11.3.1　滑坡碎屑流数值模拟模型

11.3.1.1　几何模型

滑坡从失稳运动到停积，是一个累积渐进的变形破坏过程，也是一个复杂的动态力学过程，尤其是其运动过程属于大变形过程，很难被直接监测，而在工程地质模型及力学本构模型的基础上，利用数值模拟技术，可以很好地再现滑坡的整个运动过程，更加全面准确地理解其几何学、运动学过程。

在此依据前文室内滑坡模型试验并利用墙体（wall）模拟滑坡下垫面建立离散元几何模型，同时布置 1 ~ 14 号监测点，监测颗粒在运动过程中的运动特征。如图 11.3 所示。模拟开始时，首先在重力作用下使颗粒沿坡面自然堆积，接着移除上方挡板（关键块体模拟），使颗粒由初始堆积状态开始沿坡面加速下滑，并最终在水平基底面上减速停积。

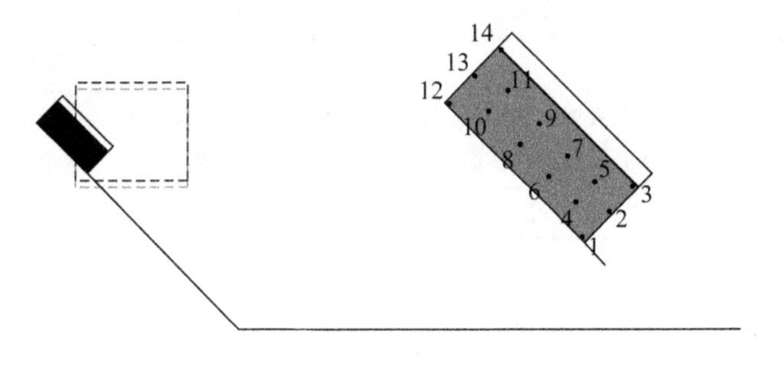

图 11.3　离散元模型示意图（坡脚型场地条件）

11.3.1.2　模型参数取值

在 PFC^{2D}中，材料的宏观物理力学参数一般是不能直接简单地与颗粒细观参数联系起来。目前常用的方法是通过数值试验与室内试验的对比，来建立彼此之间的联系，通过不断校准，使得数值试验结果和室内试验得出的应力应变曲线、弹性模量、抗剪强度指标等参数相吻合，从而得出合理的细观颗粒参数。

依据上述参数选取原则，在此以模型试验的 M2 滑体为模拟对象，并利用前文建立的 PFC^{2D} 直剪模型将宏观与细观参数联系起来。由于仅利用圆形颗粒很难达到所需的内摩擦角大小，同时参考前文对粗粒含量和颗粒形状与内摩擦角关系的探讨结论，选择类方形颗粒作为本次模拟计算的基本颗粒，在计算过程中经过不断调整，并以剪应力-剪切位移曲线进行标定，如图 11.4 所示。

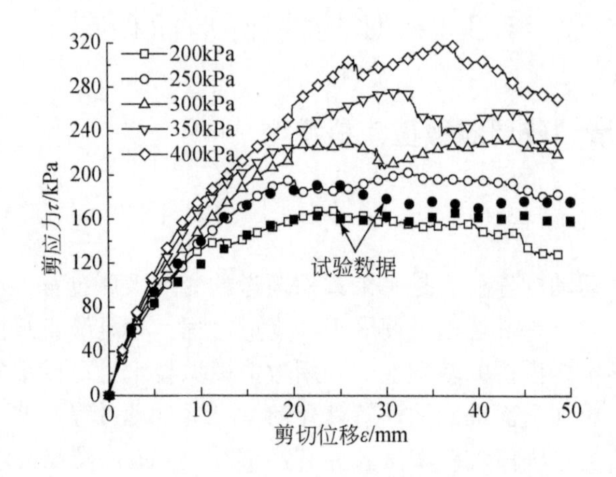

图 11.4　剪应力-剪切位移曲线

从图 11.4 可以看出，得到的剪应力-剪切位移曲线与抗剪强度指标与试验结果基本吻合，因此得到本次计算的颗粒细观力学参数设定见表 11.1。

表 11.1　模型细观参数取值表

颗粒					墙体		
粒径 d/mm	密度 ρ/(g/cm^3)	压缩模量 Kn_b/Pa	剪切模量 Ks_b/Pa	摩擦系数 f_b	压缩模量 Kn_w/Pa	剪切模量 Ks_w/Pa	摩擦系数 f_w
2～20	2.02	3×10^7	3×10^7	0.6	10^8	10^8	0.20

除上述参数设定外，在 PFC^{2D} 动力计算中还需对时步、阻尼等参数进行设定。根据式（11.13），定义时步 $\Delta t = 10^{-6} s$。而关于阻尼取值则可根据回弹系数进行推导，由于缺乏一定的试验数据，在此采用表 11.2 不同材料的回弹系数建议值，依据 M2 为土石混合物的情况，介于植生表土层与岩屑堆积层，取 $R_n = 0.28$ 和 $R_s = 0.60$。但需要注意的是本次模拟的基本颗粒为类方形，直接利用式（11.12）计算阻尼参数是不太合适的，应对回弹系数 R 与临界阻尼比 β 的关系进行标定，结果如图 11.5 所示。因此根据图 11.5 以及在试验过程中观察到的运动特征现象，反复试算即可得出本次模型的阻尼参数取值：$\beta_n = 0.65$ 和 $\beta_s = 0.28$。

表 11.2　不同材料回弹系数建议值[1]

边坡组成材料	法向回弹系数 R_n	切向回弹系数 R_s
岩石基层	0.50	0.95
块石土堆积层	0.35	0.85
岩屑堆积层	0.30	0.70
植生表土层	0.25	0.50

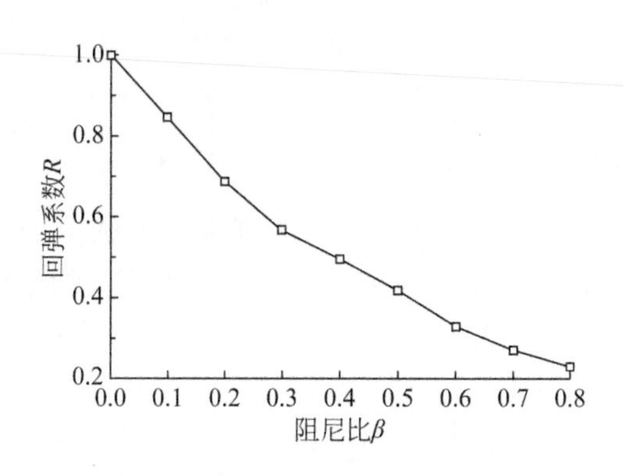

图 11.5　临界阻尼比 β 与回弹系数 R 的关系

11.3.2　计算工况

本次离散元数值模拟计算的目的一方面是将数值计算结果与滑坡试验结果进行对比验证分析，另一方面通过数值计算进一步深入探讨场地条件对滑坡运动的作用机制。试验采用单变量方式，即每次试验除改变某参数变量外，其他参数取值均如表 11.1 所示。主要模拟的参数变量有坡度 α、下垫面摩擦系数 f_w 与颗粒摩擦系数 f_b 以及斜坡坡型 X，具体情况如下：

（1）不同的斜坡坡度 α 的坡脚型场地条件，其中坡度 α 为 25°～65°，探讨改变坡度对滑坡运动的作用，同时也可跟室内滑坡试验进行对比分析，验证计算模型的可行性；

（2）不同的摩擦系数 f，包括不同的下垫面摩擦系数 f_w 和不同的颗粒摩擦系数 f_b 两种，其中下垫面摩擦系数 f_w 取值为 0.2～0.6，颗粒摩擦系数 f_b 为 0.2～0.8，以探究摩擦对滑坡运动特征的影响；

（3）不同斜坡坡型的阶梯型场地条件，包括直线型、先陡后缓型、先缓后陡型以及阶梯型四种，深入研究不同阶梯型场地条件对滑坡运动特征的作用，包括速度分布以及运动距离的影响。具体参数如图 11.6 所示。

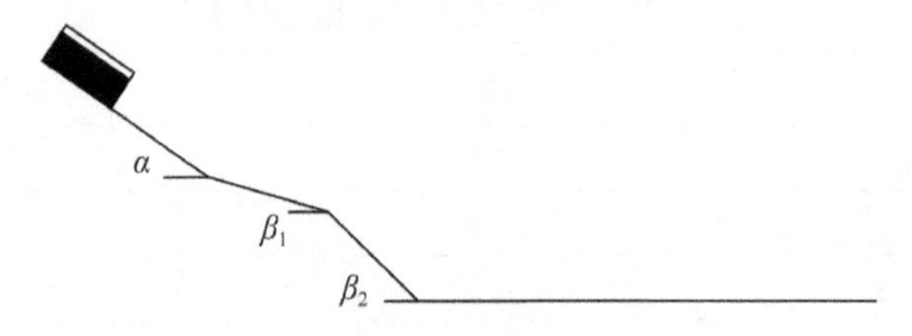

图 11.6　阶梯型场地条件示意图

直线型：$\beta_1=\beta_2=45°$；先陡后缓型：$\beta_1=45°$，$\beta_2=15°$；先缓后陡型：$\beta_1=15°$，$\beta_2=45°$；阶梯型：$\beta_1=0$，$\beta_2=45°$；$\alpha=35°$

11.3.3　可行性分析

由于本次模拟工况较多，这里仅以室内滑坡模型试验45°坡度条件，即对应计算模型中$\alpha=45°$坡脚型场地条件为例，与室内模型试验该坡度条件下的情况进行对比，进行可行性验证。在滑坡运动过程模拟中，对系统的平均不平衡力进行监测，得出不平衡力历程如11.7所示。

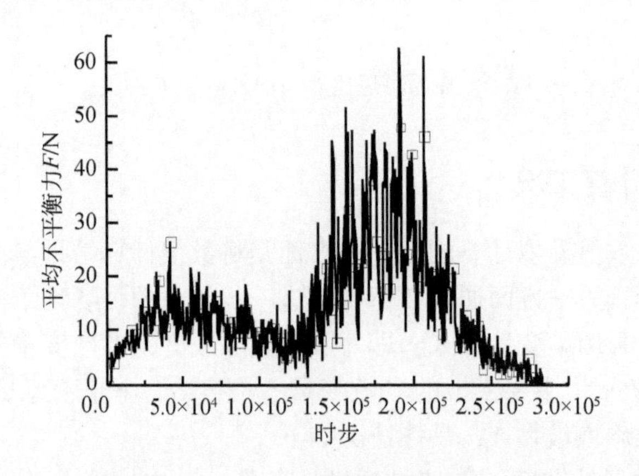

图 11.7　平均不平衡力监测

通过图11.7以及图11.8滑坡运动过程示意图可以看出，在去除挡板后平均不平衡力剧增，代表滑坡失稳开始启动。当滑体在坡面上运动时，平均不平衡力相对稳定，表明未受到阻挡作用。当滑坡遭遇坡脚后，平均不平衡力急剧增加，此时不平衡力主要表现为颗粒与墙体的撞击以及颗粒之间的撞击作用，随着撞击以及摩擦导致能量急剧耗散，最终平均不平衡力开始减小，滑坡体开始进行停积。

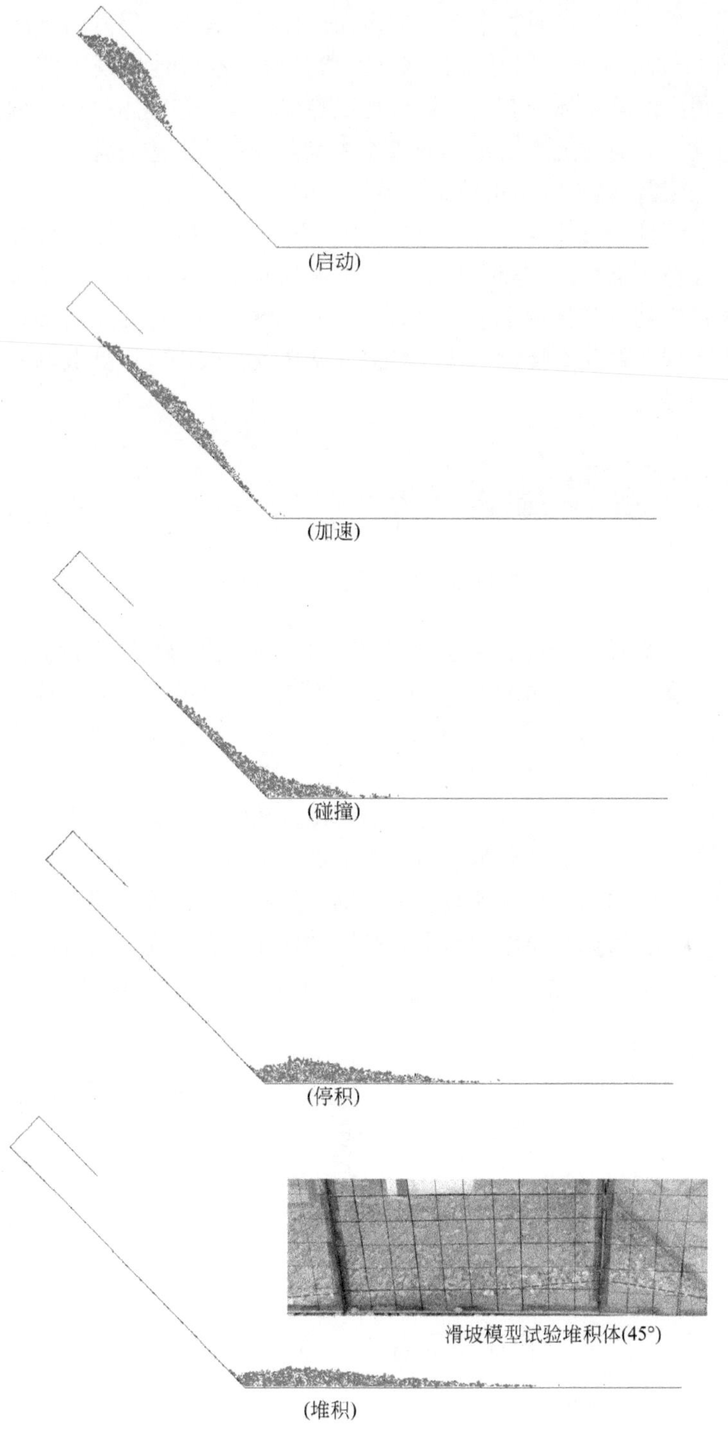

图 11.8　滑坡运动过程示意图（$\alpha=45°$）

在计算过程中，通过对整个滑坡的运动过程进行监测，得到滑坡运动过程示意图，如图 11.8 所示。可以看出，该计算模型较为准确地再现了整个滑坡的运动过程，且得到的堆积体分布与滑坡模型试验堆积体分布基本吻合，验证了计算模型的可行性。同时对上文所定义的各监测点在堆积体上进行标记，标记结果如图 11.9 所示，其中箭头方向指的是滑坡的运动方向。

从图 11.9 可以看出颗粒在运动过程中，各监测点相对前后位置并未发生较大的扰动，但位于上层的监测点相对于其下层的监测点的水平运程要大。这是因为在滑坡体撞击到坡脚接触水平底面时，巨大的撞击力反作用于滑坡体使其振荡解体，使得上层颗粒脱离接触，从而导致其摩擦损耗较小，因此其水平运程相对于下层的颗粒较大。

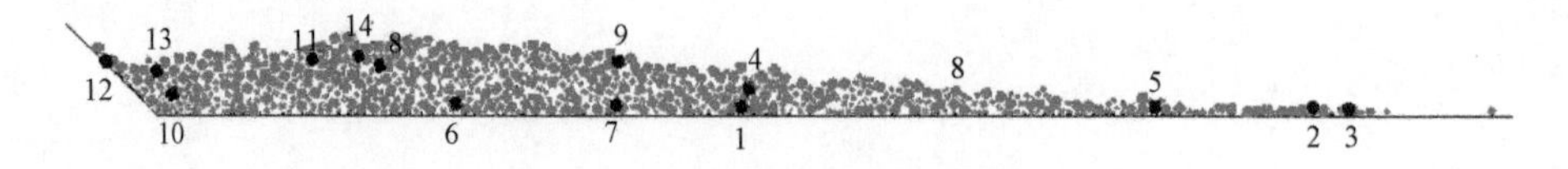

图 11.9　堆积体监测点标记图

为更加具体直观地分析滑体运动过程，对各监测点的速度进行监测，由于设置的监测点较多，在此参照图 11.9 滑坡体监测点标记示意，选择具有代表性的监测点（从前缘到后缘 5、7、14 和 13 共四点）分别就水平 X 方向以及竖直 Y 方向速度进行统计，统计结果如图 11.10 所示。

从图 11.10 可以看出，滑体中处于不同位置颗粒的竖直与水平方向速度分布均较为类似但又存在一定的差异。滑体启动后，沿坡面加速下滑，最大速度均位于坡脚附近，但滑坡前后缘到达坡脚的时间不尽相同，滑坡前缘率先遭遇坡脚随即速度开始减小，可以看出坡角对滑体的阻挡作用主要是使竖直方向速度迅速减

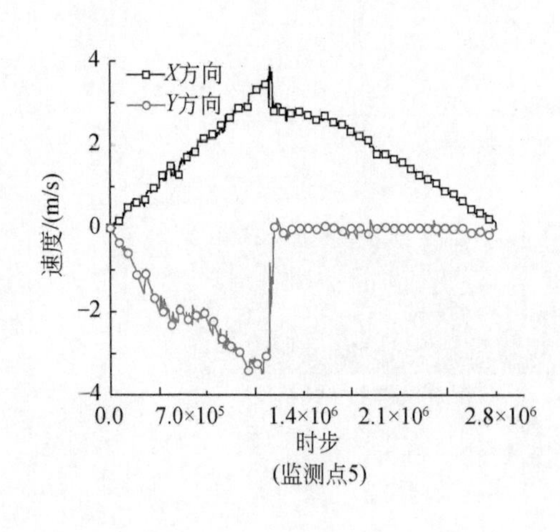

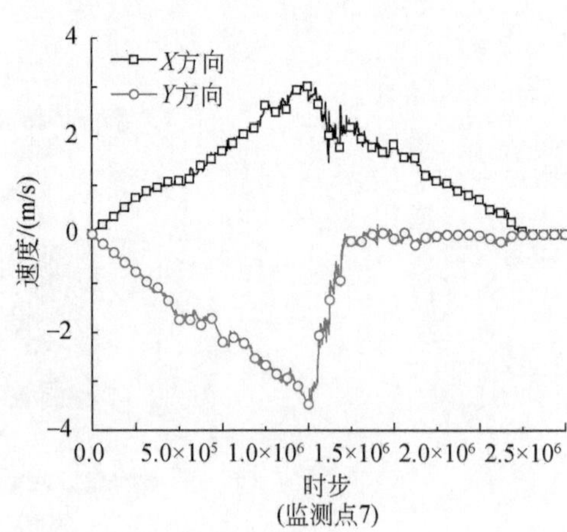

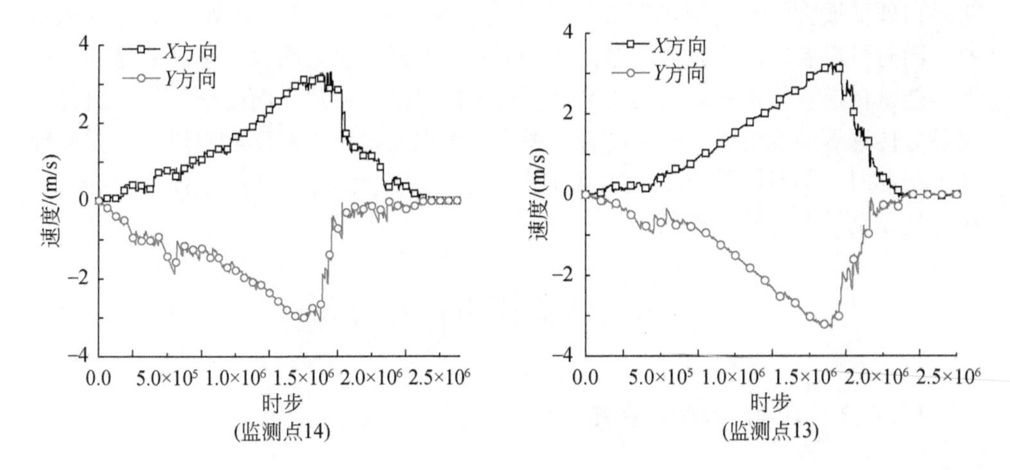

图 11.10　典型监测点运动速度分布

小为 0，滑体由沿斜坡方向转为水平方向运动，最终在摩擦作用下，水平方向速度逐渐减小直至停止运动。而滑体后缘运动至坡脚处时，前缘滑体在坡脚处停积或因速度减小而产生速度差，发生碰撞，并且由于受到坡脚的约束，后缘滑体的竖直与水平方向速度均迅速减小，停积于坡脚处。为直观地表示滑坡前后缘的速度分布差异，对上述监测点的速度分布进行对比，如图 11. 11 所示。

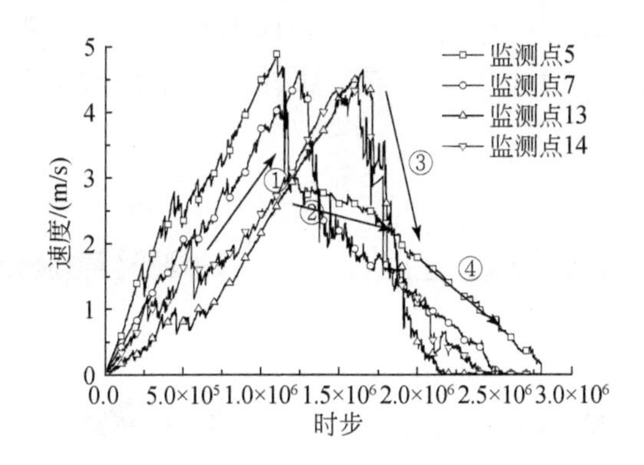

图 11. 11　前中后部监测点速度历时对比
①加速下滑阶段；②持速阶段；③速度剧减阶段；④停积阶段

从图 11. 11 中可以明显地看出滑体前后缘之间速度分布的差异，尤其是在各监测点遭遇坡脚后的减速阶段。相对于滑体后方的颗粒，前缘颗粒在滑速剧减后呈现出持速的特征，然后在摩擦作用下速度减小至最终停积，这与滑坡模型试验中所监测到的滑坡前缘速度分布曲线基本吻合，即可根据滑坡速度分布曲线，将滑坡运动过程分为加速、持速和减速三个阶段，其中减速阶段又可以细分为两个阶段，即受坡脚约束造成的竖直方向速度剧减阶段以及受摩擦作用滑体停积阶段。同时可以看出滑体越往后缘持速特征越不明显，这是因为持速主要是由碰撞产生能量传递且传递的能量与受摩擦损耗的能量基本一致，而能量的传递路径是由后方传递给前缘滑体。从速度分布图中也可以发现中部速度剧减点恰好是前缘速度增加时，同时后缘速度剧减点又恰好是中部速度呈持速特征运动的起始点，极好地验证了能量传递现象。

11.4 数值模拟计算分析

11.4.1 坡脚型场地条件

11.4.1.1 坡度

利用 PFC^{2D} 模拟再现了 25°、35°、45°、55°以及 65°五个不同坡度的坡脚型场地条件的滑坡运动过程，从而获得滑坡体堆积形态见图 11.12。

图 11.12 是不同坡度的滑坡堆积体示意图，从该图中可以看出，堆积体均呈现前缘薄后缘厚，上表面有隆起的特征。其中坡度越小，隆起越为明显，表明滑坡体的停积趋势随着坡度的增加，在水平方向上由从前向后停积过渡为从后向前停积。而根据图中箭头位置（堆积体重心的水平位置），则表明随着坡度增加，堆积体重心位置后移，越靠近坡脚。现将不同坡度下滑坡运动距离列入图 11.13。

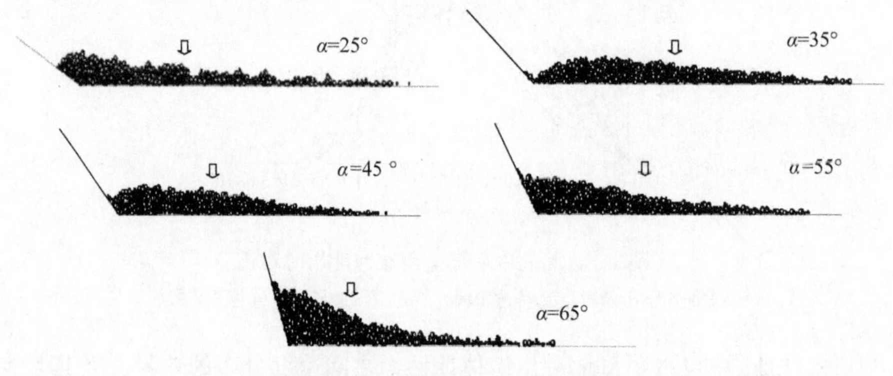

图 11.12 不同坡度的滑坡堆积体示意图（f_w=0.20）

从图 11.13 可以看出，随着斜坡坡度的增加，滑坡运动距离逐渐减小，与滑坡模型试验的结果一致。本次计算下垫面摩擦系数 f_w 为 0.20，滑体在不同坡度条件下因斜坡坡长不同而受摩擦损耗的能量差异相对较小，同时根据前文研究得

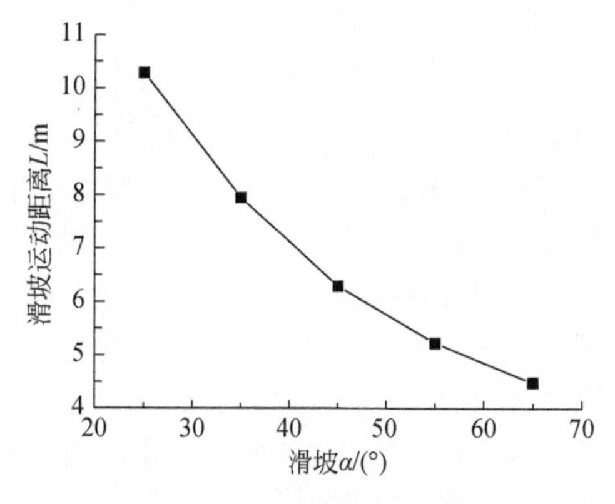

图 11.13　不同坡度的滑坡运动距离示意图

知坡脚对滑坡运动的阻挡作用主要是作用于垂直方向速度，且随着坡度增加，滑坡体到达坡脚时垂直方向分量增大，从而受坡脚阻挡作用能量耗散随之增大，造成滑坡的运动距离减小。

11.4.1.2　摩擦系数的影响

在 PFC^{2D}模拟计算中，定义摩擦系数f主要包括颗粒摩擦系数f_b和下垫面摩擦系数f_w。在此选择在$\alpha=45°$的坡脚条件下，通过一系列模拟，研究摩擦系数f改变对滑坡堆积体以及运动距离的影响，结果如图 11.14 ~ 图 11.17 所示。

1. 颗粒摩擦系数 f_b

图 11.14 为不同颗粒摩擦系数条件下的堆积体分布形态，可以看出颗粒摩擦系数f_b对堆积体分布形态有着一定的影响，随着颗粒摩擦系数的增加，堆积体的厚度分布越不均匀，滑体有往坡脚处集中的趋势。这是因为坡脚约束作用以及下垫面摩擦作用在滑坡体中是从下往上传递的，由此造成滑坡体上下层产生相对运动（上层速度大于下层速度），而随着颗粒摩擦系数增加，将导致颗粒之间相对运动所受到的摩擦阻力增加，造成上层颗粒运动距离减小，同时发现，颗粒摩擦系数对滑坡的最大运动距离的影响则相对较小。

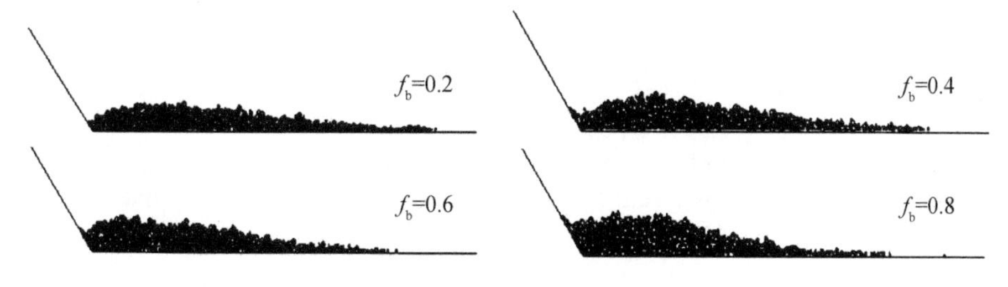

图 11.14　不同颗粒摩擦系数的滑坡堆积体对比（$\alpha=45°$）

2. 下垫面摩擦系数 f_w

在此对不同下垫面摩擦系数情况下堆积体的分析形态以及滑坡运动距离进行统计，分别如图 11. 15，图 11. 16 所示。从图中可以看出，下垫面摩擦系数 f_w 越小，滑坡的运动距离越大，堆积体在水平基底面上呈平摊状。这是由于下垫面摩擦系数的减小，滑坡运动的摩擦耗损随之减少，滑体获得的动能相对增加。但同时发现当下垫面摩擦系数 f_w>0. 40 后，堆积体形态变化程度开始变缓，滑体运动距离差别较小。这说明滑体本身具有流动的特征，尤其是本次模拟的无黏性松散碎石土集合（M2），在较高下垫面摩擦系数情况下滑坡体启动后遭遇坡脚的停积过程是滑体下层在下垫面摩擦作用下率先停积于坡脚处，而上层在惯性的作用下在下层颗粒表面向前滑移，并转移到前端位置，最终整体停积，可以看成是一个由尾端向前端逐渐停积的过程。

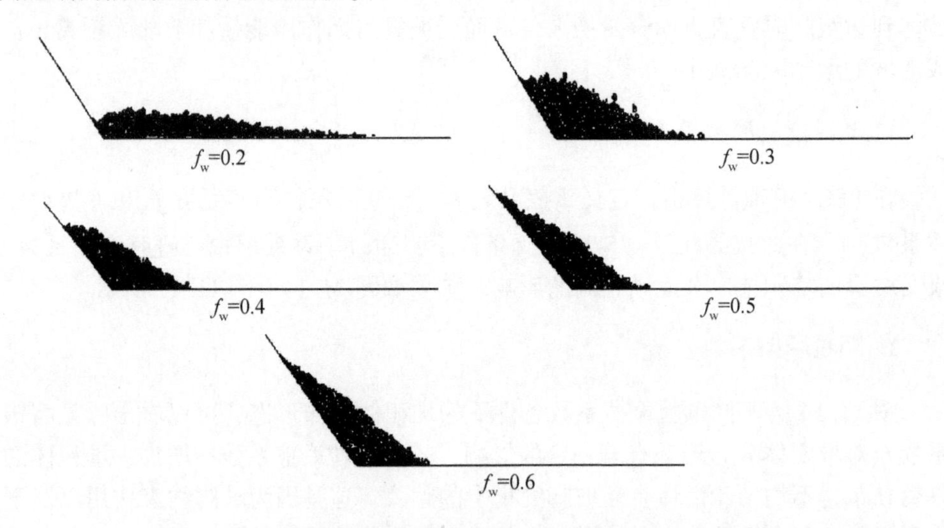

图 11. 15　不同下垫面摩擦系数的滑坡堆积体对比（α=45°）

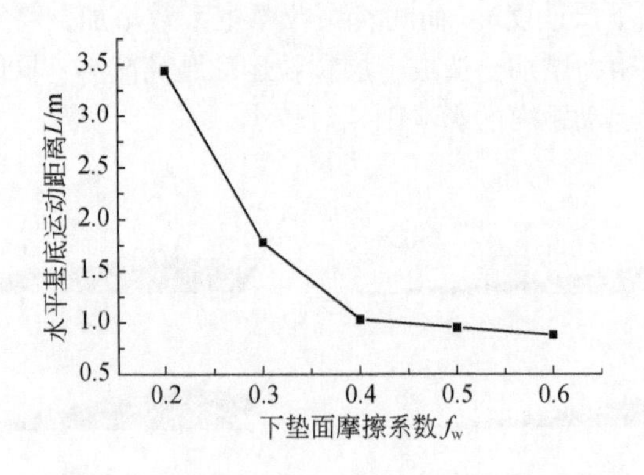

图 11. 16　不同下垫面摩擦系数的滑坡运动距离

11.4.1.3　坡度与下垫面摩擦系数的耦合作用

通过上述对颗粒摩擦系数f_b与下垫面摩擦系数f_w对滑坡堆积体分布以及水平基底运动距离的探讨，可以得知：摩擦系数f越大，造成的摩擦耗能越大，滑坡体在水平基底面上的运动距离越小，堆积体越集中于坡脚处。同时，相对于颗粒摩擦系数f_b，下垫面摩擦系数f_w对滑坡运动的影响更为显著。因此下面仅讨论坡度与下垫面摩擦系数耦合的情况，其中下垫面摩擦系数f_w取值分别为 0.2、0.4、0.6。

图 11.17 是下垫面摩擦系数$f_w=0.6$时各坡度滑坡堆积体的分布形态，可以看出相对于较低的下垫面摩擦系数（图 11.12），各坡度条件下的堆积体分布形态有着显著改变，由于下垫面摩擦系数增加，滑坡体在运动时受到的摩擦阻力增加，摩擦耗损显著增大，尤其是在坡度$\alpha=25°$时，滑坡体大部分停积于斜坡坡面上。

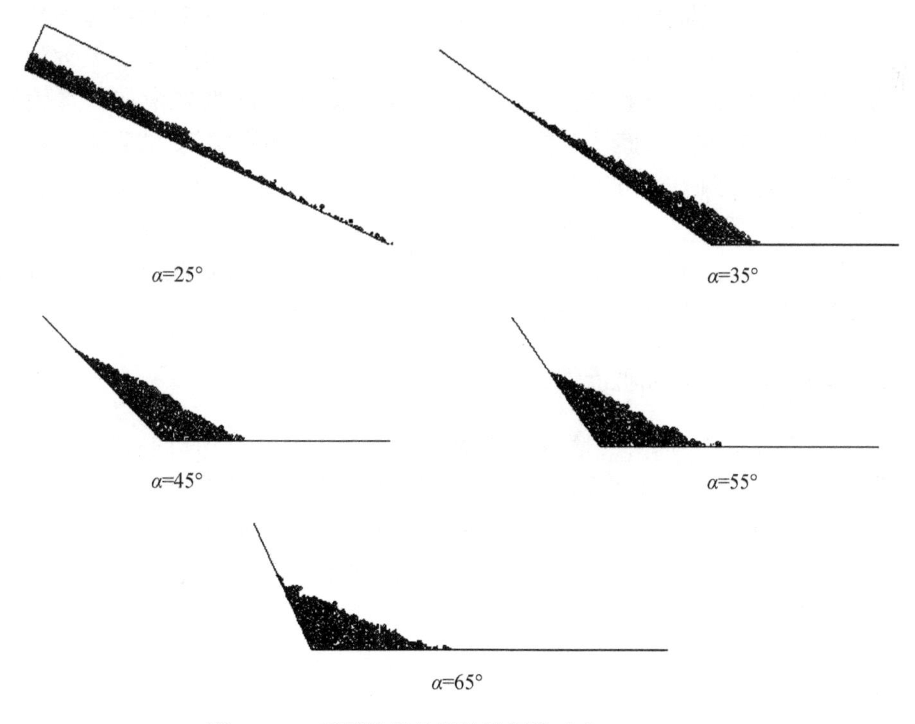

图 11.17　不同坡度的滑坡堆积体对比（$f_w=0.6$）

将三个不同下垫面摩擦系数条件下的各坡度滑坡运动距离以及在水平基底面上的堆积长度统计如图 11.18 所示。

从图 11.18 可以看出，随着下垫面摩擦系数的增加，滑坡运动距离明显减

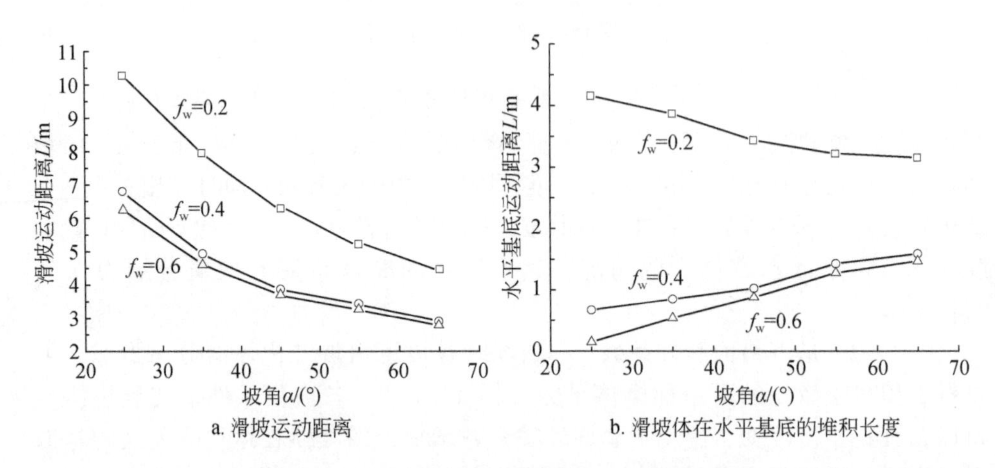

a. 滑坡运动距离　　b. 滑坡体在水平基底的堆积长度

图 11.18　不同下垫面摩擦系数的运动距离示意图

小，但减小程度随斜坡坡度的不同也有所不同，坡度越小，下垫面摩擦系数的改变对滑坡体基底面运动距离的影响更为显著。同时随着下垫面摩擦系数的增加，滑坡体在基底面上堆积长度由随坡度增加而减小向随坡度增加而增大转变，这是因为在下垫面摩擦系数较低时，滑坡体动能耗散主要受坡脚阻挡约束作用，坡度越大坡脚的阻挡约束作用越大，造成堆积体重心越靠近坡脚，堆积长度随坡度增加而减小。而在较高下垫面摩擦系数条件下，滑坡体动能耗散主要由摩擦作用控制，尤其是在坡度较小时，斜坡的坡面长度更长，运动受到的摩擦耗能较多，造成滑坡体在水平基底面上的运动距离减小。

11.4.2　阶梯型场地条件

本节将利用 PFC^{2D} 探讨阶梯型场地条件对滑坡运动的作用机制，包括阶梯型、先缓后陡型、先陡后缓型以及直线型场地对滑坡堆积体分布、滑坡运动距离的影响。得到初始坡度 $\alpha=35°$ 条件下四种坡型的堆积体分布示意图如图 11.19 ~ 图 11.22 所示。同时为直观地体现各坡型下的滑坡运动特征，将位于滑坡体前缘的典型监测点沿水平运动路径的速度分布同样列入对应的图示中，其中沿程速度分布图中的箭头位置对应于图示中三角形标记处的坡型转折点。

从图 11.19 可以看出，对于阶梯型滑坡，堆积体部分堆积于上部水平阶梯处，其余部分滑坡体运动至坡脚，停积于水平基底面上。而从沿程速度分布图中可以看出，滑体在初始斜坡加速下滑，当遭遇水平阶梯面时，滑坡速度急剧减小，并在水平阶梯面上因受摩擦作减速运动，而当继续运动至倾斜阶梯面时转为加速运动，直至遭遇坡脚阻挡的约束作用，最终停积。

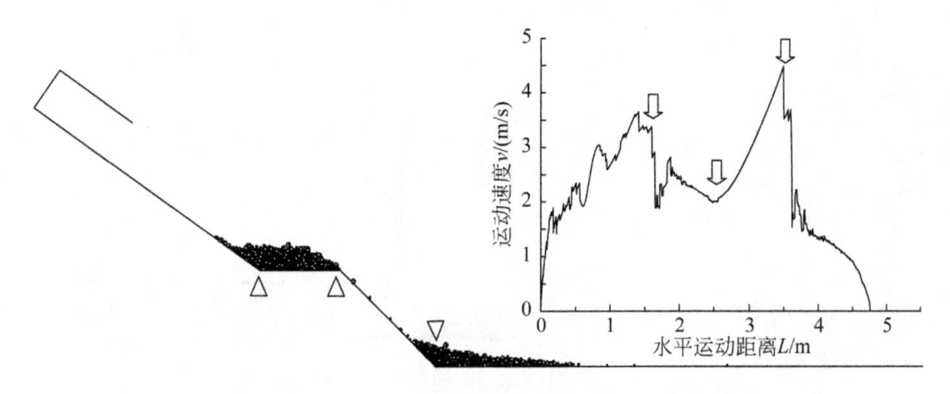

图 11.19　阶梯型滑坡堆积体分布示意图

从图 11.20 可以看出，对于先陡后缓型滑坡，堆积体平摊于水平基底面，厚度较为均匀。而从沿程速度分布图中可以看出，在初始斜坡加速下滑过程中滑坡体遭遇较陡斜坡时，在重力作用下，滑坡保持加速下滑状态，而当运动至较缓斜坡时速度急剧降低，在缓坡上呈持速状态，最终在摩擦作用下停积于水平基底面上。

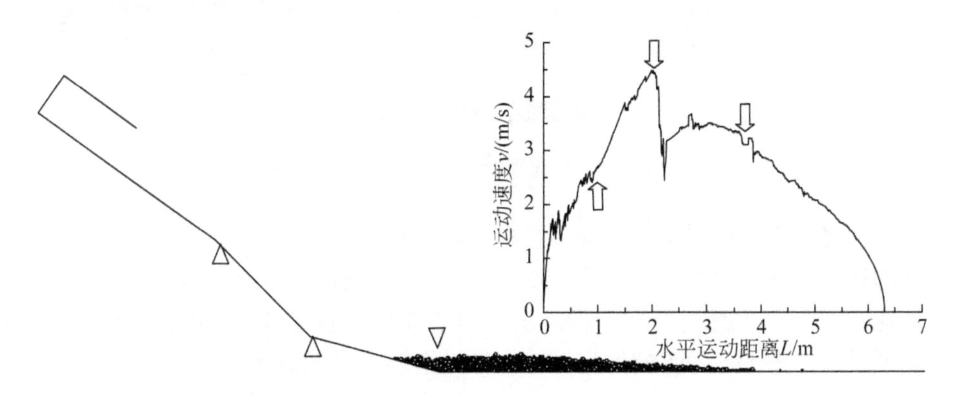

图 11.20　先陡后缓型滑坡堆积体分布示意图

从图 11.21 可以看出，对于先缓后陡型滑坡，堆积体集中堆积于坡脚处。而从沿程速度分布图中可以看出，在初始斜坡加速下滑过程中，当滑体遭遇缓坡时，滑坡运动呈现出持速特征，接着遭遇陡坡呈抛射状态，在重力作用下自由落体撞击坡面，速度急剧减小，最终在摩擦作用下停止运动。

从图 11.22 可以看出，对于直线型滑坡，堆积体堆积于水平基底面，前缘薄后缘厚，这与坡脚型场地滑坡堆积体分布较为类似。而从沿程速度分布图中可以看出，在初始斜坡加速下滑过程中，当滑体遭遇坡型转折点时，运动特征保持不变仍呈加速下滑状态，直至高速撞击坡脚，在坡脚约束作用下，速度急剧减小并在水平基底面上停积。

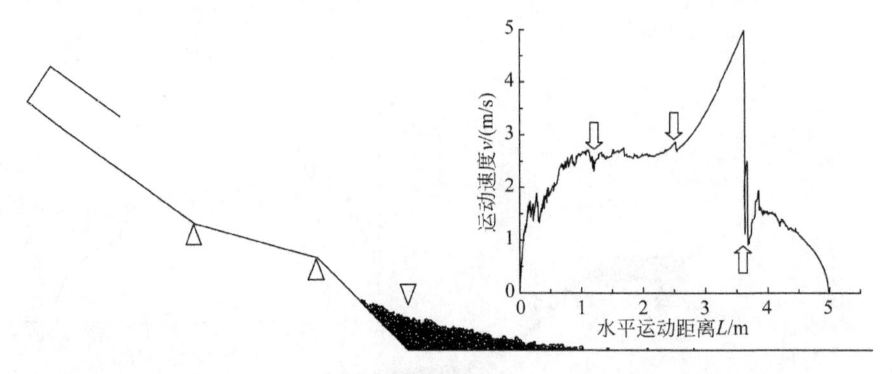

图 11.21 先缓后陡型滑坡堆积体分布示意图

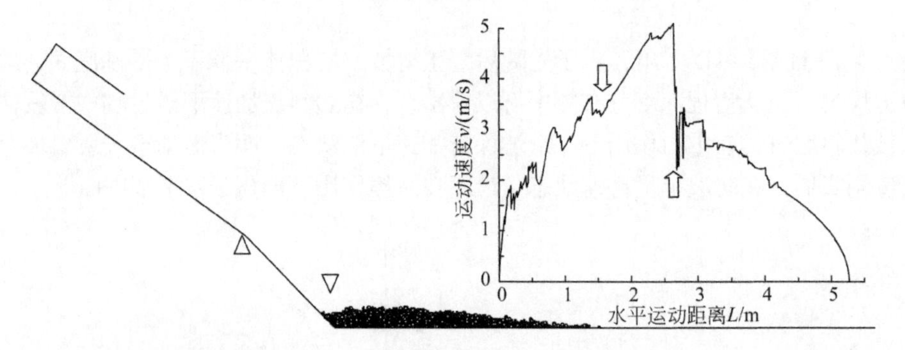

图 11.22 直线型滑坡堆积体分布示意图

从上述分析可以看出，滑坡体在初始斜坡呈加速下滑，当遭遇坡型转折点时滑坡的运动特征发生改变。具体表现为当滑坡体遭遇凸形转折点后，运动速度保持加速特征，而当遭遇凹形转折点时，运动速度往往急剧减小或呈现出持速特征。同时根据图 11.23 不同坡型场地条件的运动距离示意图，可以得知不同坡型场地条件下的滑坡运动距离从大到小排序依次为：先陡后缓型、直线型、先缓后陡型、阶梯型，显然凹形坡型相对于凸形坡型更加有利于滑坡的运动。

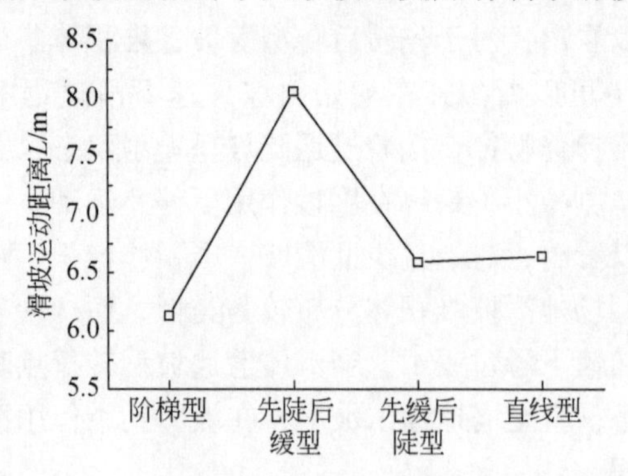

图 11.23 不同坡型场地条件的滑坡运动距离示意图

11.5　东河口高速滑坡-碎屑流运动过程模拟

11.5.1　高速滑坡-碎屑流运动模拟机制

高速远程滑坡-碎屑流具有极高的运动速度和超远运动距离的特征，往往引发灾难性事故，造成严重的生命财产损失。因此，它的运动机理，即高速远程效应机理一直是国内外学者研究的热点。由于高速远程滑坡体积巨大，具有突发性启程的特点，同时影响滑坡碎屑流运动机制与运动距离的因素十分复杂，且不同的场地条件下，主控因素及次要因素之间的影响权重也有所不同。例如，在狭长沟谷场地条件下，空气圈闭效果极好，气垫效应则是碎屑流高速运动的主要因素；而在有河流冲积堆积场地条件下，铲刮效应则是影响滑体长距离运动的主要因素。造成高速远程滑坡-碎屑流运动机制的研究尚未取得公认的研究成果。

在已有的研究基础上，以东河口滑坡为研究对象，利用二维颗粒流程序 PFC^{2D} 建立滑坡模型，再现其整个运动-停积过程，并就下垫面摩擦系数以及黏结强度对最大位移、运动形态等方面的影响进行研究。

11.5.2　东河口滑坡运动概况

东河口滑坡位于四川省广元青川县红光乡，是“5·12”汶川地震诱发的典型滑坡-碎屑流滑坡。在强烈地震动作用下，约 $6\times10^6 m^3$ 滑坡体自高程约 1300m 处剪出，并形成碎屑流，高速碎屑流冲抵青竹江左岸并形成滑坡坝。滑坡前后高差达 700m，最大运动距离长达 2450m，在超长距离的运动过程中造成了惨烈的人员伤亡和经济损失，东河口村、后院里村等 4 个村庄被掩埋，造成 780 人死亡，经济损失高达 5000 多万元。

11.5.2.1　滑坡基本特征

滑坡区域属于龙门山系，位于红石河与青竹江交汇处，呈深切中山区地形地貌（图 11.24），相对河谷高差超过 700m。从图 11.24 可以看出，受两侧山脊阻挡作用，滑坡的运动方向发生多次转向，最终受周围山谷地形的限制，滑坡体停积于红石河与青竹江的交汇处。根据地形条件以及堆积体分布情况可以将整个滑坡-碎屑流区域划分为四个区段，即滑源区、滑动区、碰撞区以及堆积区。滑坡平面形态呈现出滑源区宽堆积区窄的特征，滑坡-碎屑流的总面积达 $1.08km^2$。

滑坡体的地层主要为寒武系邱家河组地层，主要由硅质板岩、千枚岩、页岩以及砂岩构成。为更直观地观察滑坡运动的纵坡坡度变化以及地质环境条件，现作滑坡主剖面示意图如图 11.25 所示（主剖面为图 11.24 虚线）。

图 11.24　东河口滑坡立面图（Google 地图）

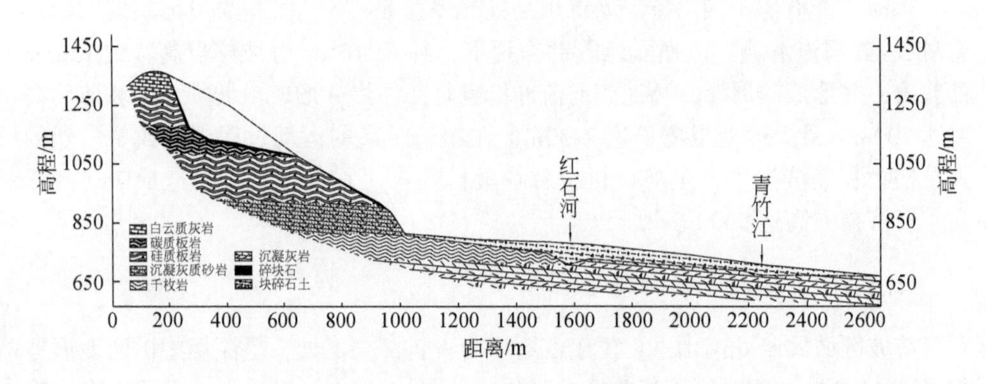

图 11.25　东河口滑坡地质剖面图[2]

从图 11.25 可以看出，滑坡后壁位于高程为 1300m 的斜坡顶部，后壁陡倾，倾角约为 50°～70°。在滑坡后壁前方，存在规模较大的平台，其坡度为 10°～15°，纵长 211.6m，沿着坡面往下，平台逐渐由缓变陡，存在明显坡降，接着往下则存在一个高度约为 20m 的陡坎，陡坎以下为河流冲击堆积层，坡度变缓。滑坡体上部岩性以白云质灰岩为主，中部岩体以硅质板岩为主、下部岩体以碳质板岩为主，其主要物理力学参数见表 11.3。

表 11.3　滑坡体物理力学参数表[3]

岩性	密度/(kN/m³)	弹性模量/GPa	黏聚力/MPa	内摩擦角/(°)
白云质灰岩	24.00	1.00	0.30	33
硅质板岩	25.00	6.00	0.80	38
碳质板岩	24.00	5.00	0.70	36

11.5.2.2　滑坡运动特征

通过对滑坡的地形环境条件与滑坡堆积形态进行反演研究，“5 · 12” 汶川特大地震诱发产生的东河口高速远程滑坡的运动过程为：在地震作用下，滑坡启程运动，在陡峭坡面处加速下滑，在高速运动过程中与地面发生剧烈碰撞转化为碎屑流，受地形环境条件的限制，动能消耗殆尽，最终全部停积下来。具体可概况为：山体震裂、启动—陡坡重力加速抛射—碰撞解体溃滑—减速堆积四个阶段。具体情况如下：①震裂、启动阶段。在地震作用下，后缘基岩及顶部覆盖层沿基岩层发生崩滑，并在超强水平和垂直地震加速度作用下滑坡启动加速，以一定的初始速度向临空面运动。②陡坡重力加速抛射阶段。滑体剪出后遭遇陡坡，高位势能向动能转化，滑速剧增。惯性作用下，在陡坎处，滑体高速运动至脱离斜坡地面，产生临空高速抛射运动。③碰撞解体溃滑阶段。滑坡在临空抛射过程中，在重力作用下呈抛物线运动下落，与地面发生剧烈碰撞，迅速溃滑解体，滑体转化为碎屑流。④堆积阶段。碎屑流在继续运动的过程中，受周围山谷地形阻挡作用，动能逐渐耗散，减速堆积。碎屑流堆积过程中形成了一座巨大的滑坡坝。

11.5.3　东河口滑坡模拟模型

11.5.3.1　模型建立

根据关于滑坡区工程地质条件的分析结果以及滑坡剖面特征（图 11.25），建立东河口滑坡地质模型，如图 11.26 所示，模型长 3500m，高 785m。并布置共 14 个监测点对运动过程特征进行有效监测。

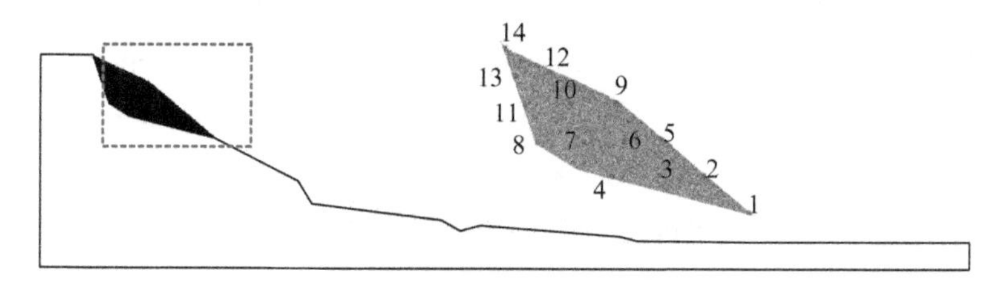

图 11.26　东河口滑坡地质模型

根据前文滑坡特征概述，滑坡体岩性主要为白云质灰岩、碳质板岩以及硅质板岩，在此为简化计算，定义滑坡体岩性为硅质板岩，其物理力学参数见表 11.3。地震波的输入方式采用张家伟[4]利用 PFC 探讨红菜坪滑坡演化方法，即边界以动态方式输入地震加速度以模拟地震所造成的强地动行为。而由于缺乏地震波数据，本次计算采用的原始地震波参考付荣[5]关于东河口斜坡体对汶川地震动力作用响应研究中的曾家台站的强震记录，根据滑坡的具体情况，计算过程中对该地震波进行适当处理，得到滑坡水平与竖直加速度时程如图 11.27 所示。

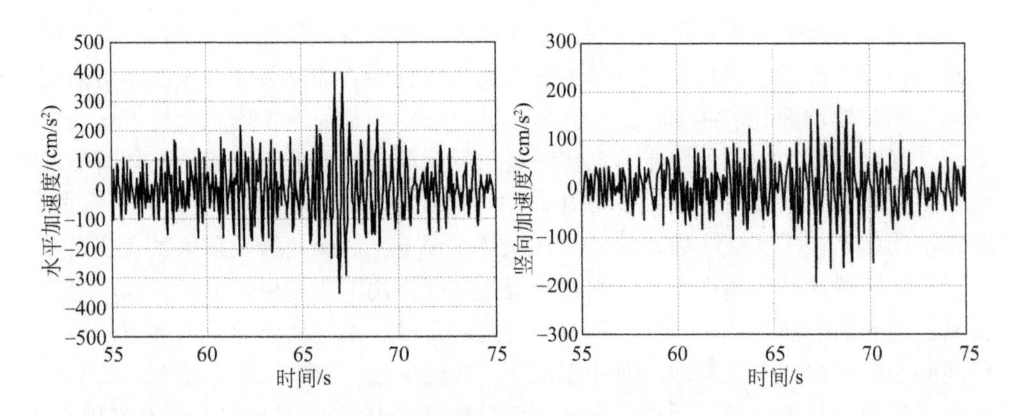

图 11.27　滑坡水平及竖直加速度时程

11.5.3.2　模型参数取值

模型参数包括颗粒细观参数以及计算参数两种，需要通过校核以及计算选择合适的参数。计算参数包括时步 Δt，临界阻尼比 β 等；而颗粒细观参数则应与宏观参数响应相匹配，本次计算主要考虑宏观参数杨氏模量 E、内摩擦角 φ 以及黏聚力 c。

同时颗粒细观参数包括颗粒最小半径 $R_{\min}$、颗粒半径比 $R_{\max}/R_{\min}$、颗粒接触模量 E_c、颗粒刚度比 k_n/k_s、颗粒摩擦系数 f、平行黏结半径 r、平行黏结模量 $\overline{E}_c$、平行黏结刚度比 $\overline{k}_n/\overline{k}_s$ 以及平行黏结法向与切向强度 $\overline{pbns}$ 和 $\overline{pbss}$ 多组参数，为简化计算一般可定义 $E_c=\overline{E}_c$、$k_n/k_s=\overline{k}_n/\overline{k}_s=1.5$ 和 $\overline{pbns}=\overline{pbss}$。同时，在 PFC^{2D} 中接触模量与刚度之间存在如下关系，式中 t、R 代表颗粒厚度与半径。

$$E_c=k_n/2t \quad \overline{E}_c=\overline{k}_n(R^{[A]}+R^{[B]})$$

本次计算采用 PFC 参数匹配中常用的双轴试验在 0.1MPa、0.3MPa 以及 0.5MPa 三个不同围压条件下进行颗粒细观参数与宏观参数的匹配，结果如图 11.28所示。

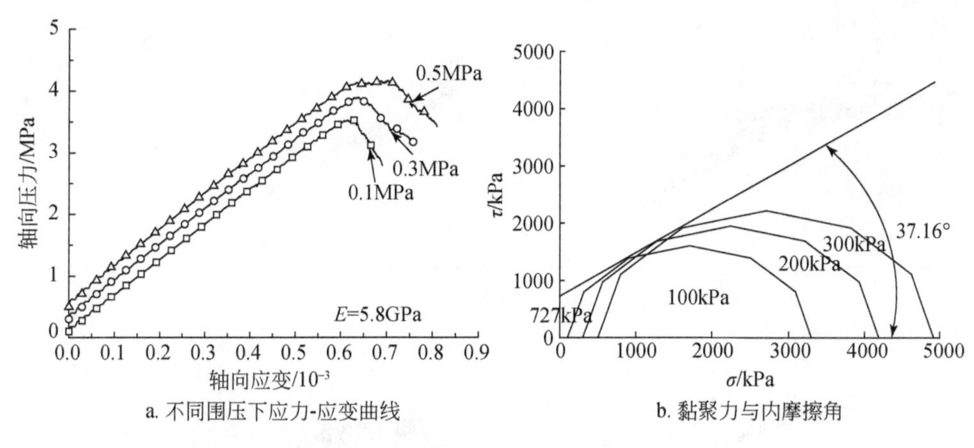

a. 不同围压下应力-应变曲线　　b. 黏聚力与内摩擦角

图 11.28 PFC^{2D}模型细观参数匹配结果

从图 11.28 细观参数匹配结果来看，该组颗粒细观参数与宏观响应较为匹配，从而可以得出模型参数取值如表 11.4 所示。

表 11.4 PFC^{2D}模型参数取值表

颗粒细观参数取值						计算参数取值	
最小半径 R_{min}/m	半径比 R_{max}/R_{min}	弹性模量 E_c/Pa	摩擦系数 f_b	黏结半径 r/m	平行黏结强度 $\overline{pbs}$/Pa	时步 Δt	临界阻尼比 β
0.8	2	4×10^9	0.7	0.8	5×10^6	10^{-4}	$\beta_n=0.32$；$\beta_s=0.05$

11.5.3.3 滑坡运动过程

从前文研究中得知在地形条件以及滑体组成等确定的情况下，下垫面摩擦系数f_w是决定滑坡体能否沿坡面下滑到坡脚，并在相对缓和平面上能否运动较远距离的关键。因此为确定下垫面摩擦系数的合理取值，应做一系列不同下垫面摩擦系数的模拟测试，共测试了 0.10、0.25、0.40 和 0.55 四个取值，通过跟滑坡实际运动特征的对比分析，最终确定此次东河口滑坡运动过程模拟的下垫面摩擦系数取$f_w=0.25$，得出滑坡运动过程示意图如图 11.29 所示。

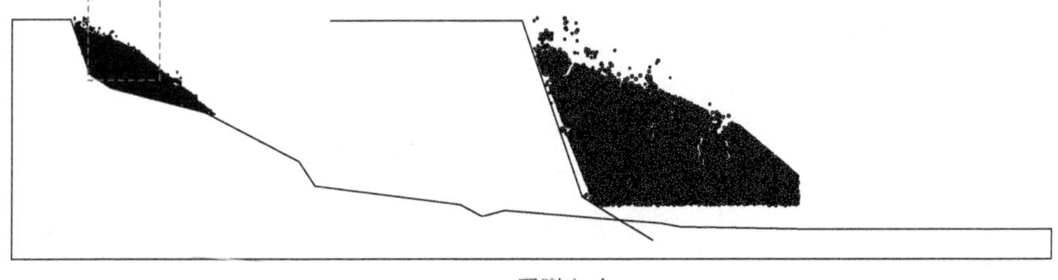

a. 震裂启动

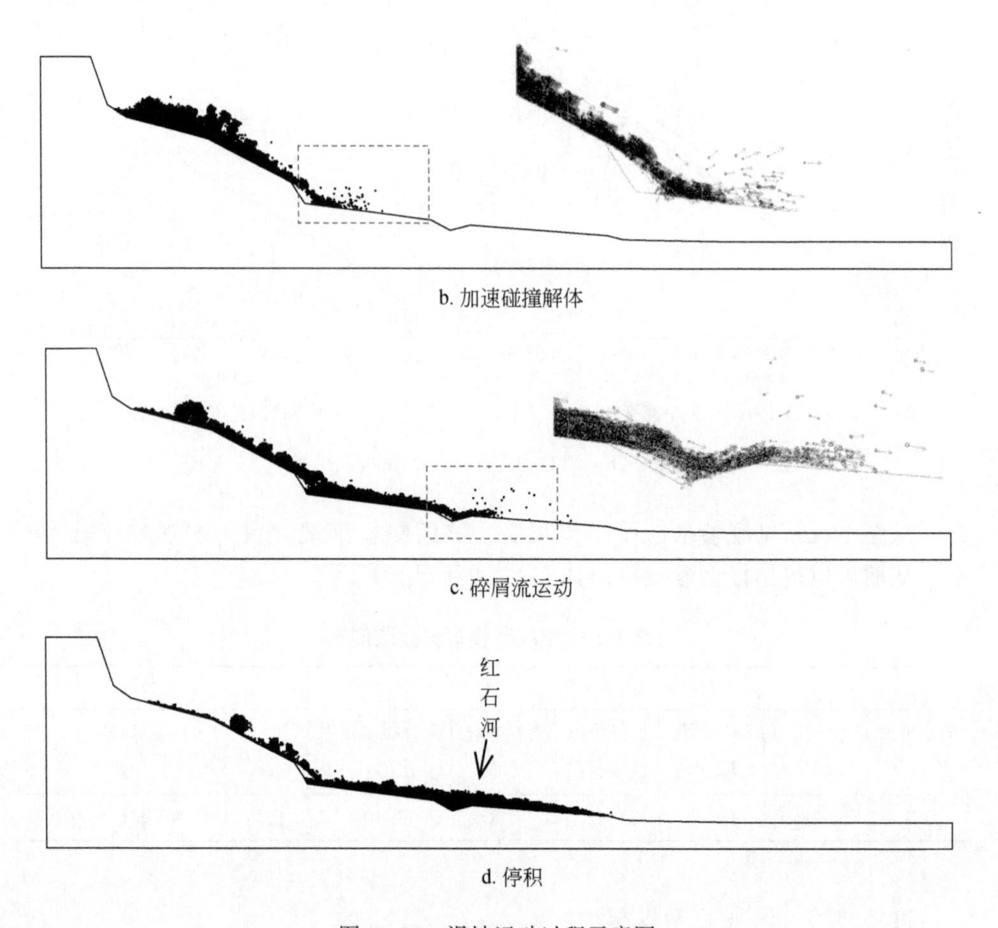

b. 加速碰撞解体

c. 碎屑流运动

d. 停积

图 11.29 滑坡运动过程示意图

从图 11.30 可以看出，滑坡体大部分堆积于红石河附近，滑源区残留有部分滑坡体，同时由于滑坡体陡坎处的高速抛射，致使滑坡的陡坎处残余滑坡体极少。同时结合图 11.29 滑坡运动过程示意图可以得知监测点 8、11 以及 12 附近部分滑坡体应属于残留滑坡体的崩塌堆积物。滑坡的最大运动距离接近 2650m，与实际的滑坡运程基本吻合。

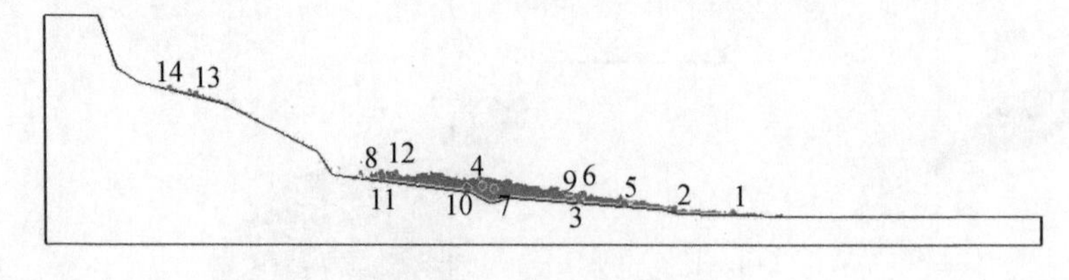

图 11.30 滑坡堆积体分布

为更加具体地表现滑坡的运动特征，在此选择具有代表性的监测点 2、6、7 三点的速度分布列入图 11.31。从图 11.31 中可以看出滑坡的前后缘速度分布相差较大，最大速度 $v=65\text{m/s}$，位于滑体前缘。同时可以看出在启程阶段滑坡的整体性较好，滑体速度分布一致，然后随着高位势能不断转化为动能，滑体前后缘运动速度出现差异并持续增大，导致滑体在运动过程中逐渐解体，直至滑体碰撞后彻底解体形成碎屑流，在碎屑流运动过程中，受山谷地形的阻挡约束作用，运动速度慢慢降低，但是滑体内部前后缘之间的能量传递使得前缘碎屑流继续向前运动，从而造成超长的运动距离。

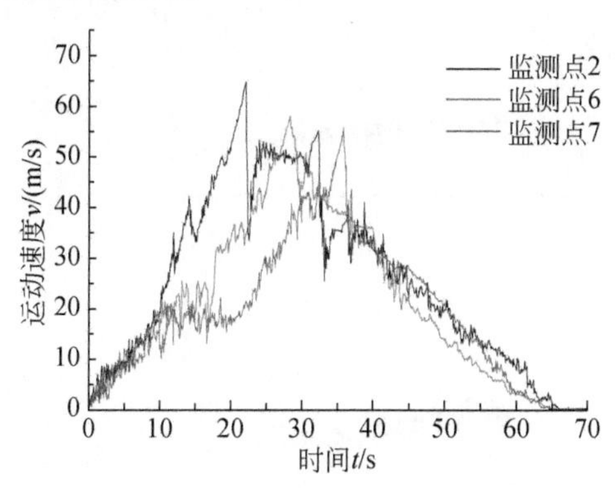

图 11.31　典型监测点速度分布对比

11.5.4　计算结果分析

11.5.4.1　下垫面摩擦系数

图 11.32 是不同下垫面摩擦系数模拟测试的滑坡堆积体分布图，从中可以看出随着下垫面摩擦系数 f_w 的增加，滑坡的最大运动距离显著减小。当 $f_w=0.10$ 时，滑坡体在运动过程中，受到的摩擦损耗较小，越过红石河后仍运动了极远的距离，甚至有部分滑坡体超出了模型的范围；当 $f_w=0.25$ 时，与实际滑坡体堆积情况较为吻合；当 $f_w=0.40$ 时，有接近 50% 的滑坡体越过红石河，堆积厚度较为均匀，滑源区残留有部分滑坡体；当 $f_w=0.55$ 时，只有一部分滑坡体越过了红石河，大部分堆积于陡坎坡脚处，同时滑源区残留物增多。

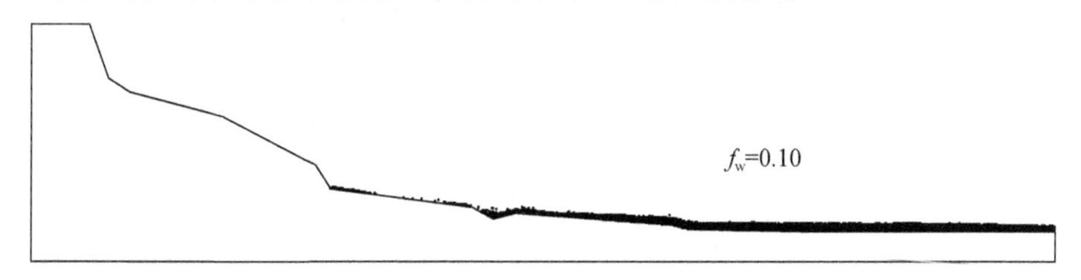

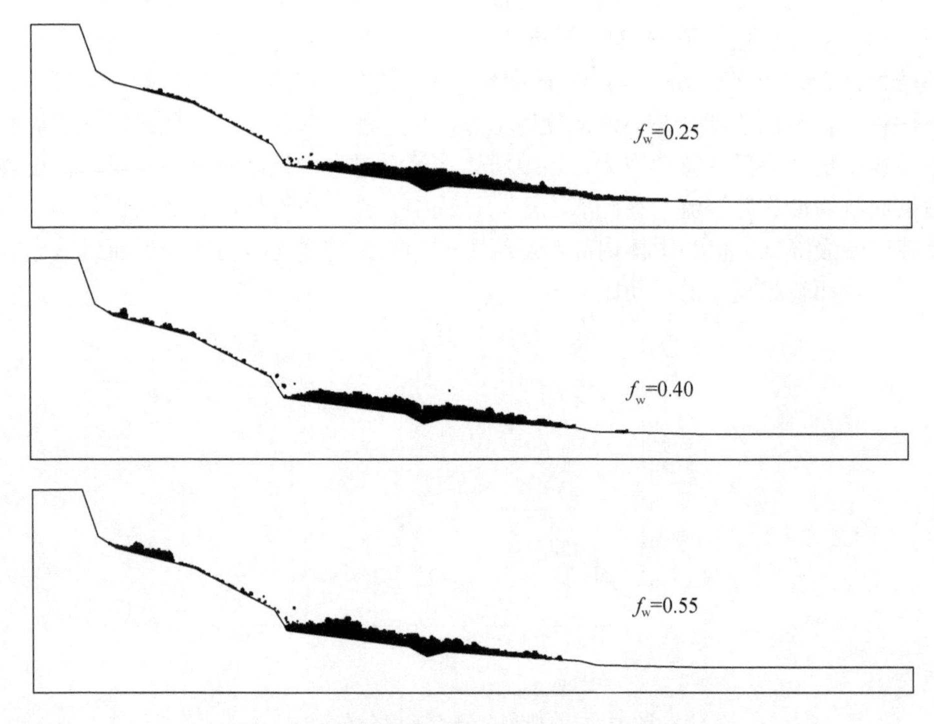

图 11.32 不同下垫面摩擦系数的滑坡堆积体分布

11.5.4.2 黏结强度

在 PFC^{2D}程序中，滑坡体是通过大量颗粒黏结组合而成，因此颗粒之间的黏结强度对滑坡的运动特征也有很大的影响，在此主要探讨黏结强度对滑坡运动距离以及堆积体分布的影响，在下垫面摩擦系数f_w=0.25 情况下共测试了强黏结强度（20MPa）、中黏结强度（10MPa）、弱黏结强度（5MPa）三个强度条件，测试结果如图 11.36 所示。

从图 11.33 可以看出，黏结强度越低，滑坡体的解体程度越高。当为弱黏结强度时，滑坡体几乎完全解体，颗粒之间的空隙明显较少，堆积体较为连续，这与东河口滑坡的实际情况较为符合。而对于颗粒黏结强度为中与强时，滑坡体并没有完全解体，而是存在部分滑体仍保持整体性的情况，即保留了块体结构，颗粒之间的空隙较多，强黏结强度表现得更明显。而对最大运动距离的影响，弱黏结强度最远达到 2650m，中黏结强度为 2710m，强黏结强度也达到 2490m。可见在场地条件一定的前提下，颗粒黏结强度的改变，并没有对滑坡运动距离造成较大的差异。

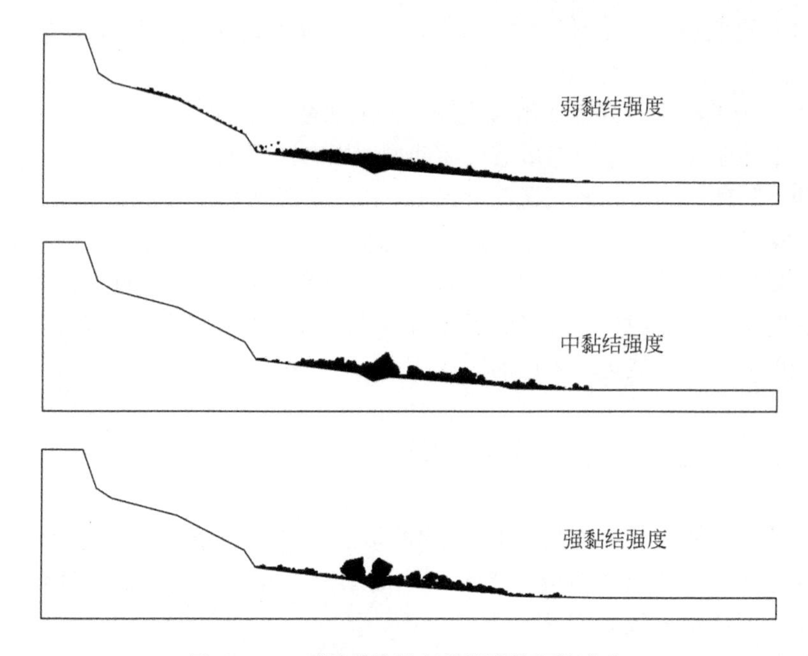

图 11.33　不同黏结强度的滑坡堆积体分布

11.5.4.3　讨论与分析

通过对下垫面摩擦系数以及颗粒黏结强度对滑坡运动距离与堆积体分布形态的影响的分析，发现对于高速远程滑坡，在滑坡运动路径，即场地条件确定的情况下，下垫面摩擦系数与颗粒黏结强度对滑坡运动距离以及堆积体分布都有一定的影响。其中滑坡运动距离主要受下垫面摩擦系数控制，颗粒黏结强度对运动距离的影响则相对较小，随着下垫面摩擦系数的增加，滑坡运动距离显著减小；而堆积体分布主要受颗粒黏结强度的控制，黏结强度越小，滑坡在运动中流动性越强，堆积体分布的连续性越好。

结合前文对东河口滑坡运动过程的模拟，可以得出东河口滑坡获得高速远程特征的关键在于其有利的地形条件以及较低的下垫面摩擦系数，同时必须具备较高的初始速度以及潜在的巨大势能储备。

（1）东河口滑坡属于地震诱发型滑坡，加之滑坡区域位于龙门山主中央断裂映秀-北川断裂带内。正是地震在发震断裂附近释放的巨大能量，诱发滑坡体失稳破坏，并获得了较高的启动速度。

（2）滑坡区域地形条件属于深切中山区地形地貌，巨大的高差为滑坡体提供了巨大的潜在势能储备，同时加上地震的地形放大效应也有利于滑体的高位剪出（地形放大效应概念为山区不同位置的地震加速度会随地势起伏而不同，一般而言，山顶的地震强度会有放大的现象，而山脚处的地震强度则有缩小的情况[6]）。

（3）河流的存在，降低了滑坡运动路径上的摩擦系数。

除了上述条件外，东河口滑坡在运动过程中高速碰撞转化为碎屑流运动也是实现高速运程的原因。碎屑流运动过程中，由于沟谷地形的限制，前缘碎屑率先遭遇阻挡速度明显减小，引发速度差（后缘大于前缘），使得碎屑之间不断碰撞而引起能量传递。通过碰撞，后缘碎屑把能量传递给前缘碎屑，同时加上河流中水的存在起了润滑作用，大大降低了碎屑运动的摩擦耗能，因此前缘碎屑即便在相对较缓的坡面上也能运动极远的距离。

11.6 结　　论

本章通过一系列的 PFC^{2D} 数值模拟对滑坡运动的场地条件效应进行探讨，可以得知场地条件（主要包括坡型 X 和下垫面摩擦系数 f_w）对滑坡最终堆积体分布以及运动距离都有较大的影响。

滑坡的运动距离以及堆积体分布形态明显受场地条件的控制，同时滑坡的运动速度分布、实际运动路径也与场地条件显著相关。对于坡脚型滑坡，斜坡坡度越大，滑体遭遇坡脚的约束阻挡作用也越大，在同一下垫面摩擦系数条件下，滑坡运动距离就越小。而滑坡体在水平基底面的堆积长度则与坡度与下垫面摩擦系数的耦合作用有关。对于阶梯型滑坡，凸形坡型相对于凹形坡型更加有利于滑坡运动。对于滑体沿程速度分布而言，峰值点往往出现在凹形转折点处。同时当滑坡体遭遇凸形转折点后，运动速度呈现加速特征，而当遭遇凹形转折点时，运动速度往往急剧减小或呈现出持速特征。

在已有研究基础上，利用二维颗粒流程序 PFC^{2D} 建立滑坡模型，较为准确地再现了东河口滑坡的运动–停积过程，并就下垫面摩擦系数以及颗粒黏结强度对滑坡运动距离、堆积体分布等方面的影响进行了分析，其结果表明：通过对不同下垫面摩擦系数情况的模拟测试，得出当 $f_w=0.25$ 时，计算结果与实际滑坡运动特征最为吻合；并利用设置的典型监测点，对滑坡前后缘的速度分布进行分析，得出滑坡前后缘的速度分布存在差异，最大速度位于滑体前缘。对于大型高速远程滑坡，在滑坡运动场地条件确定的情况下，下垫面摩擦系数与颗粒黏结强度对滑坡运动距离以及堆积体分布都有一定的影响，其中滑坡运动距离主要受下垫面系数控制，颗粒黏结强度对运动距离的影响则相对较小；而堆积体分布形态主要受颗粒黏结强度的控制。通过一系列的模拟测试，认为东河口滑坡获得高速远程特征的关键在于有利的地形条件以及河流水的存在降低了运动过程中的摩擦损耗。同时，滑坡运动过程中的碎屑流态化是滑坡高速远程运动的另一重要因素。

主要参考文献

[1] 林振民. CRSP 与 DDA 程式于落石模拟之应用 [D]. 台湾"中央"大学应用地质研究所, 2011.

[2] 许强, 裴向军, 黄润秋等. 汶川地震大型滑坡研究 [M]. 北京: 科学出版社, 2009.

[3] Zhou J W, Cui P, Yang X G. Dynamic process analysis for the initiation and movement of the Donghekou landslide-debris flow triggered by the Wenchuan earthquake [J]. Journal of Asian Earth Sciences, 2013, 76: 70-84.

[4] 张家伟. 应用分离元素探讨红菜坪地区地滑演化 [D]. 台湾大学土木工程研究所, 2007.

[5] 付荣. 青川县东河口斜坡体对汶川地震动力作用响应研究 [D]. 成都理工大学, 2012.

[6] Geli L, Bard P Y, Jullien B. The effect of topography on earthquake ground motion: a review and new results [J]. Bull Seis-mol Soc Am, 1988, 78 (1): 42-63.

第12章 滑坡碎屑流运动对拦挡结构的冲击研究

12.1 滑坡碎屑流冲击实验研究

根据调查，碎屑流发生以后能够掩埋公路、摧毁桥梁、破坏基础设施等。而碎屑流运动过程跟地形地貌有关，不同环境下其运动特征复杂多变，对沿途结构的破坏形式不尽相同，冲击拦挡结构后冲击力的大小和作用范围也不相同，从现场观察得到不同形式下碎屑流的冲击力学参数十分困难，相关研究的数据也全面，而且目前碎屑流冲击的动力特征和冲击力估算还处于探索中，理论还不成熟，因此，需要通过模型实验的方法进行研究，较全面地了解和探索碎屑流的运动特征和动力特征。

本章利用滑槽实验，主要考虑碎屑流冲击的角度、流体的厚度、碎屑体规模等因素对碎屑流冲击挡土墙时冲击力的影响，分析冲击力的大小和变化特征，并初步分析冲击力的估算方法，为防治碎屑流冲击灾害提供理论支持。

12.1.1 实验材料物理参数

12.1.1.1 材料级配

通过调查发现，山区碎屑流发生时颗粒的岩性、颗粒大小、颗粒的物质组成等物理参数差异很大，尤其是颗粒的粒径尺寸一般分布很广泛，大小也不均一，在实验条件下根据真实的碎屑流颗粒来配置实验材料是极其困难的，并且不同地区环境条件也不同，碎屑流的运动也表现出较大差异，而本章主要是针对碎屑流冲击挡土墙时挡土墙上力的规律性进行研究，颗粒级配、大小等不是考虑的重点，根据此前的研究，当颗粒的尺寸在滑槽宽度的1/90～1/20时，其颗粒的尺寸对碎屑流运动几乎没有影响[1]，因此本章采用级配较均匀的砾石作为实验材料，其颗粒的尺寸相对于滑槽的宽度小于1/20，实验材料级配如表12.1所示，级配试样如图12.1所示，级配曲线如图12.2所示。

表12.1 试样级配组成表

粒径/mm	0～2	2～10	10～20	20～100
质量百分比/%	2	5	90	3

图 12.1　颗粒级配

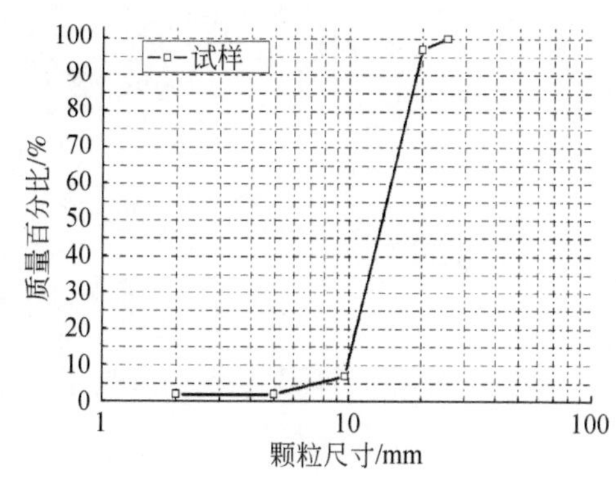

图 12.2　颗粒级配曲线

12.1.1.2　材料密度

实验材料的最大密度（γ_{max}）是将材料装进 0.2m×0.2m×0.2m 的正方体盒子内，然后在振动台上，逐渐将盒子填满，通过计算得出材料的最大密度；最小密度（γ_{min}）是将松散堆积的材料轻轻地放进正方体盒子内，直到填满盒子，然后测出最小密度。碎屑流在运动过程中，颗粒之间是松散的，其密度最接近于松散堆积时密度，因此碎屑流颗粒的密度取最小密度，碎屑流堆积时候也是松散堆积，其堆积时候的密度同样取最小密度。

12.1.1.3　材料摩擦系数的确定

已有的研究表明，材料静止摩擦角是材料的综合摩擦角，因此，本章实验材料的摩擦角采用静止摩擦角。基底材料和侧面材料是采用 Pudasaini 和 Hutter[2]、Mancarella 和 Hungr[3] 的方法，如图 12.3 所示，具体做法如下：

（1）制作一个直径为 0.2m 的圆柱筒，上下开口，高 0.2m，平放在测试材料上；

（2）在圆筒内装入高 0.1m 的碎屑流试样材料，底部距离测试材料大约一个粒径；

（3）缓缓地将测试材料一端绕着另一端向上抬起，直到圆柱筒内的颗粒将要滑动，则此时的角度即为材料的摩擦角。

根据上述方法测得碎屑流底板、侧板及挡土墙的摩擦角，分别记为 δ_1、δ_2、δ_3。

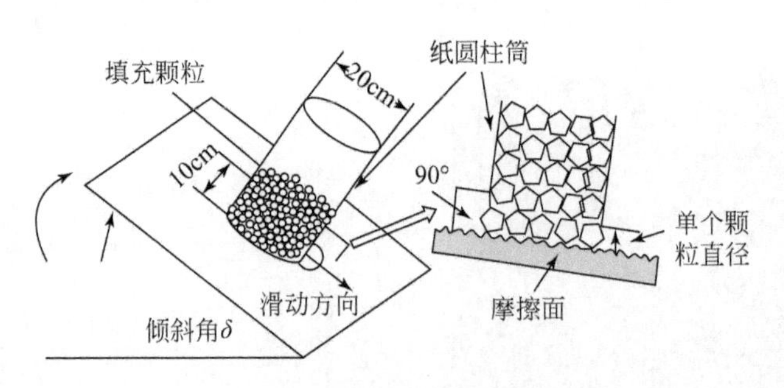

图 12.3　摩擦角测定

综上所述，碎屑流材料的参数汇总，如表 12.2 所示。

表 12.2　材料物理参数

最小干密度 γ_{min}/(kN/m^3)	最大干密度 γ_{max}/(kN/m^3)	D_{50}/mm	不均匀系数 C_u
13.5	15.4	14.1	1.5
休止角 θ/(°)	基底摩擦角 δ_1/(°)	挡土墙摩擦角 δ_2/(°)	侧板摩擦角 δ_3/(°)
53	25	21	15

12.1.2　实验装置

根据调查和分析，碎屑流的发生主要受坡度、坡面粗糙度、坡形（碎屑流流经的坡段）等坡体参数的影响。碎屑的体积、堆积密度、颗粒级配等碎屑参数也直接影响碎屑流动机制。坡体参数和碎屑参数共同决定碎屑流冲击结构物时的冲击角度、厚度、流速，而这三者是影响碎屑流冲击机制的直接因素。因此碎屑流冲击挡土墙的实验装置包括 3 部分：模型实验槽、结构物模型、数据量测与采集系统。

模型实验槽装载碎屑物质，通道用以模拟流通环境；结构物模型用来模拟碎屑流冲击的挡土墙，其形状能够发生改变，挡墙厚度可以调整；数据量测与采集系统用来记录碎屑流流动时的厚度、速度、静止区面积等数值。

12.1.2.1　模型实验槽装置

模型实验槽是在滑坡实验槽的基础上改装后设计来的，利用滑槽做滑坡的相关研究已很普遍，装置设计基本成熟，据此设计的实验槽较可靠。由于实验环境和条件的限制，模型一般都不太大，旨在能得到相关的理论成果。本书根据实验环境和条件采用的模型确定为长 2.63m，高 0.20m，宽 0.3m，装料槽位于实验槽顶端（如图 12.4a 所示）。模型实验槽框架使用钢板焊接而成，能够绕着底部的轴转动，坡度为0°～90°，根据实验要求调节到所需坡度。实验槽的两边是用厚度为1mm聚乙烯板遮挡，挡板透明，便于观察碎屑流流动状态；底部是用丙烯板铺设，保证实验要求的摩擦系数，其板能够调换。挡土墙垂直于底板设置，始终保持垂直状态。

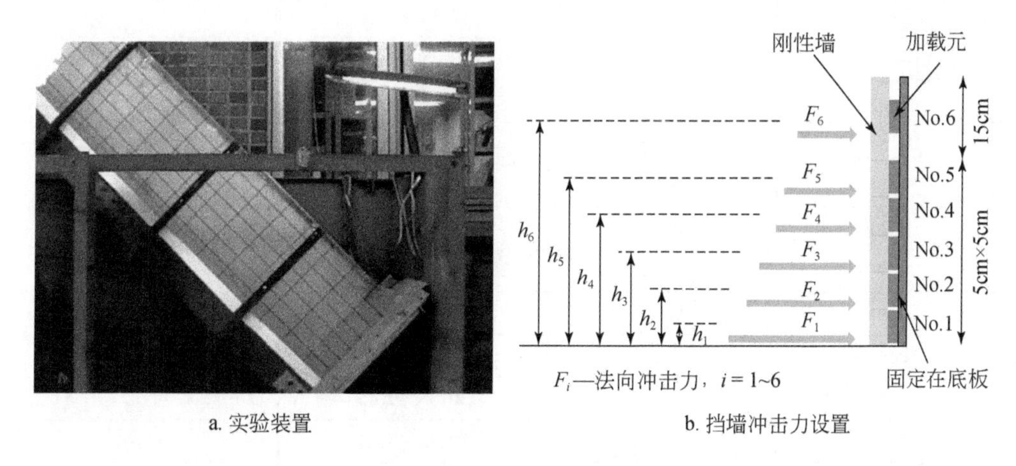

a. 实验装置　　b. 挡墙冲击力设置

图 12.4　模型实验示意图

12.1.2.2　结构冲击装置

冲击装置是用6块钢板拼装而成，其目的是为了研究碎屑流在冲击过程中对挡土墙不同高度上力的变化。宽度与滑槽底宽一致，为0.3m，从滑槽底部每隔0.05m一段，最上部为0.15m，总墙高0.4m，每块挡土墙的后面中心放置一个加载元，加载元长0.2m，宽0.03m，高0.03m，挡土墙上的合力为6个加载元的总和，加载元用于测量碎屑流冲击挡土墙时每块挡板上冲击力（如图12.4b所示）。

12.1.2.3　数据量测与采集装置

碎屑流冲击挡土墙时冲击力通过加载元数据线与电脑连接，通过电脑直接读取数据，并用此数据做分析。碎屑流流动过程用高速摄像机记录，然后通过图像处理软件，分析其流动中的厚度，速度。

12.1.3　实验设计

本章是对碎屑流冲击挡土墙的初步探讨，因此，以装料槽长（L）、高（H）、坡度（α）为参数进行初步实验。通过改变不同参数来分析碎屑流冲击挡土墙的动力特征。装料槽长（L）设置为0.14m、0.24m、0.34m、0.44m，槽高（H）为0.05m、0.10m、0.15m、0.20m，与水平夹角（α）设置为30°、35°、40°、

45°，共开展64组实验，实验设置如表12.3所示。

表12.3　实验设置

L/m	H/m	α/(°)	实验次数
0.14	0.05	30,35,40,45	4
0.14	0.10	30,35,40,45	4
0.14	0.15	30,35,40,45	4
0.14	0.20	30,35,40,45	4
0.24	0.05	30,35,40,45	4
0.24	0.10	30,35,40,45	4
0.24	0.15	30,35,40,45	4
0.24	0.20	30,35,40,45	4
0.34	0.05	30,35,40,45	4
0.34	0.10	30,35,40,45	4
0.34	0.15	30,35,40,45	4
0.34	0.20	30,35,40,45	4
0.44	0.05	30,35,40,45	4
0.44	0.10	30,35,40,45	4
0.44	0.15	30,35,40,45	4
0.44	0.20	30,35,40,45	4

12.1.4　实验结果与分析

通过高速摄像机能够记录碎屑流流动过程和冲击过程，碎屑流冲击挡土墙时冲击力随时间的变化可以通过挡土墙上的加载元获得，冲击力的研究是以不同挡板上出现的峰值为主，因此本章以碎屑流冲击挡土墙时挡土墙上的最大冲击力为研究重点。

12.1.4.1　流动与冲击过程

图12.5显示了干燥碎屑流的冲击过程，以L44-H15-α40-δ25-L12.19为例来说明，L44-H15-α40-δ25-L12.19代表装料槽长L=0.44m，装料槽高H=0.15m，坡度α=40°，底板摩擦角δ=25°，滑动槽距离L_1=2.19m。从图12.5a可以看出碎屑流初始状态，即将滑动；图12.5b显示干燥碎屑流前缘倒塌，颗粒之间开始变得松散，中间与靠后的颗粒主要是表面流；随着流动的继续，后缘逐渐离开料槽的后壁，前缘流体变薄，颗粒间碰撞更加频繁，中间与后缘比图12.5b运动更明

显，变形更显著（图 12. 5c），碎屑流长度逐渐增加，厚度逐渐减小；图 12. 5b 显示前缘颗粒撞击挡土墙回弹，部分颗粒停积在挡土墙前；之后颗粒不断冲击过来，在挡土墙前堆积停留下来，直到运动结束（图 12. 5e 所示）；图 12. 5f 显示碎屑流最后的堆积形态。图 12. 5 显示了碎屑流冲击挡土墙时完整的流动、撞击、堆积过程。

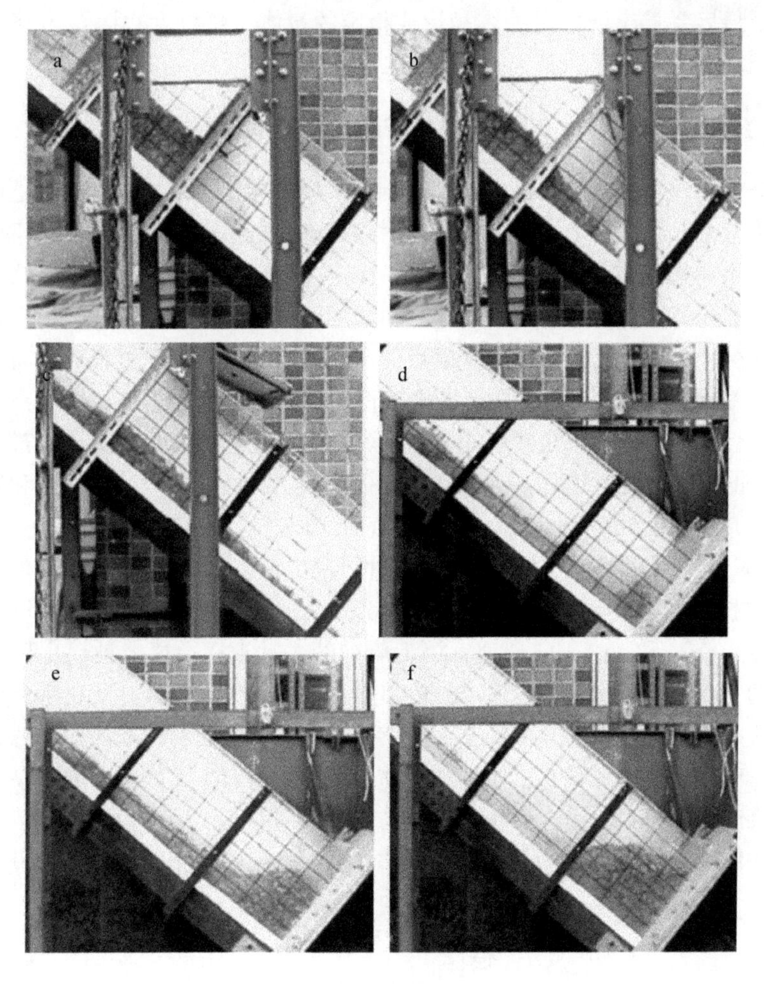

图 12. 5　干燥碎屑流流动与冲击过程

12. 1. 4. 2　摩擦与碰撞机理

根据 Takahasi[4] 和 Savage[5] 的研究，干燥碎屑流流动机理是典型摩擦与碰撞同时存在的。碎屑流流动中摩擦机理主要由于颗粒间接触紧密，其速度低于平均速度，碰撞机理主要由于随着颗粒的运动，颗粒之间的接触松散，其速度比平均速度要大。在这些实验中，在靠近底板位置的碎屑流颗粒之间联系紧密，呈浓密的流体状态，颗粒间主要表现为摩擦运动，图 12. 5c 可以看出；而在流体的表面，颗粒间联系疏松，碰撞频繁，相对应的是碰撞机理，从图 12. 5d、12. 5f 能够显示出来。随着颗粒的运动，从碎屑流底部向顶部，其运动由摩擦转变为碰撞，速度也随着运动机理的转变而发生改变，引起碎屑流在运动中逐渐拉长，厚度逐渐减小，最后受挡土墙的阻挡堆积形成稳定的流体，颗粒由碰撞转为摩擦，最终颗粒在挡土墙前停留下来。

12. 1. 5　挡土墙上的冲击力分布

根据上述说明，挡土墙是由 6 部分钢板拼接而成，其目的是研究挡土墙不同高度上的冲击力，通过 3 个实验结果来说明碎屑流冲击挡土墙时冲击力沿不同高度上的力的变化（如图 12. 6 所示）。从图 12. 6a ~ c 可以看出，碎屑流冲击挡土墙过程中挡土墙不同高度上的冲击力均随着时间增加而逐渐增大，达到峰值后逐渐减小直到静力平衡。挡土墙上的冲击力峰值点的出现说明碎屑流冲击过程对力有显著的影响。从图 12. 6a 可以发现，碎屑流冲击过程中不同高度上冲击力的峰值点不是同时到达的，且冲击力峰值点与残余冲击力值不是线性变化的，从挡土墙底部到顶端不同钢板上的值不是线性增加的。以图 12. 6a 为例，图中冲击力 F_2 峰值和残余值均比 F_1 大；在图 12. 6b 可以看出，其残余值 F_4 与 F_3 基本一致；在图 12. 6c 中，残余值 F_4 比 F_2、F_3 都大。在 64 个实验中这种情况出现了 52 次。根据实验要求，实验仪器经过校准，在实验过程中也没有意外，因此实验结果可靠。根据 Tsagareli，Matsuo 等，Fang 和 Ishibashi 研究，挡土墙前的主动土压力或者被动土压力是非线性分布的，而 Handy 等研究这种非线性变化，指出挡土墙前土压力的非线性变化跟土拱效应有关。挡土墙前土拱的存在能够使土压力发生转移，从屈服区域向静止区域转移，改变土压力的分布，使挡土墙前的土压力分布呈非线性分布。从实验中获得不同高度上冲击力非线性分布可能也与土拱效应有关，因实验技术条件有限，并不能从实验中观测到土拱的存在，因此需要通过数值模拟来验证这一假设。

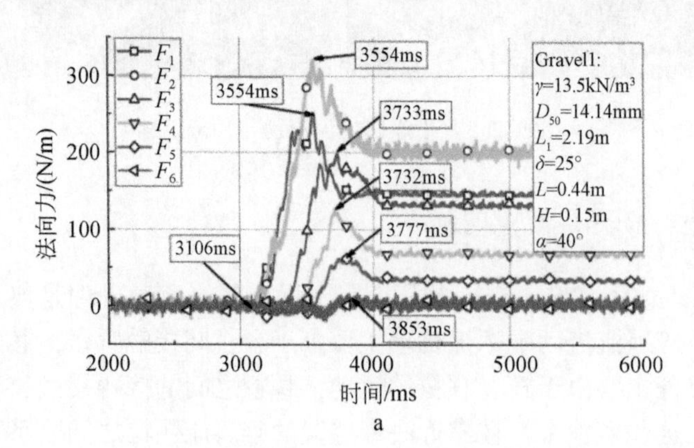

a

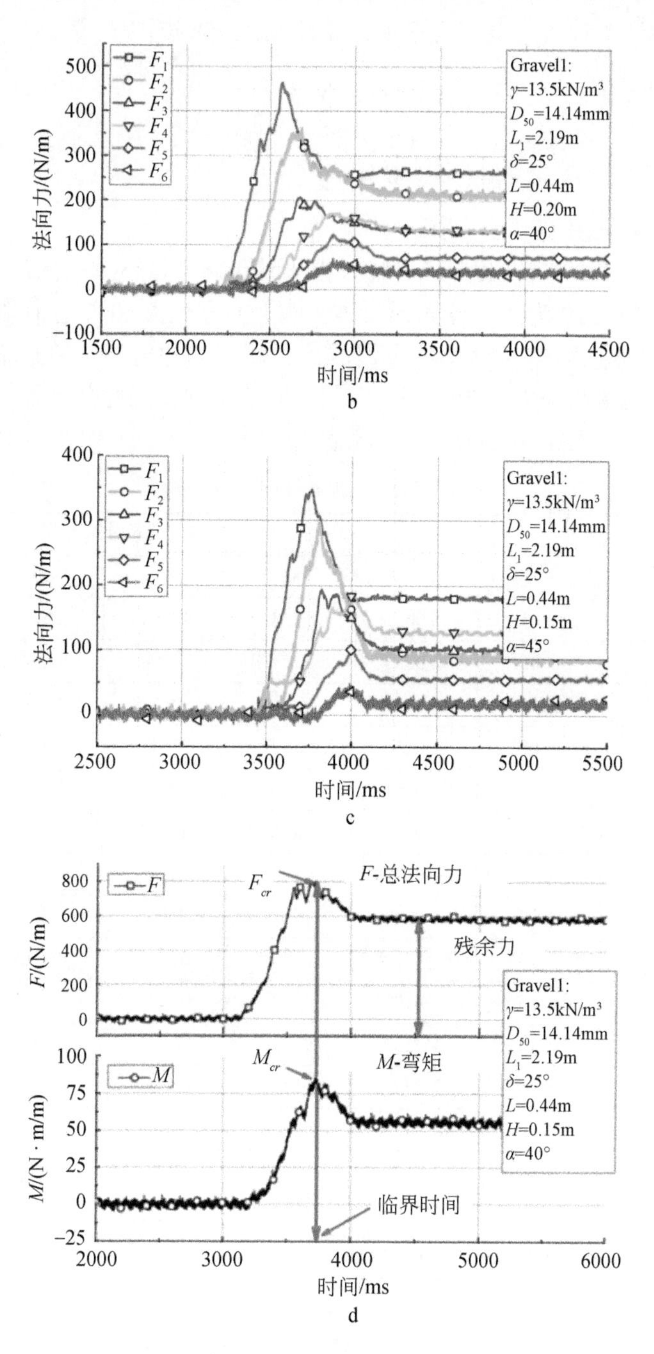

图 12.6　力随时间的变化

碎屑流冲击挡土墙过程中，不仅能够对挡土墙发生冲击破坏，而且能够造成倾覆倒塌破坏，因此对挡土墙的研究既要考虑冲击力的影响也要考虑冲击力对低端产生弯矩的影响。本章通过以下式子来计算冲击力与弯矩：

$$F = \sum_{i=1}^{6} F_i \tag{12.1}$$

$$M = \sum_{i=1}^{6} F_i h_i \tag{12.2}$$

式中参数的含义见图 12.3b 所示。

通过上式得出碎屑流冲击挡土墙时挡土墙上冲击与弯矩的值。本章以 L44-H15-α40-δ25-L12.19 为例，计算得出挡土墙上的合力 F 和弯矩 M 随时间的变化曲线（如图 12.6d 所示）。从图中可以看出，碎屑流冲击挡土墙过程中，挡土墙上最大冲击力的值与最大弯矩值基本在同一时刻出现，因此挡土墙上的冲击力值就以此时刻为准，实验中冲击力的值见表 12.4 所示。

表 12.4　实验冲击力值

W/m	L/m	H/m	V/m^3	坡度/(°)			
				30	35	40	45
0.3	0.14	0.05	0.0021	51.3	49.14	52.83	73.89
0.3	0.24	0.05	0.0036	53.1	64.08	92.43	119.07
0.3	0.14	0.10	0.0042	53.22	56.1	90.96	113.01
0.3	0.34	0.05	0.0051	56.49	73.41	112.62	148.74
0.3	0.14	0.15	0.0063	37.44	58.2	76.53	111.84
0.3	0.44	0.05	0.0066	40.86	87.78	116.31	140.37
0.3	0.24	0.10	0.0072	64.95	130.65	138.36	199.47
0.3	0.14	0.20	0.0084	76.38	133.95	163.92	236.07
0.3	0.34	0.10	0.0102	68.28	87.33	121.08	154.89
0.3	0.24	0.15	0.0108	64.5	100.02	134.73	212.49
0.3	0.44	0.10	0.0132	91.59	119.34	200.7	269.61
0.3	0.24	0.20	0.0144	132	170.01	247.11	333.9
0.3	0.34	0.15	0.0153	62.88	91.56	134.94	179.52
0.3	0.44	0.15	0.0198	85.59	151.2	229.71	293.64
0.3	0.34	0.20	0.0204	104.34	189.3	248.49	372
0.3	0.44	0.20	0.0264	133.98	217.38	313.2	453

从表 12.5 中①、②、③、④对应体积与冲击力可以看出，冲击力并没有随着体积增加而增大。从①、②两组发现，初始堆积的高度大其对应的冲击力也大，③、④组中初始堆积的长度大其对应的冲击力也大，根据以上可知，碎屑流的最大冲击力在体积较小时受长度方向影响较大，随着体积的增大受高度方向影

响较大，这也说明最大冲击力与碎屑流初始堆积的方式有关，即碎屑流规模较小时，碎屑流堆积沿坡面长度越大其冲击力越大；规模较大时，碎屑流堆积沿坡面的高度将是影响最大冲击力的主要因素。这主要是由于当体积较小时，颗粒沿坡面长度越长，碎屑流运动后颗粒越分散，颗粒碰撞作用更突出，颗粒与挡墙之间碰撞产生的冲击力大，而当体积较大时，碎屑流初始堆积的高度越高运动时产生的势能就越大，运动后转化的动能就越大，颗粒连续冲击挡土墙时的冲击力就越大。综合以上分析可以推论出：碎屑流在冲击挡土墙过程中，最大冲击力不仅与碎屑流规模、坡度有关，还与碎屑流初始堆积的方式有关，是受碎屑流规模、坡度、初始堆积方式三者的耦合作用。

表 12.5　45°下虚线两侧碎屑流的体积与最大冲击力

①		②		③		④	
体积/m^3	冲击力/(N/m)	体积/m^3	冲击力/(N/m)	体积/m^3	冲击力/(N/m)	体积/m^3	冲击力/(N/m)
0.24×0.2×0.3	333.9	0.14×0.2×0.3	236.07	0.44×0.05×0.3	148.74	0.24×0.05×0.3	119.07
0.44×0.15×0.3	293.64	0.24×0.15×0.3	212.49	0.34×0.05×0.3	140.37	0.14×0.1×0.3	113.01
0.34×0.15×0.3	179.52	0.34×0.1×0.3	154.89	0.14×0.15×0.3	111.84		

通过表 12.4 绘出了碎屑流冲击挡土墙过程中体积与冲击力之间的关系（图 12.7）及坡度与冲击力之间的关系（图 12.8）。从图 12.7 可以看出，碎屑流冲击挡土墙时，在 30°、35°、40°、35°坡度下碎屑流体积与最大冲击力之间均呈现出线性关系，其相关系数分别为 0.6568，0.7682，0.846，0.8399。从相关系数看出，坡度低于 40°时，随着坡度的增加相关性逐渐增大，而在大于 40°时，其相关性减小，相

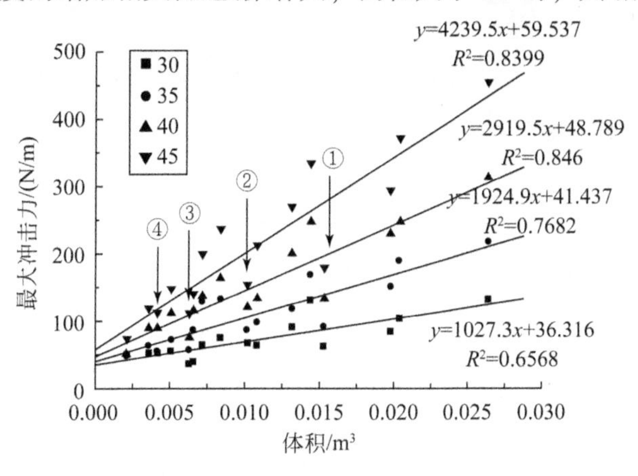

图 12.7　最大冲击力随体积的变化

关系数并不是随着坡度增加而逐渐增加。从图 12. 8 中可以看出，在不同体积下，碎屑流最大冲击力与坡度之间均呈现线性关系，且随着碎屑流体积的增加，相关系数的值也越大。因此，碎屑流在体积与坡度的耦合作用下，最大冲击力将随着坡度和体积的增加而逐渐增大，并且增大的幅度会随着体积和坡度的增加而逐渐加大。

从图 12. 7 中发现，在同坡度下，随着体积增大，最大冲击力的值是波动增加的，并且随着体积和坡度的增加，波动的幅度越来越大。为探讨其究竟，本章以 45°曲线为例提取图中虚线（①、②、③、④）两侧不同体积及最大冲击力(见表 12. 5 所示)。

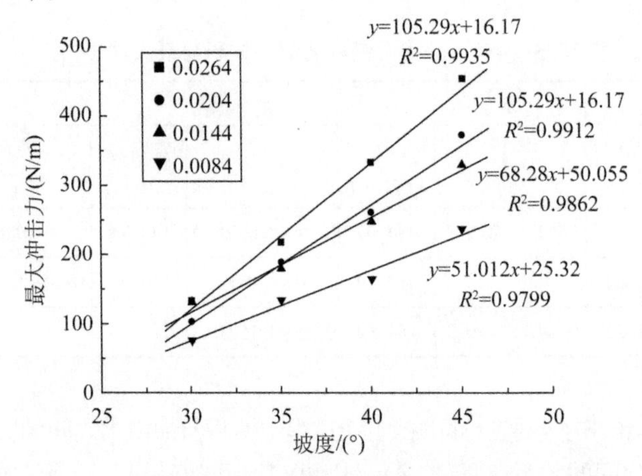

图 12. 8　最大冲击力随坡度的变化

上述分析了碎屑流冲击时不同体积、不同坡度下冲击力的关系，通过分析发现碎屑流冲击力还与静止区面积、流体厚度等因素有关，因此提取了数值如表 12. 6、表 12. 7 所示。

根据表 12. 6、表 12. 7 绘制了静止区面积与冲击力的图（如图 12. 9 所示）、流体厚度与冲击力的图（如图 12. 10 所示）。

表 12. 6　静止区与冲击力值

W/m	L/m	H/m	V/m³	坡度/(°)			
				30	35	40	45
0. 3	0. 14	0. 05	0. 0021	67. 80	68. 60	69. 30	70. 00
0. 3	0. 24	0. 05	0. 0036	131. 30	134. 50	137. 40	140. 00
0. 3	0. 14	0. 10	0. 0042	113. 50	116. 00	118. 10	120. 00
0. 3	0. 34	0. 05	0. 0051	190. 60	197. 80	204. 20	210. 00
0. 3	0. 14	0. 15	0. 0063	157. 20	161. 90	166. 20	170. 00

续表

W/m	L/m	H/m	V/m^3	坡度/(°)			
				30	35	40	45
0. 3	0. 44	0. 05	0. 0066	246. 10	258. 50	269. 70	280. 00
0. 3	0. 24	0. 10	0. 0072	214. 90	224. 10	232. 40	240. 00
0. 3	0. 14	0. 20	0. 0084	198. 80	206. 60	213. 60	220. 00
0. 3	0. 34	0. 10	0. 0102	305. 00	324. 80	343. 10	360. 00
0. 3	0. 24	0. 15	0. 0108	290. 70	308. 50	324. 90	340. 00
0. 3	0. 44	0. 10	0. 0132	384. 80	418. 50	450. 10	480. 00
0. 3	0. 24	0. 20	0. 0144	359. 30	388. 00	414. 80	440. 00
0. 3	0. 34	0. 15	0. 0153	403. 20	440. 90	476. 30	510. 00
0. 3	0. 44	0. 15	0. 0198	497. 10	560. 00	620. 80	680. 00
0. 3	0. 34	0. 20	0. 0204	486. 90	546. 60	604. 20	660. 00
0. 3	0. 44	0. 2	0. 0264	586. 70	684. 40	782. 20	880. 00

表 12. 7　流体厚度与冲击力值

W/m	L/m	H/m	V/m^3	坡度/(°)			
				30	35	40	45
0. 3	0. 14	0. 05	0. 0021	0. 90	1. 50	1. 70	2. 40
0. 3	0. 24	0. 05	0. 0036	1. 40	1. 70	2. 10	2. 70
0. 3	0. 14	0. 10	0. 0042	1. 50	1. 70	2. 10	2. 70
0. 3	0. 34	0. 05	0. 0051	1. 60	2. 20	2. 80	3. 60
0. 3	0. 14	0. 15	0. 0063	1. 30	2. 10	2. 90	3. 30
0. 3	0. 44	0. 05	0. 0066	1. 60	2. 30	3. 00	3. 70
0. 3	0. 24	0. 10	0. 0072	1. 80	2. 20	2. 70	3. 50
0. 3	0. 14	0. 20	0. 0084	1. 70	2. 30	3. 10	3. 50
0. 3	0. 34	0. 10	0. 0102	1. 70	2. 50	3. 00	3. 80
0. 3	0. 24	0. 15	0. 0108	1. 70	2. 70	3. 20	4. 10
0. 3	0. 44	0. 10	0. 0132	1. 90	2. 90	3. 60	4. 50
0. 3	0. 24	0. 20	0. 0144	2. 10	2. 80	3. 80	4. 90
0. 3	0. 34	0. 15	0. 0153	1. 90	2. 80	3. 80	4. 40
0. 3	0. 44	0. 15	0. 0198	2. 00	2. 90	3. 90	5. 10
0. 3	0. 34	0. 20	0. 0204	2. 20	3. 30	4. 20	5. 10
0. 3	0. 44	0. 2	0. 0264	2. 10	3. 50	4. 90	5. 30

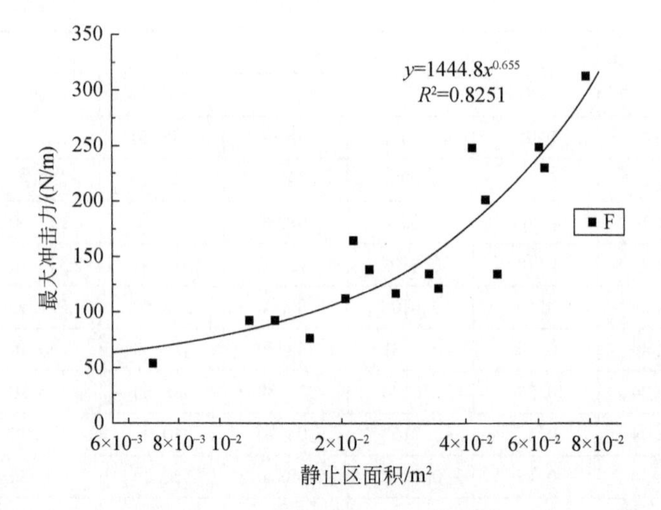

图 12.9 静止区面积与冲击力值

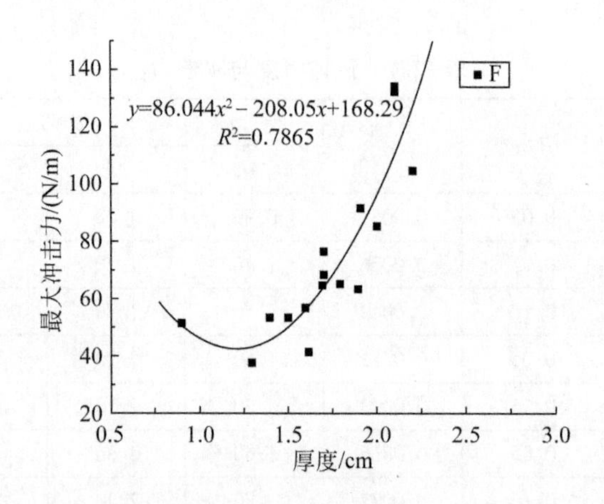

图 12.10 流体厚度与冲击力值

从图 12.9 中可以看出碎屑流冲击力与静止区面积呈现幂增长的关系，从图 12.10 中可以看出碎屑流冲击力与流体厚度之间呈现二次多项式关系，冲击力随着流体厚度的增加呈现先减小后增大，这说明碎屑流冲击力跟静止区面积、流体厚度有直接的关系。其原因在于静止区面积越大碎屑流连续冲击时间越长，冲击力越大。静止区面积影响后续颗粒运动特征，导致不同面积下碎屑流冲击产生的土拱效应的差异，改变了碎屑流冲击力的作用曲线。流体厚度反映了碎屑流的运动过程，并影响了碎屑流运动机理的相互转化方式，当流体厚度较小时颗粒碰撞作用显著，冲击力较大；当厚度较大时颗粒摩擦作用凸显，碎屑流的运动以摩擦损耗为主，在其他参数不变的情况下，底板的摩擦损耗基本相等时，流体厚度越大，连续冲击时的作用力越大。

通过对碎屑流冲击挡墙的实验可以发现，碎屑流冲击过程是一个碰撞和摩擦机理共存的运动过程，不同体积、坡度下，碎屑流冲击时产出的流体厚度、静止区面积的差异，导致两种机理的相互转化对冲击力产生显著影响。因此，碎屑流冲击力是由静止区的重力、静止区产生的阻力、流体冲击力、底板摩擦力、碰撞损耗等组成。

12.2　碎屑流冲击挡墙的土拱效应研究

随着计算机水平的日益提高，越来越多的研究借助于计算机开展数值计算，岩土工程的数值计算也越来越普遍，目前分为两大类：一类是基于连续介质力学理论的方法，如有限元法和快速拉格朗日法；另一类是基于不连续介质力学的方法，如离散元法 UDEC、3DEC、PFC 和块体理论 DDA 等[6]。

本章将采用二维颗粒流程序 PFC^{2D}对碎屑流冲击挡墙进行数值计算，其目的是借助数值计算的方法来分析和研究碎屑流冲击时挡土墙上非均匀变化力产生的原因，进一步验证碎屑流冲击挡墙时的土拱效应特征。

12.2.1　PFC^{2D}碎屑流模拟模型

12.2.1.1　几何模型

碎屑流冲击挡土墙是从启程到冲击堆积连续变化的过程，动力学特征显著，受到实验测量水平的限制，在实验中很难对冲击力做全面的观测，另受实验条件的影响，通过实验方法获取多种因素组合条件下的研究结果存在较大的难度，而数值分析方法可以很好地再现碎屑流冲击挡墙的过程，既是对实验结果的检验，又是对实验的补充。同时数值分析方法最大的优势是对实验中未观测到的微观现象加以分析，能够更加全面地理解分析运动学过程。碎屑流冲击力表现出非线性变化的特征，在当前的实验测量水平下很难直接分析其原因，借助于数值分析方法就能够合理解释。

在此依据前文室内碎屑流冲击试验并利用墙体（wall）模拟碎屑流流动底板和挡土墙建立模型，如图 12.11 所示。模拟模型开始时，首先在重力作用下使颗粒沿坡面自然堆积，然后删除挡板（启动器），使颗粒由初始堆积状态开始沿坡面加速下滑，然后冲击挡板、回弹、静止、堆积，最终颗粒堆积于挡板前。

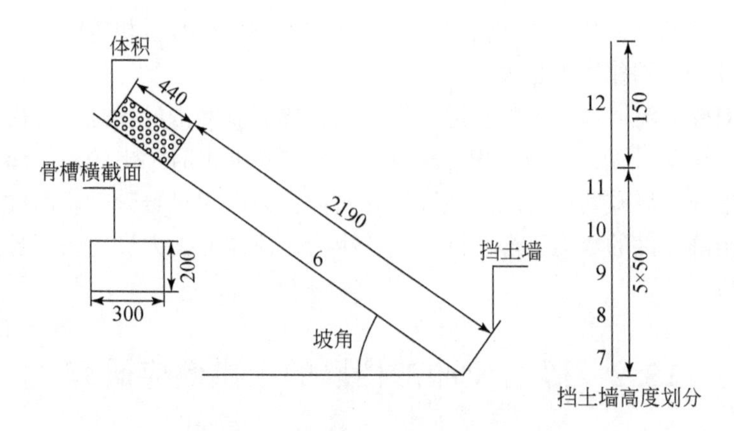

图 12.11 离散元分析的几何模型示意图（单位：cm）

12.2.1.2 模型参数的取值

模拟时涉及的单元有颗粒、墙体，以及在模拟动态运动时用于能量消耗的阻尼。对于离散元中颗粒单元而言，其属性主要有颗粒半径、颗粒摩擦、颗粒的法向刚度、切向刚度、密度；墙体单元包括摩擦、法向和切向刚度。

PFC^{2D}可以根据实测的资料来模拟现实的物理变化，其参数的选择应根据实验的具体的数据[7]。因此，根据实验确定颗粒、墙体、阻尼的值。

颗粒材料的密度应该与实验材料的密度一样，但是在离散元中单元体的孔隙率与实验的孔隙率存在差异，在离散元中的密度大于试验密度，根据离散元程序原理，颗粒密度与实验密度有如下关系：

$$d=\frac{D}{1-n} \tag{12.3}$$

式中，d 为颗粒密度；D 为实验密度；n 为颗粒生成的孔隙率。

根据实验可知，颗粒在实验条件下的孔隙率为0.17，通过计算得出离散元中颗粒的密度约为 $\rho=1969\text{kg/m}^3$ 代替实验材料密度 $\rho=1378\text{kg/m}^3$。

在 PFC^{2D} 中，材料刚度的输入为微观条件下的值，通过点荷载仪测得单个颗粒的弹性模量为 2×10^9 N/m，底板弹性模量为 3.2×10^9 N/m，抗冲击结构物的弹性模量为 1×10^9 N/m，因此，颗粒、墙体的刚度采用实验值。

在 PFC^{2D} 中，局部阻尼是对每个球施加一个与速度相反的力，其值表示颗粒运动的外部条件的反应，本章中的实验是在空气中进行，空气的阻力约为0，因此，局部阻尼取值为0。黏性阻尼相当于在颗粒法向上添加的弹簧，切向上添加阻尼器来反映颗粒碰撞、摩擦时引起的能量耗散。在 PFC^{2D} 中是用黏性比来标量黏性阻尼。根据实验结果，单个材料的法向恢复系数为0.6，切向为0.8，计算得到法向黏性阻尼为0.16，切向阻尼为0.07。由于实验中材料是不规则的形状，而在模拟中颗粒是圆盘形，因此为了更接近实际状态，将颗粒的法向黏性阻尼适当增大以弥补颗粒相同带来的碰撞不足，为此确定法向黏性阻尼为 0.6，切向为 0.07。

数值模拟是建立在实验基础上，因此，采用的摩擦值为实验测量值。根据实验测量结果以及上述方法，模型中颗粒、墙体的细观参数见表 12.8。

表 12.8　数值模拟的材料参数

材料	法向刚度/(MN/m)	切向刚度/(MN/m)	摩擦因数	密度/(kg/m³)	半径/m	
					最小	最大
墙体（底板）	320	320	0.4527	—	—	—
墙体（挡板）	1000	1000	0.364	—	—	—
颗粒	200	200	1.027	1969	0.005	0.01

12.2.2　计算结果分析

以表 12.1 中的材料参数为基础，以模型试验中的 L 0.44×H 0.2 为参照。图 12.12分别列举了坡度为 30°、35°、45°时数值模拟与模型试验的比较，从堆积体形态来看，其模拟结果与实验结果吻合较好。

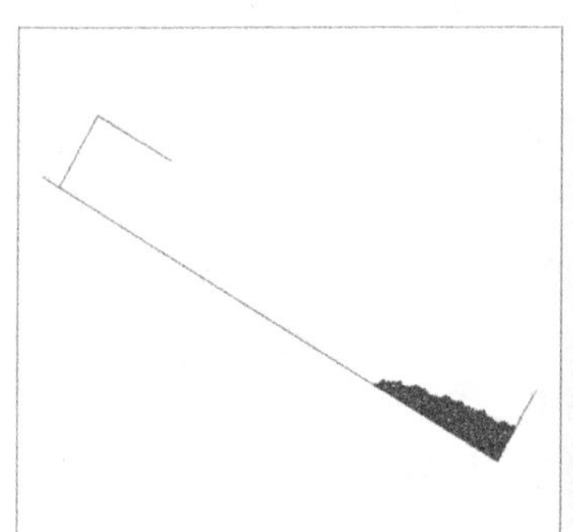

a. 30°

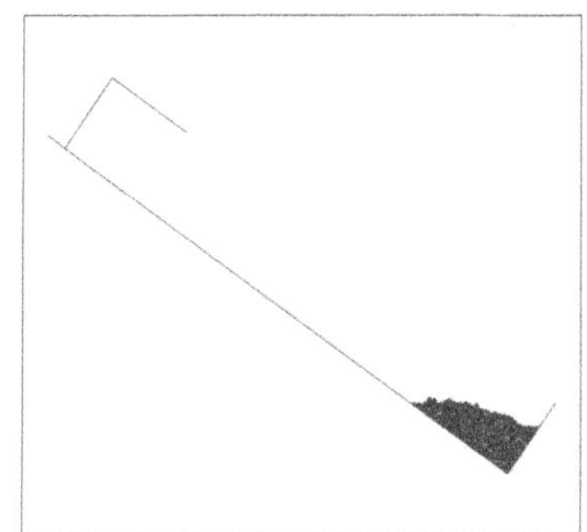

b. 35°

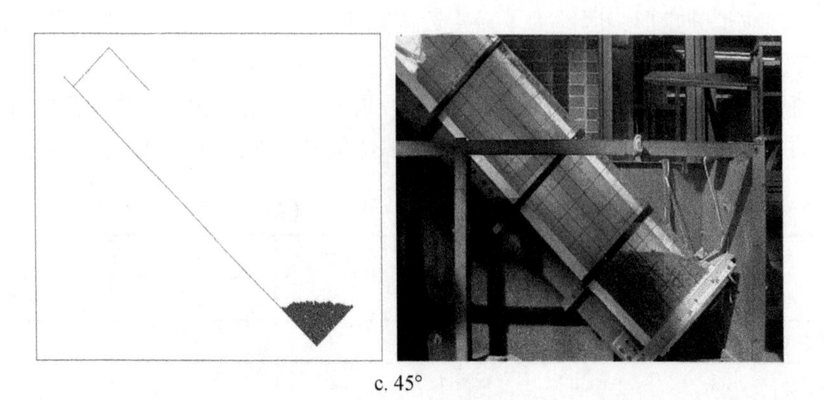

c. 45°

图 12.12　不同坡度下的数值模拟和模型试验的碎屑流堆积特征

12.2.3　碎屑流冲击挡墙的土拱效应

碎屑流在流动过程中运动机理有两种形式：①摩擦机理，即在自重作用下，底部颗粒受到上部颗粒与底板的挤压，颗粒之间联系紧密，在流动中整体性好，速度一般比平均速度小，颗粒之间主要受摩擦的影响，能量消耗也主要由摩擦引起；②碰撞机理，在碎屑流顶部，颗粒运动中逐渐分散，颗粒之间碰撞频繁，速度变化较大。

Terzaghi[8]揭示了土拱效应是土体把土压力从屈服区域转移到邻近静止区域的现象，其结果表现为主应力的偏转，而碎屑流的土拱效应则是颗粒的冲击力从流动区域转移至静止区域的现象，其产生的结果是冲击力的偏转。数值模拟研究发现产生土拱效应具备两个条件：①颗粒流动区域存在相对的运动趋势；②颗粒之间或者颗粒与挡墙之间有支撑土拱的拱脚存在。对于碎屑流底板上颗粒而言，当颗粒流动时，靠近底板的颗粒相对于表面颗粒运动较慢，在颗粒界面上发生相对运动，表面颗粒受到临近底板颗粒的向上的摩擦力，引起流动区域冲击力发生偏转，这种受摩擦力引起的冲击力偏转较小，因此在底板上形成小冲击力迹线，即小冲击力拱；当碎屑流颗粒运动到挡墙时，挡墙前的颗粒受阻堆积，形成静止区[9]，流动区域的颗粒受到挡墙前静止区域颗粒的阻力和摩擦力，冲击力产生较大的偏转，在底板与挡墙间形成大冲击力迹线，即大冲击拱。

碎屑流在流动过程中，无论是运动机理的形式不同还是流动层中的速度差异，其结果都是引起碎屑流颗粒之间的不均匀运动位移，这与传统的土拱效应产生的条件相一致[10,11]。

12.2.4　碎屑流速度对土拱效应的影响

碎屑流冲击挡墙时土拱效应的特征是颗粒在不同坡度下受摩擦与前缘阻力导致运动速度的差异和冲击力产生偏转。图 12.13～图 12.15 以底板坡度为 20°和 40°为例来说明碎屑流冲击挡墙时速度的变化特征（矢量箭头的大小表示速度的大小）。

图 12.14a 和图 12.15a 速度矢量表明，底板坡度为 20°时，碎屑流颗粒靠近底板的速度明显小于表面速度，而底板坡度为 40°时碎屑流在垂直底板方向上的速度基本一致，这也说明了在较小的坡度时，由于碎屑流在垂直于底板方向上的速度差异，在底板上形成小冲击力拱，而在坡度较大时，垂直于底板方向上的速度差异较小，在底板上不易形成冲击力拱。图 12.14b 显示，底板坡度为 20°时，碎屑流颗粒大部分堆积在底板上，在挡墙前堆积的颗粒较少，对后续颗粒的速度方向改变不明显，大冲击力拱的“波形”不突出，冲击力迹线与底板基本平行；图 12.15b 表明当底板坡度为 40°时，在挡墙前堆积的颗粒较多，使后续颗粒的速度方向发生显著变化，冲击力迹线的偏转显著，大冲击力拱的“波形”明显，碎屑流对挡墙的冲击形成了显著的土拱效应。

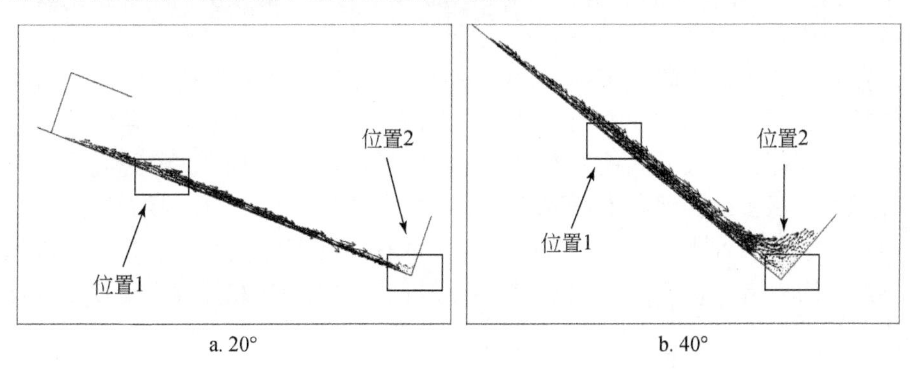

图 12.13　底板坡度为 20°和 40°时碎屑流的速度矢量图

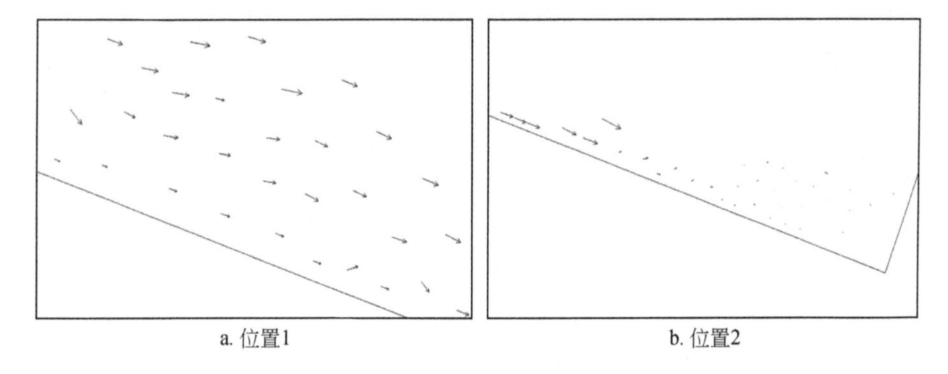

图 12.14　底板坡度为 20°时碎屑流不同位置的速度矢量放大图

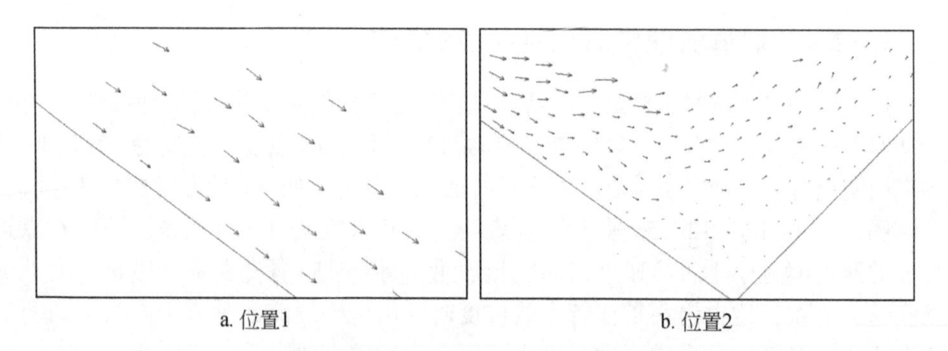

图 12.15　底板坡度为40°时碎屑流不同位置的速度矢量放大图

上述的分析表明，当碎屑流底板坡度较小时，靠近底板颗粒的运动速度较表面颗粒速度慢，表面颗粒受到界面颗粒摩擦的影响，引起表面颗粒速度方向改变，冲击力发生偏转。但是由于摩擦作用对力的偏转较小，在底板上形成这种小冲击拱。随着坡度的增加，碎屑流在底板上运动的颗粒分散程度增加，颗粒之间的相对速度减小，颗粒间摩擦的阻碍作用越不显著，在底板上的小冲击拱就越不明显。

在底板与挡墙之间，颗粒运动停积后，对后续冲击的颗粒产生较大的阻力和摩擦力，碎屑流颗粒冲击挡墙时冲击力迹线产生较大的变化，导致冲击力产生显著的偏移，在底板和挡墙形成大冲击力拱。坡度较小时，碎屑流颗粒大部分堆积在底板上，挡墙前堆积颗粒较少，产生的阻力小，冲击形成的大冲击力拱范围也较小，冲击力迹线的方向平行于底板；随着坡度增大，挡墙前堆积颗粒增加，阻力增大，碎屑流颗粒冲击力迹线偏转叠加效应越显著，形成了大冲击力拱。

12.2.5　土拱效应的形成特征

碎屑流的流动机理是形成土拱效应的原因，为验证碎屑流冲击挡墙时的土拱效应，分别对20°、25°、30°、35°、40°、45°坡度下的土拱效应进行比较分析。图 12.16 中的 a ~ f 显示了不同坡度下碎屑流堆积后颗粒之间的接触力迹线，从碎屑流模拟过程中提取的接触力迹线可以明显看出颗粒间接触力呈现出凸起的“波形”，表明了碎屑流在冲击挡墙时存在土拱效应，图中“拱线”的粗细代表了接触力的大小。

从图 12.16a 中可以看出，碎屑流在流动过程中，在底板上形成小冲击力偏转迹线，即小冲击力拱，碎屑流颗粒受挡墙的阻止作用后，小冲击力拱的迹线向挡墙倾斜，在底板与挡墙之间形成冲击力迹线偏转叠加，形成大冲击力拱，并且其迹线与底板近似平行，在堆积颗粒接触挡墙前冲击力迹线产生偏转。图 12.16b 显

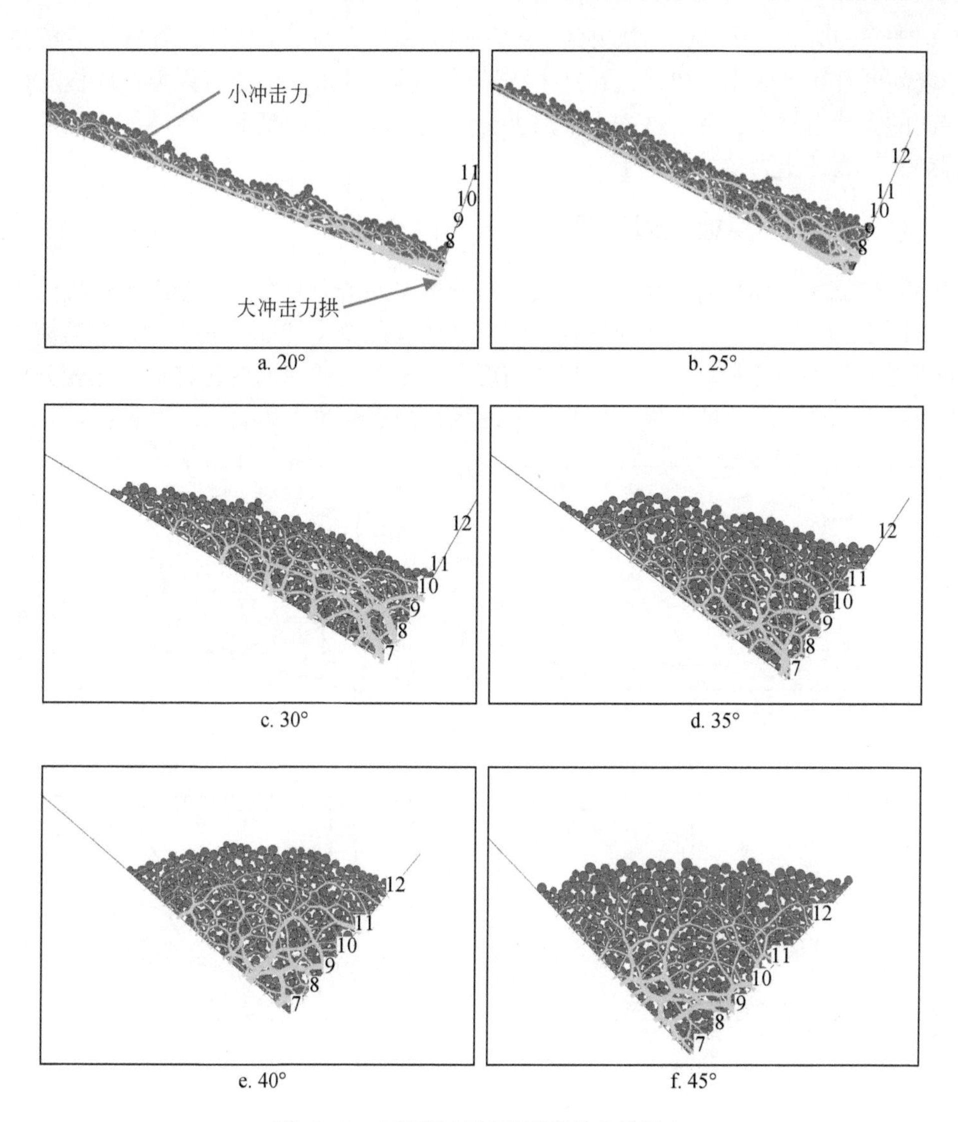

a. 20°　b. 25°

c. 30°　d. 35°

e. 40°　f. 45°

图 12.16　不同坡度下碎屑流的土拱效应

示碎屑流在流动过程中远离底板上小冲击力拱逐渐消失，冲击力迹线向挡墙逐渐偏转，形成于底板与挡墙之间的三角区域，冲击力迹线叠加，大冲击力拱的拱脚向上移动。图 12.16c 中显示了清晰的冲击力迹线偏转以及土拱效应的形态特征，在靠近挡墙前的底板上小冲击力迹线加深向大冲击力拱转化，大冲击力拱的拱脚主要分布于坡脚和挡墙上，碎屑流的主要冲击力转移到了挡墙上。图 12.16d 中也显示冲击力大部分集中于底板与挡墙之间，在底板上的小冲击力迹线与底板近似平行，碎屑流冲击力大部分转移到挡墙上。图 12.16e 和图 12.16f 显示在底板与挡墙之间分布着大冲击力拱迹线，这种现象表明大冲击力拱主要存在于底板与挡墙间的堆积死区中。碎屑流在冲击挡墙后，颗粒冲击产生的力集中于底板与挡墙间的大冲击拱上，在大冲击力拱之上也形成了次一级的拱形，将冲击力分散转移到支撑大冲击力拱的拱脚上。

12.2.6　土拱效应对碎屑流冲击力的影响

碎屑流冲击挡墙时产生的土拱效应对碎屑流冲击力分布变化会产生直接的影响，图 12.16 显示了不同底板坡度下的土拱效应的变化特征。图 12.17 根据模拟分析提取了不同底板坡度下不同挡墙高度上冲击力随时间的变化特征。比较分析图 12.16 和图 12.17 的结果，随着坡度的变化和土拱效应的演化，挡墙上的法向

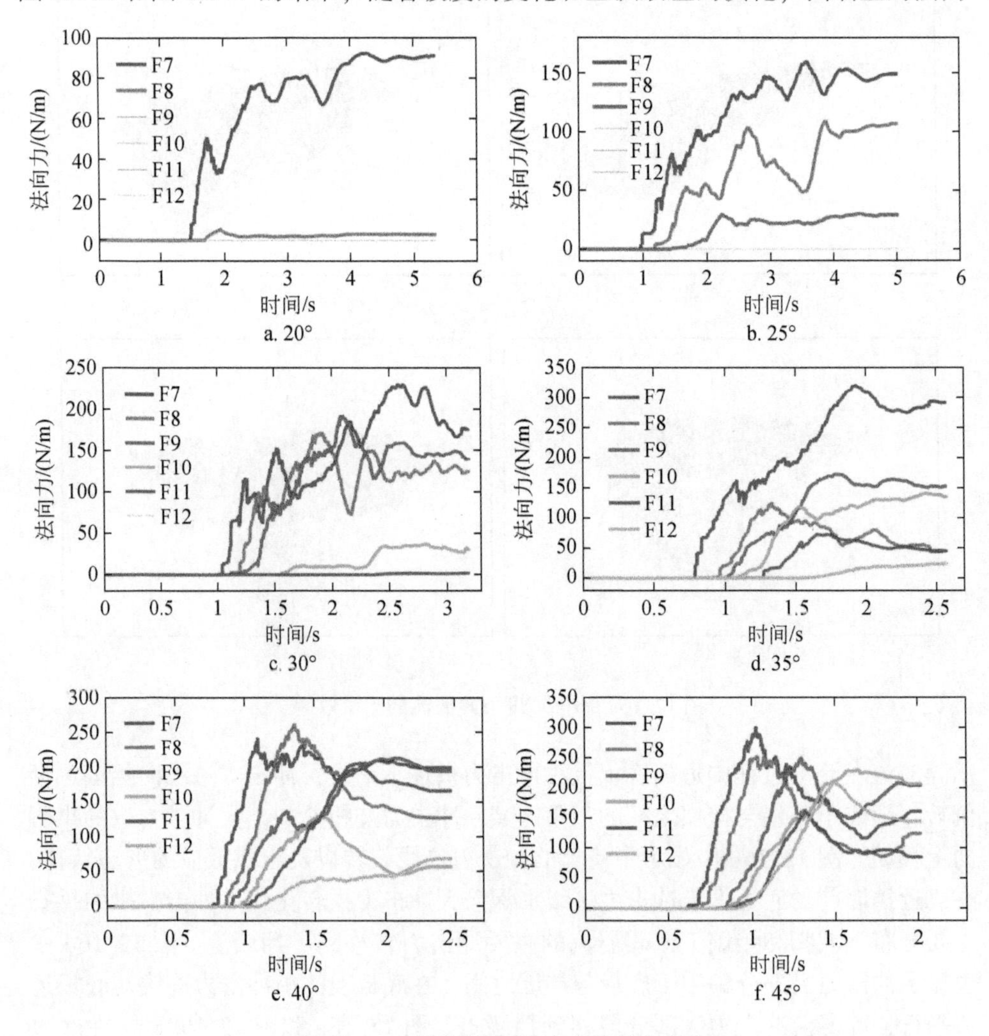

图 12.17　不同坡度下冲击力的分布变化

冲击力逐渐向挡墙上部分布变化。当底板坡度小于 30°时，挡墙上的法向冲击力随高度呈线性分布；大于 30°时，堆积后挡墙上的法向冲击力呈非线性分布，坡度越小非线性特征表现越突出，这与碎屑流堆积后的土拱效应的分布一致，大冲击拱随着坡度增加越显著，对冲击力的影响越大。

碎屑流冲击挡墙时产生的土拱效应对挡墙上冲击力分布的影响，可以通过碎屑流冲击挡墙上合力的作用点的高度（H）来描述。然而，碎屑流冲击力随时间不断变化，难以直接利用碎屑流的整体冲击力来评估碎屑流对挡土墙的影响效果。而在落石和泥石流灾害的设计规范中选取最大冲击力作为评估标准，在本章中，选择挡墙不同高度段的最大冲击力作为评估标准。因此，计算公式为

$$H = \left(\sum_{i=7}^{12} F_i \times h_i\right)/F_s \tag{12.4}$$

式中，H 为挡墙上的合力作用点；F_i 为分段墙体的最大力（$i=7\sim12$）；h_i 为分段墙体中心到挡墙最低点的高度（$i=7\sim12$）；F_s 为挡墙上的平均合力。

通过计算得出不同坡度下合力作用点 H 随坡度的变化曲线，见图 12.18 所示。从图 12.18 中可以看出，碎屑流冲击挡墙时合力作用点与随坡度变化呈现非线性关系，在坡度为 35°时，碎屑流冲击力合力点达到最高点。鲁晓兵等[12]用数值分析的方法研究了坡度对碎屑流速度的影响，数值模拟结果表明：当坡度等于 36°时，碎屑流的运动速度随着运动位移的增加呈现出非线性变化的特点；当坡度大于或小于 36°时，速度与位移均呈现出线性关系。颗粒间的速度差异能引起不同挡墙高度上的冲击力变化，改变拱脚的位置。颗粒间速度差异越大拱脚向上的偏移越大，合力作用点的位置就越高，因此碎屑流冲击挡土墙时合力作用点的位置在 36°左右时最大。

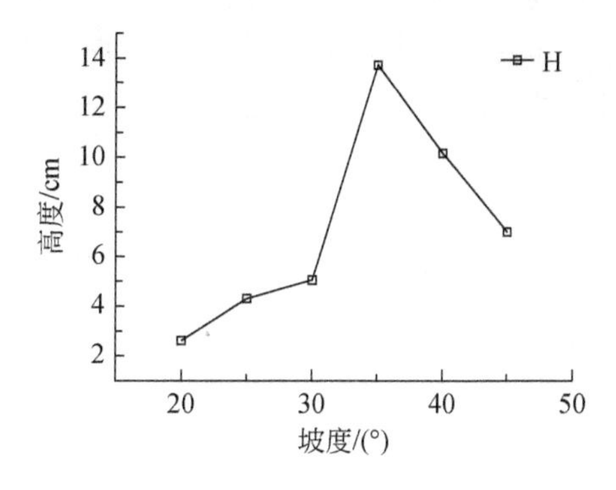

图 12.18　碎屑流合力作用点随坡度变化

12.2.7　土拱效应在实际工程中的表现

通过对碎屑流冲击挡土墙的土拱效应研究发现，碎屑流运动过程中在底板上

出现小冲击力拱，在底板与挡土墙间出现大冲击力拱，拱的出现不仅能引起冲击力的偏转而且也能引起挡土墙不同高度上的力的非线性变化，这在实际工程都有所体现。殷跃平、李祥龙等研究了碎屑流运动产生的铲刮效应，指出碎屑流在运动中会对底面产生铲刮作用，李祥龙进一步通过数值模拟发现刮效应存在于碎屑流运动过程中碎屑体与地表的整个接触面范围，而铲效应只存在于碎屑流的高速前端，这也与本章研究的结果一致。其原因是由于碎屑流在流动中底板上存在小冲击力拱，对底面产生刮的作用，而在碎屑流运动的前端，尤其是在坡面与地面接触处，碎屑流将产生大冲击力拱，导致力产生偏转向下冲击，引起地面土体飞溅，产生铲的作用。周富春等[13]研究发现稀性泥石流在运动过程能够对排导槽的底面产生磨蚀作用，甚至在底面产生划痕和坑洞，这也证实了土拱效应的存在。熊道锟等[14]研究了稀性泥石流冲击拦挡坝的破坏形式，指出拦挡坝的破坏可划分为坝基、坝体、坝肩三种形式。其中坝基破坏形式主要取决于坝基基础的岩性，这是由于稀性泥石流在底面与挡墙之间能够产生大冲击力拱，对靠近挡土墙附近的底板产生强大的下侵作用，降低坝基的强度和基底的稳定性，造成坝基破坏。熊道锟等得出完整的岩石比破碎的岩石或土体整体性好，抗冲击力强，坝基不易破坏，这也验证了土拱效应对坝基的影响。坝体的破坏主要是坝体的破裂、坝体的倾倒，其产生也与稀性泥石流流动中产生的土拱效应有关。土拱效应能引起挡土墙上不同高度上的冲击力呈非均匀变化，在拱脚处的作用力最大，其破坏作用也大，引起坝体局部产生破裂，更严重的导致倾倒破坏。许强等研究四川汉源二蛮山滑坡-碎屑流特征与成因机理时发现，滑坡-碎屑流能够产生携卷作用，在碎屑流发生携卷的土体上能留下擦痕与坑洞，而产生坑洞处的位置高度基本一致，这也说明碎屑流在沿途冲击山体过程中产生了土拱效应。

通过以上实例说明，碎屑流冲击挡土墙过程中存在土拱效应，在底板上产生小冲击力拱，在底板与挡墙之间产生大冲击力拱，土拱效应对冲击力以及不同挡墙高度上冲击力分布变化产生影响。

12.3 碎屑流冲击挡墙的影响因素

根据模型试验观测发现，碎屑流的运动机理比较复杂，既有摩擦运动机理，又有碰撞运动机理，两者运动机理的相互转化对碎屑流冲击力有显著的影响；通过数值模拟进一步发现，碎屑流冲击挡墙时冲击力与挡土墙前颗粒的堆积的程度有直接的关系，这与实验结果中冲击力与静止区面积有关相一致，而颗粒堆积的形态又与碎屑流的运动过程中复杂运动机理相关，因此碎屑流冲击力的大小就受控于颗粒的运动环境。通过现场调查和文献记录表明，碎屑流冲击力与坡体参数(坡度、坡面粗糙度、坡形)、碎屑参数（体积、堆积密度、颗粒级配)、挡土墙结构参数（结构形式、尺寸、刚度）有关，这三者参数改变都能影响到碎屑流的运动过程。因此，在已有研究的基础上，考虑参数对碎屑流冲击力的影响，做较全面的讨论和分析。

12.3.1　计算工况

本次数值计算是在前文的基础上深入研究碎屑流冲击力的影响因素，采用变量控制法，即只改变某一变量，其余变量的值采用见表 12.2 所示。此次主要计算的参数变量包括拦挡结构形式 S、颗粒形状 X、摩擦系数 f，具体情况如下：

（1）不同拦挡物的结构形式 S 条件下，其中拦挡物的形式有拦石墙、拦石堤、缓冲拦石堤三种，探讨在不同挡土墙的结构形式下对冲击力的影响，并与实验结果进行对比。

（2）不同颗粒形状 X 条件下，其颗粒形状有长条形、类三角形、类方形、梅花形四种，研究不同颗粒形状下碎屑流冲击挡墙的力的变化，分析颗粒参数对冲击力的影响。

（3）不同摩擦系数 f，不同的运动底板的摩擦 f_w 取值为 0.3 ~ 1.3，研究运动底板摩擦对碎屑流冲击力的影响。

12.3.2　影响因素类型

12.3.2.1　挡土墙结构形式

根据现场调查，为应对碎屑流冲击灾害，通常在公路、铁路、坡面上修建大量拦阻结构或者防护设施，其结构形式如拦挡墙、拦挡堤、拦挡栅栏等（图 12.19）。

a. 拦挡墙

b. 拦挡堤

c. 拦挡栅栏

图 12.19　不同拦挡结构

根据已有的研究及数值模拟发现，碎屑流冲击力与冲击角度有关，因此本章将研究不同冲击角度对冲击力的影响。通过调查发现，不同的冲击角度对应不同的拦挡结构形式，因此做出如下的定义：当冲击面与地面夹角为 90°时为拦挡墙，夹角为 75°时定义为拦挡堤，夹角为 55°时称为缓式拦挡堤（简称缓式堤）。根据上述定义模拟的结构形式如图 12. 20 所示。

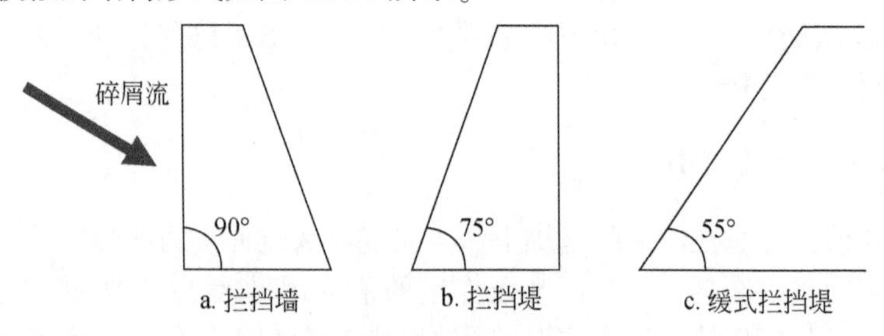

图 12. 20　模拟拦挡结构

通过对不同结构形式的挡土墙模拟，可以探讨碎屑流冲击不同挡土墙的冲击力变化，为碎屑流冲击力的计算提供理论支持，同时也更全面地了解冲击力的特征，为碎屑流灾害的防治提供技术支撑。

本次模拟采用的二维的离散元软件 PFC^{2D}，在模拟中无法显示其三维挡土墙结构，因此采用线性墙的形式模拟，即采用挡土墙的断面形式。不同结构形式挡土墙的模型如图 12. 21 所示。

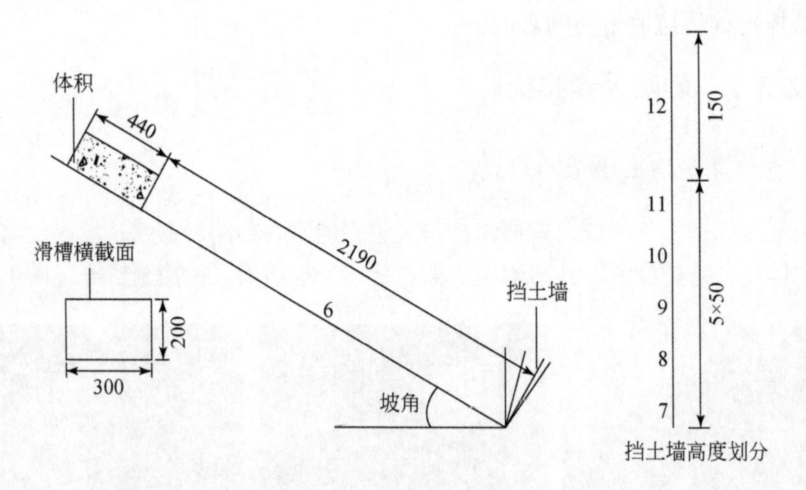

图 12. 21　不同结构形式挡土墙的模型示意图（单位：cm）

12. 3. 2. 2　颗粒形状

碎屑流是由崩塌或滑坡体解体后的岩块、碎石等干性颗粒物质组成，其颗粒的形状类型众多，单纯地用圆形颗粒不足以反映碎屑流冲击挡墙的力的变化，而且既有研究也表明碎屑参数影响冲击力的分布和变化，因此利用 PFC^{2D} 的聚粒命令（clump）将圆形颗粒组成带有棱角状的单个颗粒“块”来模拟任意形状的刚体，研究不同“块”下冲击力的变化，其具体方法为：首先，在一个封闭的区域内生成一定孔隙比的圆形颗粒；其次，利用等体积等质量的原则将每一个颗粒转化为“块”；最后，删除圆形颗粒组，然后使“块”体运行逐步达到平衡。本次模拟采用四种非圆形颗粒：类条形、类三角形、类方形、类梅花形，如图 12.22 所示。

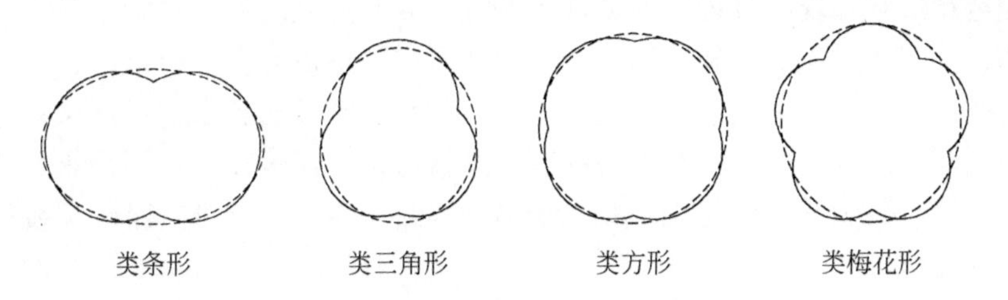

图 12.22　不同颗粒形状的模型

不同颗粒形状下的颗粒尺寸采用实验值，一方面与上文的模拟进行对比，另一方面也能更清晰地反映颗粒参数对冲击力的影响。根据已有的研究成果[15]，以圆形度 C_1 与凸凹度 C_2 对颗粒形状进行定量的描述，定量分析颗粒形状变化对冲击力的变化。

圆形度是指颗粒表面轮廓接近圆的程度，圆形定义为 $C_1=1$，非圆形颗粒采用下述公式计算：

$$C_1=A_f/A_s \tag{12.5}$$

式中，C_1 为圆形度；A_f 为实测颗粒的面积；A_s 为与颗粒同周长的圆面积。颗粒圆形度越大则代表该颗粒形状越接近于圆形。

凸凹度是指颗粒表面的凸凹程度，圆形定义为 $C_2=1$，非圆形颗粒采用下述公式计算：

$$C_2=L_s/L_f \tag{12.6}$$

式中，C_2 为凸凹度；L_s 为颗粒最小外接多边形的周长，在此即为实测颗粒的周长；L_f 为等效椭圆的周长，等效椭圆是指与实测颗粒具有等面积和等长短轴比的标准椭圆形，如图 12.22 虚线所示。颗粒凸凹度越大则代表该颗粒形状越不规则。

根据式（12.5）和式（12.6），对四种不同形状的颗粒做量化处理，得到的颗粒形状统计表如表 12.9 所示。

表 12.9　颗粒形状统计表

颗粒形状	圆形度 C_1	凸凹度 C_2
类条形	0.905	1.020
类三角形	0.932	1.035
类方形	0.965	1.018
类梅花形	0.878	

12.3.2.3 摩擦系数

碎屑流冲击挡墙时冲击力与运动过程和堆积形式有关，而运动底板的摩擦能够改变运动形式和堆积过程。根据现场调查，碎屑流流通环境复杂多变，有低矮的灌丛，又有较平坦的裸地，因此要想确切研究摩擦对冲击力的影响，应对摩擦做普遍的讨论。本章根据前期研究的成果，颗粒运动时既有摩擦机理又有碰撞机理，而当颗粒运动时候，颗粒本身的摩擦系数将是影响运动的主要因素，所以将以颗粒摩擦系数为界，摩擦值选取为 0.3、0.5、0.9、1、1.3，探讨颗粒摩擦对冲击力的影响。

12.3.3 因素影响结果分析

12.3.3.1 拦挡结构形式

在前文的基础上改变拦挡结构形式，通过数值计算发现拦挡结构形式对冲击力影响十分显著，不同拦挡结构形式下冲击力变化差别较大。本章研究了同体积下三种形式在 30°、35°、40°、45°下冲击力的变化，以 40°为例，不同形式的堆积体形态如图 12.23 所示。

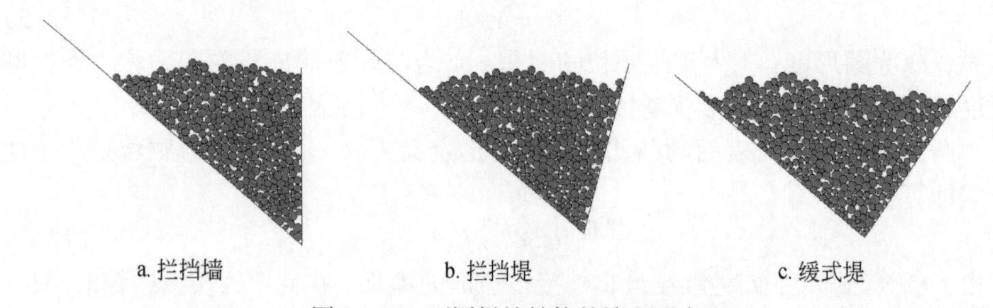

图 12.23 不同拦挡结构的堆积形态

从图 12.23 中可以看出，在三种结构形式下堆积体的形态有明显的差距，表现为：随着拦挡结构与运动底板间夹角的增大，颗粒堆积由挡土墙向底板转移，颗粒的凸起高度逐渐降低，夹角越大颗粒堆积得越分散。前文研究表明，碎屑流冲击挡墙时的冲击力与挡墙前的堆积颗粒有关，因此为更好地分析不同结构对冲击力的具体影响，将对不同结构形式的冲击力变化做进一步具体分析。

1. 拦挡墙的冲击力分布

利用 PFC^{2D} 软件模拟了拦挡墙结构形式在不同坡度下的启动、流动、撞击、堆积过程，图 12.24 显示了不同坡度下拦挡墙不同挡板高度上冲击力的变化曲线。

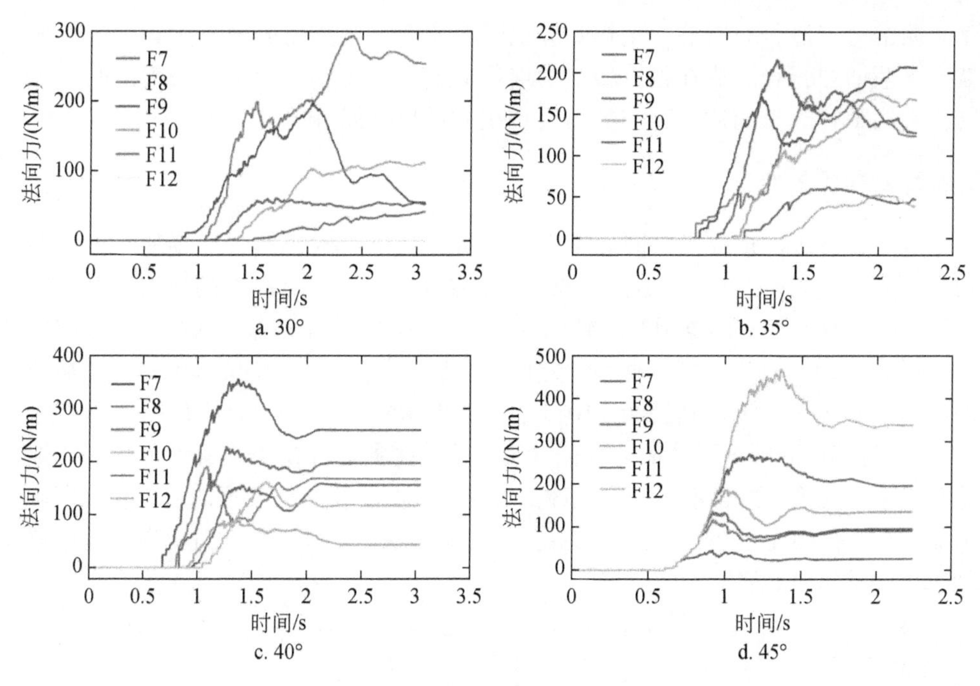

图 12.24　拦挡墙不同坡度的冲击力曲线

从图 12.24 可以看出，在不同坡度下拦挡墙不同高度的冲击力有明显的变化，图 a 显示的是 30°下冲击力的变化，可以看出碎屑流在冲击拦挡墙时冲击力有明显集中的现象，冲击力主要集中于挡板 F8 上，其余挡板上力相对较小；在 35°时不同高度上冲击力非均匀性更加凸出，冲击力曲线交叉明显，在挡板 F9 上出现最大冲击力，冲击力集中分为两部分；在 40°时不同挡板高度的冲击力相对清晰，非均匀性较 35°弱；在 45°时则表现出冲击力倒叙现象，即挡板高度越高冲击力越大。

上述冲击力的变化主要是由于拦挡墙垂直于地面，在坡度较低时，运动底板与拦挡墙之间的夹角较大，拦挡墙前颗粒碰撞堆积后颗粒较多改变后续运动颗粒的速度方向，碎屑流冲击力受到土拱效应的影响产生冲击力集中现象。但是随着坡度的增加，运动底板与拦挡墙之间的夹角逐渐减小，堆积于拦挡墙的颗粒越来越少，对后续颗粒速度方向的改变作用越小，土拱效应不明显，颗粒的非均匀性不显著，这也说明了速度方向的改变对土拱效应有直接的影响，与前文论述的结果一致。通过观察颗粒堆积形式发现，当拦挡墙与运动底板之间夹角减小时，颗粒的堆积形式由碰撞堆积转化为摩擦推挤式堆积，这种堆积形式的改变引起颗粒运动形式的改变，冲击力逐渐上移，最终表现为越靠近拦挡墙的顶端冲击力越大，残余力也在颗粒自重下表现出相同的规律。

通过对拦挡墙的数值计算发现，碎屑流在冲击拦挡墙时碎屑流流通区的坡度对冲击力有显著的影响，土拱效应也随着坡度的改变而表现出差异。但随着坡度逐渐增加，碎屑流在拦挡墙前的堆积形式发生改变，冲击力表现出明显不同，表明了碎屑流的冲击力与挡墙前堆积的颗粒特征有关。

2. 拦挡堤的冲击力分布

通过数值计算分析了不同坡度下拦挡堤对冲击力的影响，计算的结果如图12.25所示。从图中可以看出，在30°时碎屑流在不同挡墙高度的冲击力非均匀性不清晰，最大冲击力位于F7挡板上；在35°时冲击力出现集中现象，主要集中于挡板F7和F9上，而在其他各挡板上力相差较小；坡度增加到40°时，碎屑流冲击力向上转移，转移到挡板F10上；到坡度45°时，冲击力的转移并集中于F11。通过碎屑流冲击拦挡堤的数值计算表明，碎屑流冲击力随着坡度增加逐渐呈现出集中现象，并且不同挡板上冲击力的较大值逐渐向挡板顶端移动，说明碎屑流在冲击拦挡堤时在运动底板与拦挡堤之间出现土拱效应，并且随着坡度的增加土拱的拱脚向上移动。

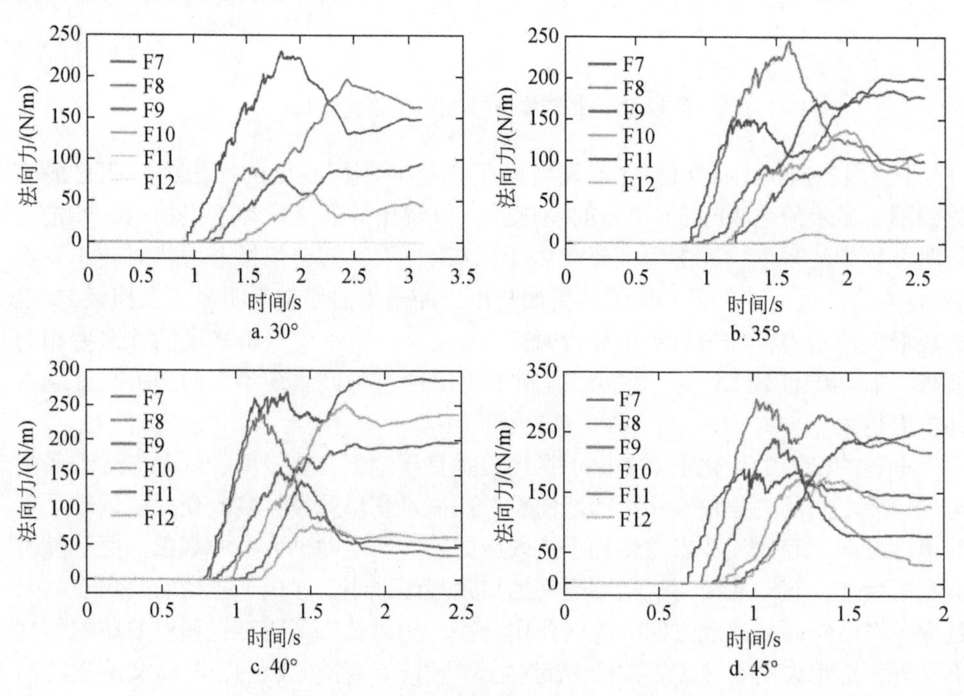

图12.25　拦挡堤不同坡度的冲击力曲线

3. 缓式堤对冲击力的影响

缓式堤的冲击面坡度较缓，并且在冲击面有一段水平距离，为与上述两种结构形式做对比，研究中忽略冲击面前的水平距离，图 12. 26 显示了缓式堤对冲击力的影响。

从图 12. 26 看出，坡度为 30°时，缓式堤不同高度上的冲击力与拦挡墙表现出相同的规律，而在 35°时受到结构形式的影响，不同高度上冲击力在 F7 上最大，大部分的冲击力集中于拦挡结构物的底端；随着坡度的增加，受到颗粒运动速度的影响碎屑流不同高度上的冲击力的非均匀性更显著，冲击力集中现象更突出，在 40°时冲击力向上转移到 F10，在 45°时冲击力集中现象又变弱。通过对缓式堤的数值计算发现，碎屑流冲击缓式堤时最大冲击力主要集中于拦挡结构物的底端，残余力也是如此。碎屑流冲击缓式堤不同高度上冲击力的变化说明碎屑流冲击拦挡结构物时土拱效应会随着颗粒表面运动距离的增加，速度方向的改变而发生变化，这也与土拱效应产生的条件相一致。

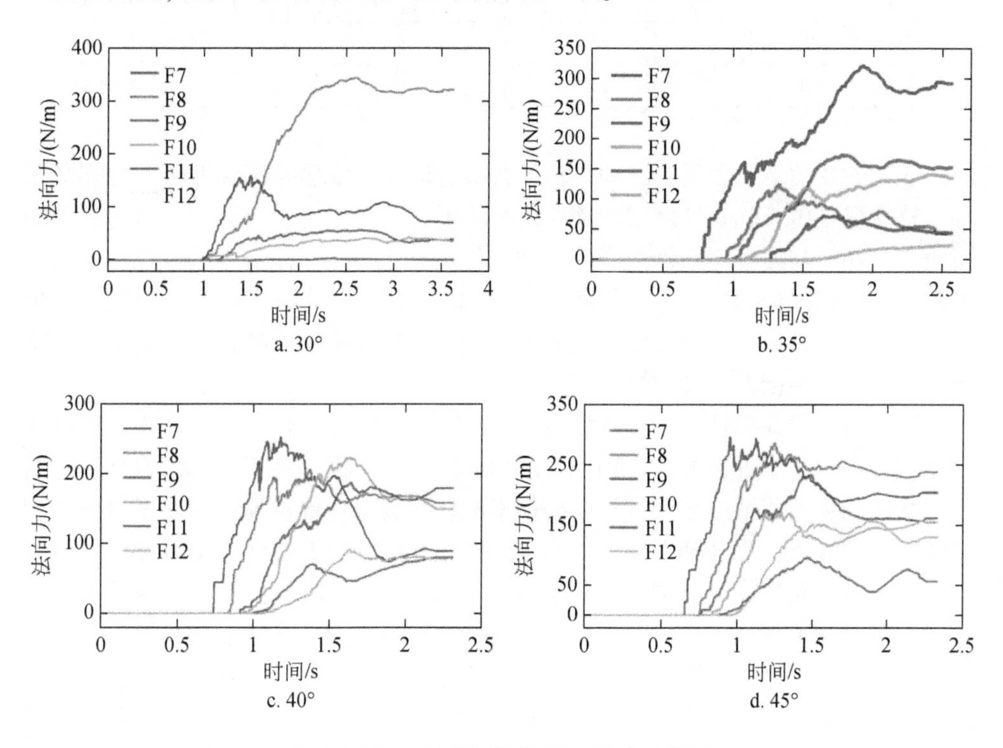

图 12. 26 缓式堤不同坡度的冲击力曲线

通过对三种不同结构形式的冲击力数值计算可以看出，随着结构形式的改变不同高度的冲击力变化显著，说明结构形式对碎屑流冲击力的影响十分显著。当结构形式为拦挡墙时，结构物与底板间的夹角是影响冲击力的主要因素，这主要由于随着夹角减小堆积于拦挡墙前的颗粒越少，对速度的改变越小，土拱效应对冲击力的影响也越小，这也证实了实验中“死区”面积对冲击力有影响；当结构形式为拦挡堤时，碎屑流在冲击时土拱效应越显著，土拱效应对冲击力的改变也越突出，随着运动底板坡度的增加，拱脚逐渐上移；当结构形式为缓式堤时，由于结构物的迎冲面坡度较缓，颗粒碰撞堆积后速度改变较大，冲击力受到土拱效应逐渐向结构物底端移动，结构物的抗倾覆能力增强，从而保证了堤坝的安全。

上述对三种拦挡结构形式不同高度上的冲击力进行了分析，并未涉及拦挡结构物的整体冲击力与残余力，表 12.10 显示了同一体积下不同拦挡结构的最大冲击力与残余力值。

表 12.10　不同结构形式的冲击力值

结构形式	30°		35°		40°		45°	
	最大力	残余力	最大力	残余力	最大力	残余力	最大力	残余力
拦挡墙	569	510	769	710	1089	841	1046	883
拦挡堤	464	451	711	671	907	761	1088	852
缓式堤	536	475	725	682	871	735	1078	944

表 12.10 的结果表明，三种结构形式随着坡度的增加碎屑流冲击力也逐渐增加，这主要是由于随着坡度增加碎屑流堆积的初始势能越大，运动后转化的动能就越大，颗粒与挡板之间碰撞产生的动力作用就越突出，冲击力就越大。对比三种形式的拦挡结构物发现，当坡度小于 35°时，拦挡堤的最大冲击力与残余力值均小于另外两种形式；当坡度大于 35°时，拦挡墙的最大冲击力值与残余力值均最大，其次是拦挡堤、缓式堤。

当结构形式为拦挡墙时，在坡度小于 35°时，颗粒主要是碰撞堆积，碎屑流冲击时冲击力集中现象显著，挡板上的力逐渐增加，但是随着坡度的增加底板与拦挡物之间夹角逐渐减小，颗粒由碰撞堆积转化为摩擦推挤堆积，冲击时作用力挤压于拦挡墙上，拦挡墙上冲击力在 40°时最大，但随着坡度继续增加，颗粒体积一定时这种挤压作用有限，因此在 40°与 45°时差值较小；而在另两种形式时没有改变堆积形式，因此冲击力呈现出相同的特点。但是在坡度较小时，拦挡墙和缓式堤与底板之间的距离差异引起碎屑流冲击力集中现象较拦挡堤显著，冲击力值较拦挡堤大。当坡度较大时，碎屑流的运动时势能转化动能越大，颗粒运动时速度就越大，冲击碰撞过程更复杂，冲击力的变化特征就越复杂。在坡度为 40°时，拦挡墙的冲击力大部分作用于拦挡结构物上，冲击力大于另两种形式，而缓式堤由于受到土拱效应拱脚降低，冲击力向拦挡物底端和底板上转移，底板上承受的力较大，冲击力最小；坡度 45°时，拦挡墙冲击力值的改变较小，缓式堤的最终残余力最大。其原因在于缓式堤迎冲击面坡度较缓，在同体积下受颗粒自重作用较大，这说明在坡度较低时，土拱效应能够减小冲击力值，当坡度较大时，土拱效应能够增大冲击力值。

12.3.3.2　颗粒形状对冲击力的影响

利用离散元软件 PFC^{2D}数值计算了碎屑流在不同坡度、体积下颗粒形状对冲击力的影响，结构形式采用拦挡堤，计算结果见表 12.11 所示。根据表 12.11 绘出了不同体积下冲击力值与圆形度之间的关系，如图 12.27 所示。

表 12.11　不同颗粒形状的冲击力值

体积/m^3	球形	30°		35°		40°		45°	
		最大力	残余力	最大力	残余力	最大力	残余力	最大力	残余力
0.044	圆形	265	222	359	311	428	411	616	450
	类条形	183	178	360	306	414	407	536	429
	类三角形	264	234	327	309	378	354	517	397
	类方形	251	209	332	303	415	346	567	523
	类梅花形	270	218	325	315	396	383	473	407
0.088	圆形	536	472	738	690	766	713	1034	924
	类条形	164	155	527	527	810	784	1330	978
	类三角形	260	248	512	500	915	915	1161	883
	类方形	384	384	662	638	889	886	1134	895
	类梅花形	175	165	513	472	752	721	1105	852
0.132	圆形	567	484	819	752	1081	1055	1308	1162
	类条形	270	239	751	734	1217	1172	1368	1363
	类三角形	337	316	746	741	1078	1074	1425	1425
	类方形	373	304	798	738	1062	992	1386	1368
	类梅花形	220	203	786	727	976	968	1402	1398

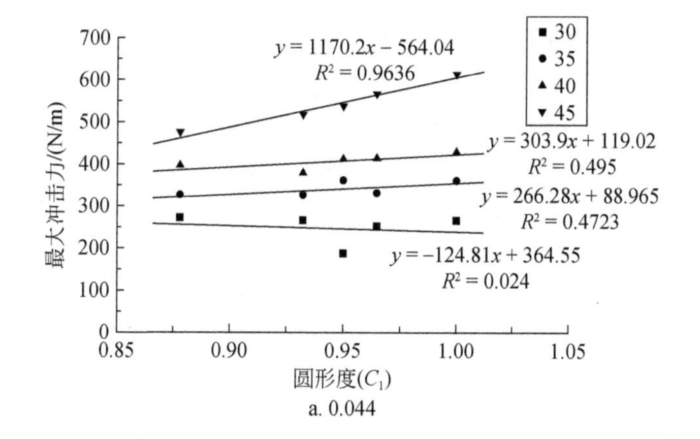

a. 0.044

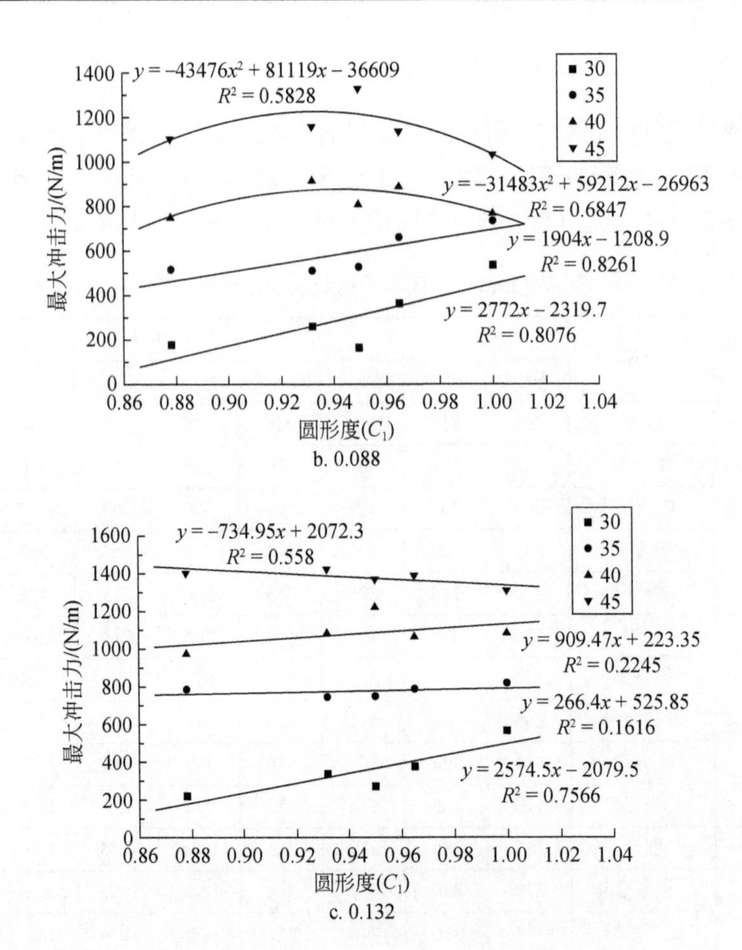

图 12.27 不同体积下圆形度与最大冲击力曲线

从图 12.27 的分析结果表明，当体积为 0.044 时，最大冲击力与圆形度之间呈线性关系，并且随着坡度的增加相关性增大，当坡度为 45°时相关性达到 0.9636。当体积为 0.088 时，坡度小于 35°，最大冲击力与圆形度之间呈现线性关系，坡度 30°时相关性为 0.8076，35°时相关性为 0.8261，随着坡度增加相关性逐渐增大；当坡度大于 35°时，碎屑流冲击力与圆形度之间呈现多项式的关系，表现出先增加后减小的趋势。当体积为 0.132 时，坡度为 30°时，最大冲击力与圆形度之间呈现线性相关；坡度大于 35°时，相关性较小但是随着坡度的增加相关性继续增加。对比不同体积下冲击力与圆形度的关系，当体积和坡度均较为小时，碎屑流冲击力随着圆形度的增加而减小，但随着体积的增加，同一坡度下颗粒形状对冲击力的影响显著，冲击力基本随着圆形度的增加而增加；当体积和坡度较大时，碎屑流冲击力随着圆形度呈现出先增加后减小的关系，颗粒形状在坡度、体积的耦合作用下表现出多项式的关系，表明颗粒形状对冲击力的影响机制具有复杂性的特点。

不同颗粒形状对冲击力的影响呈现这种复杂性关系，主要是由于不同颗粒形状下碎屑流的流动、堆积形式的多样性，运动时颗粒之间碰撞、镶嵌作用差异性。如图 12. 27a 中，在坡度较小，体积较小情况下，碎屑流在未接触拦挡物时不同形状颗粒均较为分散，与拦挡物发生碰撞后，堆积颗粒对后续运动影响较小，不同颗粒间堆积形式差别较小，冲击力的差异较小。当坡度小于 35°时，颗粒圆形度越低导致撞击作用越显著，冲击力越大，随着圆形度的增大，颗粒间的撞击作用减弱，冲击力逐渐减小。当坡度大于 35°时，随着坡度的增加，颗粒在运动中整体性越好，摩擦作用逐渐凸显，圆形度越高颗粒在运动中受到周围颗粒的镶嵌作用和底板阻力越小，颗粒运动性越好，冲击拦挡物越频繁，再加上颗粒在拦挡物前堆积逐渐增加，在运动与堆积时颗粒间碰撞损失的动能减小，冲击力随着圆形度的增加表现出逐渐增大的趋势。在图 12. 27b 中，当坡度小于等于 40°时，大于碎屑流冲击力随着坡度与圆形度的增加而增加，当坡度大于 40°时，由于颗粒圆形度越低碰撞作用越突出，碰撞损失的动能越大，随着圆形度的增加，运动时整体形越好，冲击拦挡物越频繁，因此圆形度低时冲击力小。当圆形度较高时，颗粒在冲击挡墙时导致颗粒的飞溅，甚至冲出拦挡物，部分冲击力并没有作用于拦挡物上，而且圆形度高，颗粒受到周围颗粒的阻力增大，摩擦损耗增加，在两者作用下冲击力又呈现出减小趋势，因此冲击力随着圆形度的增加表现出先增加后减小的特征。图 12. 27c 中，当坡度为 30°时，较图 12. 27a 同坡度下大，冲击力出现相反原因是由于体积增加后，颗粒堆积于底板上，大部分力作用于底板，圆形度越高，颗粒运动性越好，与拦挡物冲击作用更强，因此冲击力逐渐增加，但随着坡度增加，不同颗粒冲击力表现出图 12. 27b 中的特征，这与上述原因一致。

通过对不同颗粒形状对冲击力的影响研究可以发现，不同颗粒形状能够改变碎屑流运动机理，在不同机理作用下颗粒堆积形式产生差异，因此冲击力也表现出复杂的变化规律，总体呈现出：当坡度较低时，体积较小圆形度越低冲击力越大，随着体积的增加，圆形度越高冲击力越大；当坡度增大时，冲击力随着体积的增加、圆形度的增加而增加，当坡度大于 40°时，冲击力随着体积的增加、圆形度的增加呈现先增加后减小的特征。

12. 3. 3. 3　底板摩擦对冲击力的影响

通过数值计算研究底板摩擦对冲击力的影响表明，当底板摩擦系数小于颗粒系数时，碎屑流冲击力并没有改变，当底板摩擦系数大于颗粒摩擦系数时，冲击力改变较大，图 12. 28 显示不同底板摩擦系数下冲击力的值。

表 12. 12 中只显示了底板系数为 0. 3 时冲击力的值，根据数值计算的结果显示当摩擦系数小于颗粒摩擦系数时冲击力不变，这是由于碎屑流在底板上以滚动摩擦为主，运动后颗粒摩擦较大，底板摩擦对颗粒产生的阻力较小，颗粒运动后作用机理基本一致，碎屑流冲击、堆积形式并没有明显改变，因此冲击力的值保持不变，而当底板摩擦大于颗粒摩擦时，底板产生的摩擦力大于颗粒运动产生的摩擦力，对碎屑流运动产生影响，因此冲击力发生改变。

表 12. 12 不同底板摩擦系数的冲击力值

体积/m³	摩擦系数	30°		35°		40°		45°	
		最大力	残余力	最大力	残余力	最大力	残余力	最大力	残余力
0. 044	0. 3	265	222	359	311	428	411	616	449
	1	241	210	382	370	481	384	529	485
	1. 3	211	200	322	296	401	356	536	474
0. 088	0. 3	383	381	756	732	766	713	1223	850
	1	363	337	678	675	731	695	926	812
	1. 3	432	428	718	689	796	759	962	864
0. 132	0. 3	567	484	819	751	1081	1055	1308	1162
	1	638	627	863	814	1206	1202	1360	1361
	1. 3	608	592	852	852	1141	1102	1301	1269

根据表 12. 12 绘制了不同摩擦系数下冲击力随坡度的变化，如图 12. 28 所示。从图 12. 28 看出，不同底板摩擦系数下，碎屑流冲击力均随着坡度的增加而逐渐增加，其相关性也逐渐增加，说明在不同体积下底板摩擦系数不能改变碎屑流冲击力的变化趋势，坡度是影响冲击力的主要因素。图 12. 29 显示了不同坡度下碎屑流冲击力与底板摩擦系数之间关系。

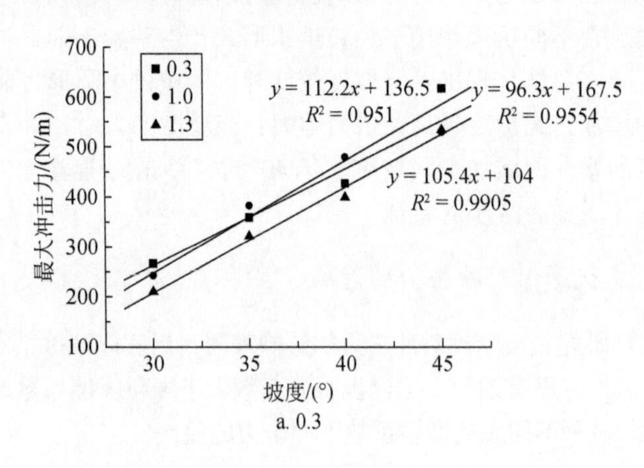

a. 0.3

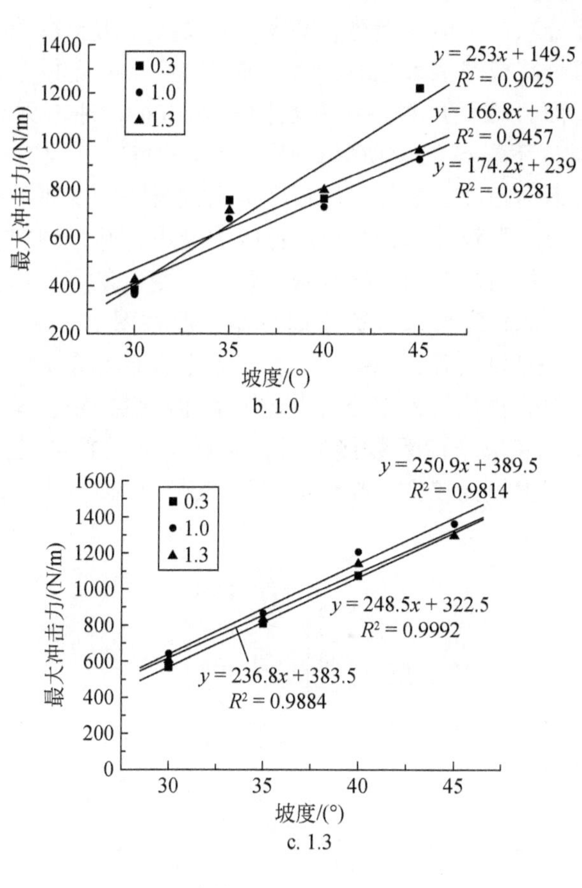

图 12. 28　不同摩擦系数下最大冲击力随坡度变化

从图 12. 29a 可以看出，当坡度为 30°时，冲击力随着摩擦系数的增加而减小，当坡度增加到40°时，冲击力随着摩擦系数的增加呈现先增加后减小的趋势，当坡度增加到45°时，冲击力随着摩擦系数的增加呈现先减小后增加的趋势；从图 12. 29b 可以看出，冲击力在不同坡度下均表现出随着底板摩擦系数的增加呈现先减小后增先增加后减小的趋势。碎屑流冲击呈现出这种复杂的关系说明底板摩擦对碎屑流冲击力有显著的影响。

对图 12. 29a 而言，在 30°时，由于体积较小，坡度低时颗粒运动不分散整体性较好，颗粒基本沿着底板滑动，底板摩擦系数越小运动消耗的动能越少，因此冲击力越大；随着坡度的增加，在底板摩擦系数为 1. 0 时，颗粒摩擦系数与底板摩擦系数相当，运动后较另两个摩擦系数分散，颗粒与拦挡物碰撞作用强，因此冲击力最大，而底板摩擦系数为 0. 3 时运动摩擦损耗的能量较 1. 3 时小，因此冲击力较 1. 3 大。在坡度增加到 45°时，不同底板摩擦系数下颗粒运动都较分散，通过观察颗粒运动发现，当底板摩擦系数为 1 时，颗粒碰撞引起颗粒的飞溅，部分颗粒飞出拦挡物，冲击力并没有作用于拦挡物，因此冲击力最小，而在另两个底板摩擦系数下，颗粒体运动后小的底板摩擦运动中产生的摩擦损耗较小，而且堆积后对后续颗粒阻挡作用小，冲击力表现较大。在图12.29b中不同坡度下颗粒的运动形式具有相同的特征，颗粒在开始运动后整体性较好，随着运动距离的增加，底板摩擦系数与颗粒摩擦系数接近时，碎屑流运动后靠近底板的颗粒受到的相对摩擦阻力最小，并且颗粒较分散，运动中颗粒与底板间、颗粒与颗粒间碰撞频繁，颗粒飞溅现象更突出，损失的动能最大，因此冲击力在底板摩擦系数为1时最小；而在图12.29c中不同坡度下的冲击与图12.29b中呈现相反的特征，这主要是由于随着体积的增加，颗粒流通距离较短，大部分颗粒并未充分自由地滚动冲击拦挡物，颗粒以摩擦滑动为主，在颗粒摩擦与底板摩擦系数接近时，靠近底板的颗粒受到的阻力相对较小，冲击过程中摩擦损耗较少，颗粒动能最大，因此冲击力呈现出先增加后减小的趋势。

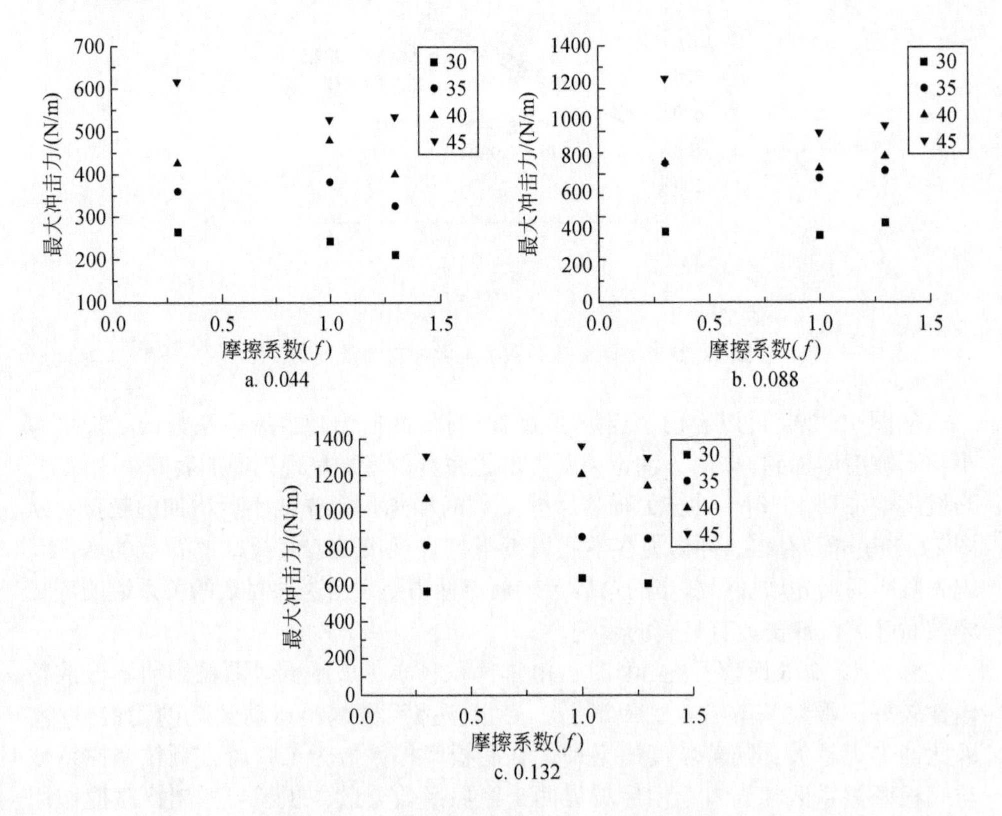

图12.29　不同摩擦系数最大冲击力随体积变化

12.4 结　　论

本章利用滑槽模型实验装置开展了不同规模（V）不同坡度（α）下碎屑流冲击挡土墙的试验，得到挡墙在不同高度上冲击力的变化分布，通过试验得到以下结论：

碎屑流冲击过程中，其运动机理既有摩擦运动机理又有碰撞运动机理，基本表现为碎屑流为浓密的流体时，靠近底板颗粒碎屑流以摩擦运动机理为主，在颗粒运动表面为碰撞运动机理，当碎屑流为稀疏的流体时，颗粒表现为碰撞运动机理，摩擦运动机理在堆积时有显现。碎屑流冲击过程中不同高度上冲击力的峰值点说明碎屑流冲击过程对冲击力有直接的影响，且冲击力峰值点与残余冲击力值不是线性变化的，从挡土墙底部到顶端不同钢板上的值不是线性增加的，其主要原因可能是碎屑流冲击挡墙时存在土拱效应，导致冲击力发生偏转。

碎屑流冲击挡墙的冲击力不仅受坡度和规模的影响，还与碎屑体初始堆积方式有关，是受坡度、规模、堆积方式三者耦合作用。碎屑流冲击挡墙产生土拱效应的原因在于碎屑流在流动过程中运动机理，即摩擦机理和碰撞机理，这两种运动机理导致颗粒流动区域存在相对的运动趋势和颗粒之间、颗粒与挡墙之间存在支撑土拱的拱脚。并且受摩擦作用引起的冲击力偏转较小，在碎屑流颗粒之间以及颗粒与底板之间形成小冲击力拱；碎屑流受挡墙的阻止堆积，颗粒的冲击力产生较大的偏转，在底板与挡墙间形成大冲击拱。

碎屑流冲击挡墙产生的冲击力拱的分布特征因底板坡度的大小而不同。底板坡度较小时，不同位置碎屑流颗粒之间的速度差异小、冲击力偏转不显著，形成小冲击力拱；随着坡度增加，颗粒之间的速度差异增大、冲击力偏转显著，小冲击力拱逐渐叠加汇聚，形成大冲击力拱。大冲击力拱对挡墙上冲击力影响较大，随着坡度的变化和土拱效应的演化，挡墙上的法向冲击力逐渐向挡墙上部分布变化。当底板坡度小于 30°时，挡墙上的法向冲击力随高度呈线性分布；大于 30°时，堆积后挡墙上的法向冲击力呈非线性分布。并且碎屑流冲击挡墙时合力作用点与坡度呈现非线性变化，在坡度为 35°时，碎屑流冲击力合力点达到最高点。

碎屑流冲击拦挡墙、拦挡堤、缓式堤三种结构形式时，碎屑流最大冲击力表现出：当坡度小于 35°时，拦挡堤上最大冲击力最小，当坡度达到 40°时，拦挡墙冲击力最大，当坡度大于 40°时，拦挡堤上最大冲击力较两种结构形式均大。碎屑流冲击结构形式发生改变时，冲击力的影响主要取决于底板与挡土墙之间的夹角，夹角的改变能够影响碎屑流的运动和堆积方式，进而影响碎屑流冲击时形成的土拱效应，总体呈现出：当夹角小于 45°时，碎屑流冲击挡墙时不同挡板上冲击力表现为挡板高度越高冲击力越大。随着夹角的增加，形成的大冲击拱，碎屑流冲击力发生改变，不同挡板高度上的冲击力交叉出现；当夹角增加到90°时，土拱效应已十分显著，最终将冲击力集中作用于挡墙的某一部位，挡墙与底板间形成的大冲击拱的拱脚总体表现为随着夹角的增大拱脚先上升后降低，在夹角达到65°～70°时拱脚高度最高。

不同颗粒形状对碎屑流冲击力的影响主要是通过改变碎屑流的运动机理产生的，当碎屑流体积、坡度均较小时，碎屑流以碰撞运动机理为主，冲击力随着圆形度的增加而减小；随着坡度的增加，碎屑流运动机理向摩擦运动机理转化，碎屑流冲击力随着圆形度的增加呈现出逐渐增加的趋势；当碎屑流体积、运动坡度逐渐增大时，碎屑流冲击力随着圆形度的增加而逐渐增加，但当坡度大于35°时，碎屑流冲击力随着圆形度的增加呈现先增加后较小的趋势。不同底板摩擦对碎屑流冲击力的影响与底板摩擦与颗粒摩擦之间的大小有关，当底板摩擦系数小于颗粒摩擦系数时，碎屑流冲击力基本保持不变；当底板摩擦系数大于颗粒摩擦系数时，碎屑流冲击力随着体积、坡度的改变呈现不同的关系。

不同体积、坡度下碎屑流冲击力与底板摩擦之间表现为：当体积、坡度较小时，碎屑流冲击力随着底板摩擦系数的增加呈现先增加后减小的趋势；但坡度增加到45°时，碎屑流冲击力随着摩擦系数的增加呈现先增加后减小的趋势，当体积、坡度较大时，碎屑流冲击力随着摩擦系数的增加呈现先减小后增大的趋势，当体积增加到一定时，碎屑流冲击力随着摩擦系数的增加呈现先增大后减小的趋势。

主要参考文献

[1] Valentino R, Barla G, Montrasio L. Experimental analysis and micromechanical modelling of dry granular flow and impacts in laboratory flume tests [J]. Rock Mech Rock Eng, 2008, 41 (1): 153-177.

[2] Pudasaini S P, Hutter K. Avalanche Dynamics, Dynamics of Rapid Flows of Dense Granular Avalanches [M]. Springer Science Business Media Deutschland Gmbh, Berlin.

[3] Mancarella D, Hungr O. Analysis of run-up of granular avalanches against steep, adverse slopes and protective barriers [J]. Can Geotech, 2010, 47: 827-841.

[4] Takahasi K. On the dynamical properties of granular mass [J]. Geophys Mag, 1937, 11: 165-175.

[5] Savage S B. The mechanics of rapid granular flows [J]. Adv Appl Mech, 1984, 24: 289-366.

[6] 罗勇. 土拱问题的颗粒流数值模拟及应用研究 [D]. 浙江大学, 2007.

[7] 周健，池永，池毓蔚等. 颗粒流方法及PFC2D程序 [J]. 岩土力学，2000，21 (3): 271-274.

[8] Handy R L. The arch in soil arching [J]. Journal of Geotechnical Engineering, 1985, 111 (3): 302-319.

[9] Jiang Y J, Towhata I. Experimental study of dry granular flow and impact behavior against a rigid

retaining wall [J]. Rock Mechanics Rock Engineering, 2013, 46 (4): 713-729.

[10] 周建，彭述权，樊玲．刚性挡墙主动土压力颗粒流模拟 [J]. 岩土力学，2008, 29 (3): 629-632, 638.

[11] 彭述权，李夕兵，樊玲．刚性挡墙主动破坏墙后土拱效应细观研究 [J]. 中南大学学报（自然科学版），2011, 42 (4): 1099-1104.

[12] 鲁晓兵，张旭辉，崔鹏．碎屑流沿坡面运动的数值模拟 [J]. 岩土力学，2009, 30 (S2): 524-527.

[13] 周富春，黄本生，杨刚等．稀性泥石流对排导槽的冲磨破坏机理 [J]. 山地学报，2001, 19 (5): 470-473.

[14] 熊道锟，徐世民．泥石流拦挡坝之虞 [J]. 中国地质灾害与防治学报，2010, 21 (4): 136-138.

[15] 孔亮，彭仁．颗粒形状对类砂土力学性质影响的颗粒流模拟 [J]. 岩石力学与工程学报，2011, 30 (10): 2112-2119.